Ludwig Neidhart

Einführung in die formale Logik

EDITIONES SCHOLASTICAE

Ludwig Neidhart

Einführung in die formale Logik

EDITIONES SCHOLASTICAE

Bibliographic information published by Deutsche Nationalbibliothek
The Deutsche Nationalbibliothek lists this publication in the Deutsche Nationalbibliographie; detailed bibliographic data is available in the Internet at http://dnb.ddb.de

53819 Neunkirchen-Seelscheid
www.editiones-scholasticae.de

ISBN 978-3-86838-229-7

2020

Printed on acid-free paper

Printed in Germany
by CPI Buchbücher.de GmbH

Inhaltsverzeichnis

1. Grundlagen: Logische Propädeutik

1.1 Wesen der Logik

Die Logik hat innerhalb der Philosophie eine fundamentale Bedeutung: Schon die Stoiker (ca. 300 v. Chr. – 200 n. Chr.), die Schulphilosophen der Antike par excellence, teilten die Philosophie in drei auf einander aufbauende Teile ein, von denen der erste die *Logik* war (definiert als Reflexion über das Denken), gefolgt von der *Physik* (der Reflexion über das Sein) und der *Ethik* (der Reflexion über das Sollen).

Das Wort *Logik* kommt von *Logos*, dem griechischen Ausdruck für *Wort*, *Vernunft*, und *vernunftgemäße Rechtfertigung*. Diese Wortbedeutung gibt einen groben ersten Einblick in das, was das Wesen der Logik ausmacht.

Genauer zielt die Logik darauf ab, die *abstrakte Struktur unbestreitbarer Schlussfolgerungen aus vorausgesetzten Sachverhalten* zu beschreiben. Zwei gewissermaßen gegensätzliche Aspekte dieses Logikbegriffs sind die folgenden: Einerseits ist die Logik *universell*, d.h. alle wissenschaftlichen Sätze sind im Grunde Fallbeispiele der Logik, und andererseits ist sie *trivial*, d.h. sie sagt nur Selbstverständliches. Diesen zweiten Aspekt und zugleich die völligen Abstraktheit logischer Sätze hat Ludwig Wittgenstein (1889-1951) humorvoll wie folgt beschrieben: „*Alle Sätze der Logik sagen aber dasselbe. Nämlich nichts.*“[1] Ähnlich schrieb Bertrand Russell (1872-1970) über die Mathematik, die er als Teilgebiet der Logik betrachtete: Wir können sie „*definieren als das Gebiet, auf dem wir nie wissen, wovon wir eigentlich reden*“.[2]

---

[1] Wittgenstein, *Tractatus logico-philosophicus* (1921) 5.43.

[2] Russell, *Mathematics and the Metaphysicians*, in: *Mysticism and Logic and other essays*, London: Allan & Unwin, 2. Auflage 1917, 8th Impression 1949, S. 75.

Eine interessante Streitfrage ist die Frage nach dem Wesen der logischen Gesetze: Sind es *Gesetze des Seins* (ontologische Auffassung), *Gesetze des Denkens* (psychologische/mentalistische Auffassung) oder *Gesetze der Sprache* (sprachliche Auffassung)? Im ersten Fall wären logischen Gesetze objektive, zeitlos gültige Ideen, die entweder außerhalb jedes Verstandes liegen oder im ewigen Versand Gottes auffindbar sind; im zweiten Fall könnten sie Konstruktionen des menschlichen Verstandes sein; im dritten Fall wäre es auch möglich, in ihnen ganz willkürliche Sprachkonventionen zu erblicken.

1.2 Epochen der Logik

Die Geschichte der Logik lässt sich in drei Epochen einteilen.

A. Erste Epoche (ca. 350 v. Chr. bis 1660 n. Chr.):

In dieser Epoche herrschte die *ontologische* Auffassung vor, dass die Logik *Seinsgesetze* erforscht.

Die überragende Gestalt dieser erste Epoche der Logikgeschichte war *Aristoteles* († 322 v. Chr.), der oft als der eigentliche Begründer der Logik bezeichnet wird. Er hatte jedoch wichtige Vorläufer, zu denen vor allem sein Lehrer *Platon* († 348/7 v. Chr.) und dessen Lehrer *Sokrates* († 399 v. Chr.) gehören, der mit seiner dialektischen Gesprächsführung die Sophisten zu bekämpfen versuchte, die alle logischen Regeln missachteten.[3] Neben und vor Aristoteles hat auch bereits ein anderer Sokrates-Schüler, *Euklid von Megara* (um † 380 v. Chr.) und dessen Schule Ansätze einer Logik entwickelt. Die Schüler dieses Euklid hießen *Megariker* oder *Eristiker* und später *Dialektiker*; zu ihnen gehörte *Eubulides von Milet* (um 350 v. Chr.), der das sog. Lügner-Para-

[3] Berühmte Sophisten waren der Nihilist *Gorgias* mit seiner These „es gibt nichts", der Subjektivist *Protagoras* mit seiner These „das Maß aller Dinge ist der Mensch", und der Rhetoriklehrer *Thrasymachos* mit seiner These „Gerechtigkeit ist der Nutzen des Stärkeren". Die Sophisten stellten die objektive Geltung von Wahrheiten, insbesondere den Satz vom ausgeschlossenen Widerspruch und damit die Grundlagen der Logik in Frage. Sie erteilten gegen Bezahlung Rhetorikunterricht und behaupteten, jeden beliebigen Satz plausibel machen zu können. Zum Beispiel rühmte sich der Sophist *Dionysodor*, einem Gesprächspartner weismachen zu können, dass sein Vater ein Hund sei. Seine diesbezügliche Argumentationskunst ist in Platons Dialog *Euthydemos* (St. 298) festgehalten: „Hast du einen Hund? – Ja. – Hat er Junge? – Ja. – Er ist also ihr Vater? – Ja. – Also ist dir ein Hund Vater und du bist der Bruder der jungen Hunde."

doxon formulierte (siehe Abschnitt 1.9). Aristoteles' Logik ist der reife Niederschlag der Versuche zur Überwindung des Sophismus und verwandter anti-logischer Philosophien.[4]

Die Schriften, in denen Aristoteles seine Logik entwickelt, fasst man als aristotelisches „Organon" (griech. Werkzeug) zusammen, denn die Logik ist das „Werkzeug" des philosophischen Argumentierens. Die Schriften des „Organons" geben über Inhalt und Einteilung dieser Logik Aufschluss:

1. Die *Kategorienschrift* (über die Bestandteile der Sätze bzw. Aussageweisen, siehe Abschnitt 1.6.2),
2. De *Interpretatione* (über Aussagesätze),
3. *Analytica Priora* (über das gültige Schließen: das ist der Kern der aristotelischen Logik, die sog. „Syllogistik", siehe Kap. 4),
4. *Analytica Posteriora* (über den wissenschaftlichen Beweis),
5. *Topica* (über Wahrscheinlichkeitsschlüsse, „Dialektik" oder Argumentationslehre, sowie disputative Gesprächsführung),
6. De *Sophisticis Elenchiis* (über Trugschlüsse; siehe Abschnitt 1.4)

In Spätantike und Mittelalter wurde diese Logik vor allem durch die „Einführung" (*Isagoge*) in die aristotelische Logik des Neuplatonikers *Porphyrius* († 301/5 n. Chr.; siehe S. 70) einem breiten Leserkreis bekannt: ein Buch, das trotz der Christentumsfeindlichkeit seines Autors im christlichen Mittelalter zu einem Standardbuch der Logik wurde.

[4] Vgl. den Gründer der Kyniker-Schule, den Sokrates-Schüler Antisthenes († um 365 v. Chr.) dem die Ansicht zugeschrieben wird, dass man nichts Bedeutsames sagen könne: Wenn man *a ist a* sagt, ist das richtig, aber nicht bedeutsam (man lernt nichts dazu). Sagt man aber *a ist b*, wäre das zwar bedeutsam, ist aber falsch. Man kennt die Ansichten des Antisthenes allerdings nur aus Bemerkungen über ihn, z.B. bei Aristoteles (*Metaphysik* V 29, 1024b). Siehe hierzu Weiteres auf S. 90.

Weiterentwickelt wurde die aristotelische Logik hauptsächlich (a) in der antiken *stoischen Logik*, vor allem durch *Chrysippos von Soloi* († 208 v. Chr.), auf den die ersten Ansätze der modernen Aussagelogik zurückgehen,[5] und (b) in der *mittelalterlichen Logik*, welche die ersten drei der „sieben freien Künste“ umfasste, die jeder mittelalterliche Gelehrte studieren musste, das sog. Trivium (Grammatik, Dialektik, Rhetorik), von dem der Begriff „trivial“ abgeleitet wird, und auf welches das sog. Quadrivium (Arithmetik, Geometrie, Musik, Astronomie) folgte.[6]

B. Zweite Epoche (ca. 1660 – 1880):

In dieser Epoche herrschte die *psychologisch-mentalistische* Auffassung vor, dass die Logik *Denkgesetze erforscht*. Demnach sie ist die „Lehre vom richtigen Denken“ und wird eingeteilt in:

1. die Lehre vom Begriff (siehe Abschnitt 1.6),
2. die Lehre vom Urteil (siehe S. 55),
3. die Lehre vom Schließen (siehe Kap. 4).

---

[5] Der Philosophiehistoriker des 3. Jahrhunderts, Diogenes Laertius, schreibt in seinem Buch *Über Leben und Lehre der Philosophen* (7,7,180) über Chrysippos: „In der Dialektik brachte er es zu solchem Ruhm, dass man allgemein sagte, wenn die Götter es mit der Dialektik zu tun hätten, so wäre dies keine andere Dialektik als die des Chrysipp.“

[6] Wichtige Logiker des Mittelalters sind *Boëthius* († 524), *Alkuin* († 806), *Johannes Scotus Eri(u)gena* († um 877), St. *Anselm von Canterbury* († 1109), *Petrus Abaelardus* († 1142), *Gilbert de la Porrée* († 1154), *Johannes von Salisbury* († 1180), *Averroës* († 1189), St. *Thomas von Aquin* († 1274), *Petrus Hispanus* (= später Papst Joh. XXI., † 1277), Sel. *Johannes Duns Scotus* († 1308), Sel. *Raimund Lullus* († 1315), *Wilhelm von Ockham* († 1349), *Johannes Buridan* († 1360), *Albert von Sachsen* († 1390).

Als Anhang kommt hinzu eine Methodenlehre zur *Kunst der Wahrheitsfindung*, die „ars inveniendi" (gegenüber der klassischen Logik als einer bloßen *Kunst der Wahrheitsbegründung*). Einen solchen „innovativen" Teil der Logik hatte schon *Francis Bacon* in seinem „Novum Organon" (1620) bereitstellen wollen, wie auch vor ihm schon *Raimundus Lullus* († 1315), und später *Leibniz* († 1716) sowie *John Stuart Mill* († 1873) mit seiner induktiven Logik.

Als Gründungsdokument dieser mentalistischen Logik gilt die „Logik von Port-Royal" (1662), verfasst von den Jansenisten *Antoine Arnauld* († 1694) und *Pierre Nicole* († 1695) unter mutmaßlicher Beteiligung von *Blaise Pascal* († 1662). In dieser Tradition stehen die Philosophen des Deutschen Idealismus, vor allem *Kant* († 1804), der von einer „transzendentalen Logik" spricht (die eine Logik des Denkens sei, im Gegensatz zur formalen Logik des Schließens), und *Hegel* († 1831), aber auch noch Logiken, die in der dritten Epoche verfasst wurden, wie z.B. die Logik des Phänomenologen *Alexander Pfänder* († 1941).

Dritte Epoche (ca. 1880 bis heute):

In dieser Epoche herrschte und herrscht die sprachliche Auffassung vor: Der Logiker betrachtet und erfindet formale Kunstsprachen, um logische Folgerungen möglichst eindeutig darstellen zu können. Hand in Hand damit geht die Entwicklung einer formalen mathematischen Logik. Da man demgemäß die Logik als Sprachspiel oder Zeichenlehre („Semiotik") auffassen kann, kann man sie unterteilen in

1. *Syntax* – Lehre von der Zusammenstellung der Zeichen (Bezug der Zeichen zu den Zeichen),
2. *Semantik* – Bedeutung der Zeichenreihen (Bezug der Zeichen zu den Dingen, d.h. den bezeichneten Objekten),

3. *Pragmatik* – Gebrauch der Zeichenreihen (Bezug der Zeichen zu den Benutzern und ihrem lebensweltlichen Kontext).

Das Spezifikum von Syntax, Semantik und Pragmatik lässt sich durch die entsprechenden „Arten des Unsinns" illustrieren:[7]

syntaktischer Unsinn: „Cäsar ist und",
semantischer Unsinn: „farblose grüne Ideen schlafen wütend",
pragmatischer Unsinn: „Ich taufe dieses Kind auf den Namen 270".

Man verbindet in dieser Epoche die sprachliche Auffassung manchmal (auf der semantischen Ebene) auch wieder mit der Seinsauffassung der ersten Epoche, wendet sich aber vom „Psychologismus" der zweiten Epoche eher ab (den Abschied vom Psychologismus forcierte besonders *Edmund Husserl* († 1938) in seinen „logischen Untersuchungen").

Die erste Logik dieser Art im eigentlichen Sinn wurde 1879 in der sog. „Begriffsschrift" des Mathematiker-Philosophen *Gottlob Frege* († 1925) verfasst, im Interesse einer exakten logischen Darstellung und Ableitung der Arithmetik. Zuvor gab es allerdings markante Vorläufer: als Vorläufer der modernen Aussage- und Klassenlogik kann *George Boole* († 1864) gelten; Vorläufer der modernen Gleichheits- und Modallogik war *Leibniz* († 1617). Wichtige klassische Beiträge zur modernen mathematischen Logik nach Frege stammen von *Charles Sanders Peirce* († 1914), *Bertrand Russell* († 1970), *Willard Van Orman Quine* († 2000) und den philosophisch interessierten Mathematikern *David Hilbert* († 1943), *Alfred Tarski* († 1983) und vor allem *Kurt Gödel* († 1978), der aufgrund seines Vollständigkeits- und Unvollständigkeitssatzes als „größter Logiker seit Aristoteles" gefeiert wurde. In der modernen Sprachphilosophie arbeitet man verstärkt daran, die Logik unter Beibehaltung ihrer Exaktheit auf nichtmathematische Gebiete auszudehnen. Nach-

---

[7] Vgl. Zoglauer, *Einführung in die formale Logik für Philosophen*, S. 13.

dem der logische Positivismus in den 1920er und 1930er Jahren (vertreten etwa durch *Ludwig Wittgenstein*, † 1951, und *Rudolf Carnap*, † 1970) versucht hatte, aus der Alltagssprache alle mit der klassischen Logik nicht erfassbaren Inhalte zu entfernen, geht heute das Bestreben eher umgekehrt dahin, den ganzen Reichtum der Alltagssprache formallogisch angemessen wiederzugeben (Modallogik, Temporale Logik, Konditionale Logik & Relevanzlogik, Epistemische & Doxastische Logik, Deontische Logik, Interrogativlogik, mehrwertige Logik, Fuzzylogik, Intuitionistische Logik, Quantenlogik etc.).[8]

[8] Wichtige Logiker, welche die Erweiterung der formalen Logik auf nichtmathematische Gebiete voranbrachten, sind für die Modallogik nach *Leibniz* vor allem *Clarence Irving Lewis* († 1964) und *Saul Kripke* (*1940), für die Temporale Logik *Arthur Prior* († 1969), für die Konditionale Logik *Robert C. Stalnaker* (* 1940) und *David Kellog Lewis* († 2001), für die Epistemische/Doxastische Logik und Interrogativlogik *Jaakko Hintikka* (*1929), für die Deontische Logik *Ernst Mally* († 1944) und *Georg Henrik von Wright* († 2003), für die Mehrwertige Logik *Jan Łukasiewicz* (1956) und für die Fuzzylogik *Lotfi Zadeh* (*1921).

1.3 Logische Schlüsse

Logische *Argumente* (*Schlüsse*, *Beweise*) bestehen aus *Prämissen* (*Voraussetzungen*) und einer *Konklusion* (*Schlussfolgerung*). Die Prämissen werden in einer formalen Darstellung untereinander geschrieben und mit (P1), (P2), ... bezeichnet bzw. durchnummeriert; hat man nur *eine* Prämisse, nennt man diese natürlich einfach (P). Unter den Prämissen folgt ein Strich, der sog. *Schlussstrich*, und darunter die Konklusion, die mit (C) bezeichnet wird.

Ein logisches Argument heißt *korrekt* (*gültig, valid*) wenn aus den Prämissen unabwendbar die Schlussfolgerung folgt. Doch auch bei einem korrekten Argument kann die Schlussfolgerung falsch sein. Damit sie *wahr* ist (*gilt, erfüllt ist*), ist zweierlei erforderlich: (1) dass das Argument korrekt ist (formal-logischer Teil des Arguments) und (2) dass alle Prämissen wahr und die dort vorkommenden Ausdrücke im selben Sinn verwendet werden (nichtlogischer, inhaltlicher Teil des Arguments).

Erfüllt ein Argument beide Erfordernisse, nennt man es *stichhaltig* (engl.: *sound*) und spricht von einem *beweiskräftigen* Argument. Die Prämissen können wieder durch Argumente bewiesen werden, die dann aber wieder andere Prämissen haben. In jedem Fall beruht jeder Beweis letztlich auf unbewiesenen vorausgesetzten Prämissen. Diese heißen *Axiome* und müssen, wenn die ganze darauf aufbauende Beweiskette überzeugen soll, *unmittelbar evident* sein.

Beispiel 1:
(P1) *Alle Hunde sind sterblich.*
(P2) *Fifi ist ein Hund.*

(C) *Fifi ist sterblich.*

Dieses Argument ist korrekt (wie wir in Kap. 4 sehen werden, heißt diese Schlussweise „Modus Barbara“ mit singulärem Term): Denn die Folgerung (C) muss wahr sein, wenn (P1) und (P2) wahr sind. Aber die Folgerung kann falsch sein, wenn (P1) oder (P2) falsch ist. Für die Korrektheit des Schlusses ist es belanglos, was „Hunde“, „Fifi“ und „sterblich“ bedeutet. In der formalen Logik verzichtet man daher auf konkreten Inhalte und ersetzt „Hund“, „Fifi“ und „sterblich“ durch Symbole wie *H*, *F*, *s* oder *A*, *B*, C oder *x*, *y*, *z*. Man bekommt dann die logische Schlussweise als solche:

(P1) *Alle H sind s.*
(P2) *F ist ein H.*

(C) *F ist s.*

Dies ist korrekt, egal was man für *H*, *F*, *s* einsetzt. Für die Stichhaltigkeit des Arguments und somit für die Wahrheit von (*S*) ist es hingegen sehr wichtig, was H,F,s ist, weil davon die Wahrheit der Prämissen abhängt.

Beispiel 2a:
(P1) *Füchse haben einen roten Schwanz.*
(P2) *Sokrates ist ein Fuchs.*

(C) *Sokrates hat einen roten Schwanz.*

Beispiel 2b:
(P1) *Hamburg ist eine deutsche Stadt.*
(P2) *Eine deutsche Stadt ist eine Folge von drei Worten.*

(C) *Hamburg ist eine Folge von drei Worten.*

Beide Argumente sind korrekt. Auch sind die Prämissen wahr. Die Schlussfolgerungen sind aber falsch, weil der Ausdruck «*Fuchs*» bzw.

«eine deutsche Stadt» im verschiedenem Sinn gebraucht wird. Man nennt diesen Fehlschluss eine *Quaternio Terminorum* (Vervierfachung der Begriffe, da in den zwei Prämissen vier und nicht wie üblich drei Begriffe vorkommen; zwei davon haben den gleichen Namen, sind aber inhaltlich verschieden). Dies ist ein Spezialfall einer sog. *Äquivokation* (Begriffsvieldeutigkeit, siehe Abschnitt 1.6.1).

Beispiel 3:

(P) 10 = 15.

(C) 10 + 1 = 15 + 1 (d.h. 11 = 16).

Der Schluss ist korrekt (*Gleiches zu Gleichem addiert ergibt Gleiches*), die Folgerung aber falsch, da die Prämisse falsch ist.

Beispiel 4 (ein der stoischen Ethik zugeschriebenes Argument):

(P) Schafwolle *ist* nicht bunt.

(C) Man *soll* keine Wolle färben.

Dies ist kein korrektes Argument, sondern der berühmte *naturalistische Fehlschluss* (Schluss vom Sein auf das Sollen).

Beispiel 5 (Argument von Descartes für die Existenz der Seele):[9]

(P1) *Die Existenz des Körpers ist bezweifelbar.*

(P2) *Die Existenz des Ich ist nicht bezweifelbar.*

(C) *Das Ich ist vom Körper verschieden.*

Dies ist eine korrekte Schlussweise der Gleichheitslogik (*wenn a eine Eigenschaft hat, die b nicht hat, folgt* a≠b). Die Prämisse (P1) begründet

[9] René Descartes († 1650) setzt die Seele mit dem „denkenden Ich“ gleich.

Descartes mit dem Traumerlebnis, (P2) hält er für evident («*ich denke, also bin ich*»), und so ist das Argument für ihn stichhaltig. Ein Gegner müsste versuchen, eine dieser Prämissen zu leugnen.

Beispiel 6 (Argument von Virchow, *gegen* die Existenz einer Seele):[10]
(P1) *Alles existierende ist messbar.*
(P2) *Die Seele ist nicht messbar.*

(C) *Die Seele existiert nicht.*

Diese Schlussweise ist korrekt. Prämisse (P2) steht hinter dem Virchow zugeschriebenen Satz, mit dem er die Existenz der Seele ablehnte: «*Ich habe so viele Leichen seziert und nie eine Seele gefunden.*» (P1) ist die These des Physikalismus (*es gibt nichts, was man nicht «messen», d.h. mit physikalischen Mitteln feststellen, kann*). Diese These ist zwischen Befürwortern und Gegnern des Physikalismus umstritten, weshalb auch die Stichhaltigkeit der Schlussfolgerung, obwohl korrekt, bestreitbar ist.

Beispiel 7 (Argument von Leibniz für die Unsterblichkeit der Seele):
(P1) *In der Natur bleibt alles erhalten; Wandel ist lediglich Zerfall in die Bestandteile und neue Zusammensetzungen aus diesen.*
(P2) *Seelen sind (als Persönlichkeitskerne) unteilbare „Individuen".*

(C) *Die Seelen bleiben als solche erhalten.*

Prämisse (P1) dieses korrekten Arguments ist ein Erhaltungssatz der Physik. Manche bestreiten, dass er auf die Welt des Geistes übertragbar ist und glauben, dass er nicht metaphysisch notwendig ist. Für (P2)

---

[10] Rudolf Virchow († 1902) brachte das Argument nicht formal in dieser Form vor, es baut aber auf dem berühmten, ihm zugeschriebenen Satz auf: «Ich habe so viele Leichen seziert und nie eine Seele gefunden.»

kann man sich auf die „Ich"-Erfahrung berufen, aber das ist ebenfalls Gegenstand von Kontroversen.

Beispiel 8 (Fichtes Argument für die Unsterblichkeit des Menschen):[11]

(P1) *Jedes Naturstreben ist erfüllbar.*

(P2) *Der Mensch strebt von Natur aus nach Unsterblichkeit.*

(C) *Dieses menschliche Naturstreben ist erfüllbar.*

Prämisse (P1) dieses korrekten Arguments wird durch biologische Fakten gestützt: Es gibt keine (natürliche!) Sehnsucht nach Nichtexistentem. Prämisse (P2) wird von manchen in Zweifel gezogen oder bestritten.

Beispiel 9: (Argument für die Unvernichtbarkeit des Ich)[12]

(P1) *Das eigene Vernichtet-Sein ist für das Ich unerlebbar.*

(P2) *Alles, was dem Ich widerfahren kann, muss erlebbar sein.*

(C) *Das Ich kann nicht vernichtet werden.*

Prämisse (P1) dieses korrekten Arguments ist unbestreitbar. So sagt Epikur: «*Der Tod, hat für uns keine Bedeutung; denn solange wir noch da sind, ist der Tod nicht da; stellt sich aber der Tod ein, sind wir nicht mehr da*»;[13] auch nach Cicero geht uns der Tod nichts an, denn die Lebenden «*berührt er nicht*» und die Toten «*sind nicht*».[14] Prämisse (P2) ergibt sich aus der Definition des Ich als Bewusstseinsstrom in der Innenwelt des

---

[11] Dieses Argument findet man nicht formal bei Fichte († 1814), aber es entspricht seinen Grundüberzeugungen, wie sie etwa in dem berühmten Gedicht deutlich wird, mit dem seine dritten Vorlesung über die Bestimmung des Gelehrten endet (vgl. *Johann Gottlieb Fichtes sämtliche Werke*. Band 6, Berlin 1845/1846, 321–323).

[12] Dieses Argument habe ich in dieser Form aufgestellt und erörtert (vgl. Neidhart, *Unendlichkeit im Schnittpunkt von Mathematik und Theologie*, Göttingen, 2. Auflage 2008, 788–791). Inhaltlich ähnlich argumentierte bereits Gabriel Marcel († 1973).

Erlebens, unterschieden vom Körper in der Außenwelt. Die Existenz einer solchen Innenwelt wird allerdings vom Physikalismus geleugnet.

10. ontologischer Gottesbeweis, Leibniz'sche Form

(P1) *Jedes reale oder gedachte Seiende ist entweder notwendig, oder kontingent oder unmöglich.*

(P2) *Gott ist nicht kontingent.*

(P3) *Gott ist nicht unmöglich.*

(C) *Gott ist notwendig (daher insbesondere wirklich).*

Prämisse (P1) dieses korrekten Arguments wird plausibel, wenn man *Notwendigsein* als Vorhandensein in jeder «möglichen Welt» versteht (wobei eine «mögliche Welt» als mögliche Gesamt-Realität verstanden wird, so dass die «wirkliche Welt» eine von unendlich vielen möglichen Welten ist); *Kontingenz* als Vorhandensein in mindestens einer möglichen Welt, aber nicht in allen möglichen Welten; und *Unmöglichkeit* als Vorhandensein in keiner möglichen Welt. (P2) begründet Leibniz damit, dass Kontingenz eine Unvollkommenheit ist, während Gott nach Definition alle Vollkommenheiten besitzt; (P3) begründet er damit, dass nur Dinge mit sich widersprechenden Merkmalen unmöglich sind, aber Gott als Merkmale nur Vollkommenheiten zukommen, die sich nicht widersprechen. Gegner des Arguments haben versucht zu zeigen, dass (P3) falsch sei oder dass das Argument einen unerlaubten Übergang vom Denken auf das Sein impliziere. Hier ist nicht der Ort, dies zu diskutieren;[15] aber man sieht, dass korrekte

---

[13] Epikur, *Brief an Menoikeus* (in: Diogenes Laertius, *Leben und Meinungen berühmter Philosophen* X, 125).

[14] Cicero, *Tusculanae Disputationes* 1,18.

[15] Siehe hierzu und zu anderen Gottesbeweisen und Gegenbeweisen Neidhart, *Unendlichkeit im Schnittpunkt von Mathematik und Theologie*, Göttingen, 2. Auflage 2008,

logische Argumente keineswegs das Ende der Diskussion bedeuten, sondern oft Ausgangspunkt interessanter Kontroversen sind.

Beispiel 11a (marxistisch inspirierte Religionskritik):

(P) *Der Glaube an Gott und die unsterbliche Seele lähmt den Kampf für die Verbesserung der irdischen Zustände.*

(C) *Es gibt weder einen Gott noch eine unsterbliche Seele.*

Die Prämisse findet man in verschiedenen marxistischen Aussagen wie «*Religion ist Opium des Volkes*» (oder «Opium *für das Volk*»), der Glaube an ein Weiterleben nach dem Tod ist «*Jenseitsvertröstung*» etc. Sie wird von gläubigen Philosophen bestritten, die den Glauben als Inspiration, Motivation oder unabdingbare Voraussetzung für riskante Einsätze im Kampf für die Gerechtigkeit ansehen. – Unabhängig davon ist der Schluss nicht stichhaltig, weil er nicht korrekt ist: Aus dem, was gut oder schlecht für eine gerechte Sache ist, lässt sich nichts darüber folgern, was der Fall ist. Es handelt sich um die Umkehrung des naturalistischen Fehlschlusses aus Beispiel 4, genauer um den Schluss vom Nichtsollen auf das Nichtsein (x ist nicht gut, d.h. *soll* nicht sein, also existiert x nicht). Dieser Fehler steckt auch in Friedrich Nietzsches Anti-Gottesbeweis: «*Wenn es Götter gäbe – wie hielte ich's aus, kein Gott zu sein! ... Also gibt es keine Götter*».[16] Sinngemäß argumentiert Nietzsche:

Beispiel 11b (Nietzsches Argument gegen die Existenz Gottes):

(P) *Ich empfände es als unangenehm, wenn es Götter gäbe.*

(C) *Also gibt es sie nicht.*

788–791. Zu den Argumenten betreffend der Seele siehe ebd. S. 775–793.

[16] Zitat aus Friedrich Nietzsche, *Also sprach Zarathustra*, Teil 2, Kap. 2.

Den Fehlschluss vom Nichtseinsollen zum Nichtsein findet man wörtlich auch beim Atheisten und Anarchisten Michail Bakunin: «*Wenn Gott existiert, ist der Mensch ein Sklave; der Mensch kann und soll aber frei sein: Folglich existiert Gott nicht.*»[17] Auf einen ähnlichen Fehlschluss läuft auch Feuerbachs Argument für den Atheismus hinaus:

Beispiel 12 (Feuerbachs Argument gegen die Existenz Gottes):

(P) *Gott ist eine Projektion des menschlichen Geistes: ein Wunschwesen.*

(C) *Also gibt es ihn nicht.*

Während in Beispielen 11a und 11b vom Wunsch auf die Wirklichkeit geschlossen wurde, wird hier vom Wunsch auf die *Nicht*-Wirklichkeit geschlossen (weil etwas wünsche, ist es *nicht* real). Das ist natürlich genauso unbegründet; mit gewissen Einschränkungen könnte man sogar mit Berufung auf das erfüllbare Naturstreben vom (natürlichen) Wunsch auf die Wirklichkeit schließen (vgl. Beispiel 8).
Zudem lässt sich auch die Prämisse bestreiten, denn nicht alle Gott zugeschriebenen Eigenschaften lassen sich aus den Wüschen und Idealen des Menschen ableiten; so entsprechen z.B. Eigenschaften wie Unveränderlichkeit, Anfangslosigkeit, Ungeteiltheit, Unkörperlichkeit usw. offenbar keinen menschlichen Idealen.

Am Ende dieses Abschnitts sei ein Beispiel für eine kompliziertere halbformale logischen Argumentation aus der zeitgenössischen Religionsphilosophie präsentiert, die der Philosoph William Hasker (* 1935) für seine These des *Offenen Theismus* (dass Gott die Zukunft nicht kennt) vorgelegt hat. Es handelt sich um eine Verkettung mehrerer logischer

[17] Bakunin, *Gott und der Staat*, 1871, dt. Neuausgabe Berlin, 2007, S. 51.

Argumente zu einer Gesamtargumentation.[18] Derartige Argumentationsketten sind in der heutigen analytischen Philosophie oft zu finden:

(1) Es ist jetzt wahr, dass Hasker morgen ein Käseomlett essen wird (Prämisse: zukünftige Sachverhalte können wahr sein).

(2) Gott weiß zu jeder Zeit alles Wahre und glaubt nichts Falsches (Prämisse der Allwissenheit Gottes).

(3) Gott glaubte schon immer, dass Hasker es morgen essen wird (Schlussfolgerung aus 1 und 2).

(4) Niemand kann ändern, was Gott glaubte (Prämisse: Feststehen der Vergangenheit).

(5) Niemand kann ändern, dass Gott glaubte, dass Hasker es morgen isst (Schlussfolgerung aus 3 und 4).

(6) Niemand kann ändern, dass Hasker es morgen essen wird (Schlussfolgerung aus 2 und 5).

(7) Hasker kann es nicht unterlassen, morgen ein Käseomlett zu essen (Umformulierung von 6).

(8) Nun ist Hasker aber im libertinären Sinn frei, es zu essen oder nicht (Prämisse, basierend auf der Freiheitserfahrung).

Offenbar besteht nun zwischen (7) und (8) ein Widerspruch. Dazu erklärt Hasker: Aufgrund dieses Widerspruchs muss eine der Prämissen aufgegeben werden. An den Prämissen (4) und (8) will er aber nicht rütteln, weil er sie aus Gründen der Intuition und Erfahrung für sehr

[18] Vgl. Hasker, *A philosophical perspective*, In: Clark Pinnock et al., *The Openness of God*, Downers Grove Ill, 1994, 126–154, hier 148; Kommentar hierzu bei Neidhart, *Gott und Zeit*, Münster: Aschendorff Verlag, 2017, S. 323f.

plausibel hält. Deshalb müsse man entweder (1) verneinen (Zukünftiges ist noch nicht wahr) oder (2) modifizieren (Gott weiß alles *wissbare* Wahre, und Zukünftiges ist wahr, aber noch nicht wissbar). In beiden Fällen laute aber das Ergebnis, dass Gott zukünftige freie Taten nicht kennt, q.e.d.[19] So weit Haskers Argumentation.

Haskers Gegner, die den Offenen Theismus ablehnen, sind damit aber nicht endgültig widerlegt, denn es bleiben für sie mehrere Möglichkeiten offen. Zum Beispiel könnten auch sie (2) modifizieren, aber anders als Hasker, nämlich wie folgt: Gott weiß *zeitlos* alles Wahre, nicht *zu jeder Zeit* (besonders nicht nicht *vor*) dem Ereignis. Oder sie könnten (2) bestreiten, indem wie einfach die Existenz Gottes verneinen. Auch könnten sie (4) bestreiten (das Feststehen der Vergangenheit) oder auch (8) bestreiten (die libertinäre Freiheit).

Wie man hier sieht, muss eine korrekte logische Argumentation in der Philosophie nicht zwingend zu einem eindeutigen Ergebnis führen. Sie kann die Diskussion meist nicht beenden. Aber sie zeigt konsistente Möglichkeiten für die Diskussion auf und bringt sie dadurch voran.

---

[19] q.e.d. (*quod erat demonstrandum*, lat. was zu beweisen war) markiert das Ende des Beweises. Dafür schreibt man auch w.z.b.w. oder setzt das Zeichen □ oder ■.

1.4 Logische Trugschlüsse

Häufig begangene *logische Trugschlüsse* alias *Argumentationsfehler* sind die folgenden (begeht man diese Fehler bewusst, spricht man von *Sophismen,*[20] andernfalls von *Paralogismen*).

1. *Äquivokation* (Verwendung mehrdeutiger Worte):[21] Beispiele hierfür sind die *Quaternio Terminorum* in einem Syllogismus,[22] aber auch die sog. *Fallacia accidentis*, das ist eine vieldeutige Verwendung des Wortes «ist», wobei Eigenschaften einer Eigenschaft dem Eigenschaftsträger zugesprochen werden, z.B. «die Wand ist weiß, weiß ist eine Farbe, also ist die Wand eine Farbe».
2. *Zirkelschluss* (auch *Petitio principii, Circulus vitiosus*, *Hysteron Proton, begging the question* genannt): Man setzt voraus, was zu beweisen ist. Ein Beispiel wäre: «Gott existiert, weil dies in der Bibel steht, und was in der Bibel steht ist, wahr, weil sie Gottes Wort ist.
3. *Naturalistischer Fehlschluss* vom realen Sein auf das Sollen bzw. das Gutsein[23] oder umgekehrt vom Sollen/Ideal auf das reales Sein.[24]
4. *Schluss vom faktischen auf das notwendige Sein* (ab esse ad necesse). Man schließt daraus, dass etwas ist [bzw. war bzw. sein wird], dass es *notwendigerweise* ist [bzw. war bzw. sein wird]. Eine Unterart ist der *fatalistische Fehlschluss*: «Dass morgen *X* passieren wird, ist entweder wahr oder falsch. In beiden Fällen steht die Zukunft schon fest, und wir sind unfrei.» – Richtig schließt man statt dessen:

[20] Das Wort ist in Anlehnung an die *Sophisten* gebildet, zu ihnen siehe Fußnote 3.

[21] Siehe hierzu auch Abschnitt 1.6.1.

[22] Siehe hierzu die Beispiele 2a und 2b auf S. 17.

[23] Siehe hierzu das Beispiel 4 auf S. 17.

[24] Siehe hierzu die Beispiele 11a und 11b (vgl. auch Beispiel 12) auf S. 21f.

«Wenn es wahr bzw. falsch ist, dass X geschehen wird, dann wird X geschehen bzw. nicht geschehen; aber über den *Modus* des künftigen Ereignisses (ob X *aus Freiheit* oder *gezwungenermaßen* geschehen bzw. nicht geschehen wird) lässt sich daraus ohne Zusatzannahmen nichts folgern.»

5. *Intensionaler Fehlschluss: In intensionalen Kontexten* (wo die Rede ist von subjektiven Einstellungen, z.B. Wissen, Glauben, Fürchten; oder von *Normen* wie erlaubt und verboten; oder von Modalitäten wie notwendig und möglich) *darf man nicht Gleiches durch Gleiches ersetzen.* Beispiel: Aus «Fritz = Franz» und «NN. weiß, dass Fritz = Fritz ist» folgt nicht: «NN. weiß, dass Fritz = Franz ist».

6. *Post hoc, ergo propter hoc* (danach, also deshalb) oder *Cum hoc, ergo propter hoc* (mit diesem, also deswegen), zwei Fehlschlüsse vom zeitlichem Zusammenhang auf Ursächlichkeit: Beispiel: «Die Sonne geht auf, nachdem (daher: weil) der Hahn kräht.»

7. *Fallacia consequentis* (aus einem Wenn-Dann-Satz «wenn A, dann B» wird fälschlich auf die Umkehrung geschlossen: «wenn B, dann A» oder ebenso falsch auf «wenn nicht A, dann nicht B». Letzteres ist der sog. *falsche Modus Tollens*; zum echten siehe Kap. 5. Beispiel: «Wenn Peter läuft, bewegt er sich» also: «wenn er sich bewegt, läuft er» und «wenn er nicht läuft, bewegt er sich nicht».

8. *Fallacia compositionis (Trugschluss der Komposition):* Hat jeder Teil eine Eigenschaft, schließt man, dass diese auch die Gesamtheit hat, z.B.: «Jede Blume ist schön, also auch der Strauß.» Ein Trugschluss ist auch das Umgekehrte, die *Fallacia divisionis*: «Die Fläche ist rot, also auch ihre Atome.» Der Fehler ist die Identifikation von Distributivbedeutung *(sensus divisus)* & *Kollektivbedeutung (sensus compositus).*

9. *Unzulässige Quantorenvertauschung* oder *Quantorenschwindel:* Aus «*für jeden ... gibt es ein ...*» folgert man fälschlich «*es gibt ein ... für jeden ...*». Beispiel: Aus «Für jeden Topf gibt es einen passenden Deckel» folgert man: «Es gibt einen Deckel, der auf jeden Topf passt.»

10. *Falsche/imperfekte Disjunktion (falsches Dilemma):* Man zählt Alternativen falsch oder unvollständig auf. Beispiel: «Jedes Tier ist weiblich oder männlich; dieses ist nicht männlich, also ist es weiblich» (jedoch gibt es geschlechtslose Tiere).

11. *Metabasis eis allo genos* (Wechsel der Gattung, Grenzüberschreitung): Übertragung eines Satzes oder Beweises von einem Gebiet (in dem er gilt) auf ein anderes, in dem er nicht gilt (Beispiel: «alles ist relativ, das zeigt die Relativitätstheorie»).

12. *Ignoratio elenchi* (*Unkenntnis der Streitfrage, Thema verfehlt*): Man liefert einen nicht zur Behauptung passenden Beweis (etwa: «Die Lehre der Sekte *XY* ist wahr, denn viele ihr Beigetretene haben neuen Lebensmut und sehen die Welt mit neuen Augen»).

13. *Appelle an Emotionen*, z.B. *argumentum ad baculum (baculum=Ohrfeige)* («das glauben Sie doch selber nicht ...» oder *argumentum ad misericordiam (Mitleids-Appell):* «gebt *X* wenigstens darin Recht, dass ...»

14. *Argumentum ad ignorantiam* (Berufung auf Unwissenheit). Eine These wird für falsch erklärt mit der Begründung, dass für sie kein Beweis vorliegt, z.B. «es gibt keine Außerirdischen, denn niemand hat sie gesehen». Dagegen gilt: «the absence of evidence is not evidence of absence». Dieser Fehlschluss heißt auch *a nescire ad non esse* (vom Nichtwissen auf das Nichtsein). Verwandt ist der *verifikationalistische* (oder *positivistische*) *Fehlschluss* aus der Nichtwahrnehmbarkeit oder Nichtmessbarkeit auf Nichtexistenz und das *Argumentum ex silentio* (aus dem Schweigen): aus der Nichterwähnung von *X* in historischen

Quellen schließt man, dass *X* nicht geschehen ist, oder aus der Nichterwähnung einer Schrift *A* in einer Schrift *B*, dass der Autor von *B* die Schrift *A* nicht kannte, oder sogar, dass *A* erst mach dem Tod dieses Autors verfasst wurde.

15. *Genetischer Fehlschluss:* Eine These wird nicht aufgrund inhaltlicher Kriterien, sondern wegen ihrer Herkunft oder mit Blick auf ihre Vertreter und Gegner gerechtfertigt oder verworfen.
   Es gibt mehrere Unterarten:
   a. Argumentum ad hominem: Eine These wird durch Diskreditierung ihres Vertreters bestritten (*P* behauptet *X*, aber *P* ist unglaubwürdig, weil inkompetent oder böswillig, also ist *X* falsch).
   b. Argumentum ad verecundiam (falsches Autoritätsargument): Zum Beweis einer These zitiert man eine irrtumsfähige Autorität.
   c. Argumenten ad populum: Berufung auf allgemeine Anerkennung («Heutzutage kann man nicht mehr behaupten, dass ...»)
   d. Tu quoque - Argument (Retorsion): Dem Gegner wird gezeigt, dass sein Vorwurf auch auf ihn selbst zutrifft.

Bemerkung: Die Schlüsse 14 und 15 sind nur falsch, wenn die Schlussfolgerung als *sicher* und nicht bloß als wahrscheinlich oder *relativ* glaubwürdig hingestellt wird. – Es gibt auch *Schlüsse, deren Korrektheit umstritten ist*, z.B. der *Schluss vom Denken auf das Sein.* Gilt oder gilt nicht: «*X* ist nicht denkbar/vorstellbar; also kann *X* nicht sein»?

1.5 Logische Ausdrücke

Die fundamentalsten Träger von Wahrheit oder Falschheit sind nach ontologischer Auffassung *Sachverhalte,*[25] nach mentalistischer Auffassung *Urteile* und nach sprachlicher Auffassung *Aussagen*, die man sich in der modernen Logik in geschriebener (nicht: gesprochener) Form vorstellt. Die drei Ansätze lassen sich sinnvoll verbinden: Eine Aussage (sprachliche Ebene) drückt ein Urteil aus (gedankliche Ebene), und dieses ist ein auf einen Sachverhalt gerichteter Gedanke (ontologische Ebene). Verschiedene Aussagen (z.B. in verschiedenen Sprachen) können dasselbe Urteil ausdrücken und verschiedene Urteile (z.B. verschiedener Personen) denselben Sachverhalt. Im Fokus der modernen formalen Logik liegt aber die sprachliche Ebene und demzufolge bilden die Aussagen und die mit diesen zusammenhängenden (sprachlichen) Ausdrücke ihr Fundament. Im Folgenden wird dies präzisiert.

1.5.1 Aussagen, Aussageformen und Formeln sowie Variablen

Aussagen (engl. *statements*, lat. *assertorische* Sätze, griech. *apophantische* Sätze) gehören zur Klasse der Sätze.[26] *Sätze* sind geschriebene oder gesprochene selbständige *Verständigungseinheiten*, ihre semantische Funktion besteht darin, dem Vernehmenden (dem Leser oder Hörer) etwas zu verstehen zu geben. Sie setzen sich in der Regel aus verschiedenen

---

[25] Diese heißen im Englischen *propositions* (Propositionen) im Gegensatz zu *sentences* (Sätze). Frege bezeichnet sie als *Gedanken* (womit der nicht Denk-Akte meinte, sondern dasjenige auf der Gegenstandsebene, auf das sich Denk-Akte beziehen; synonym zu „das Gedachte").

[26] Zu den linguistischen Grundlagen der Logik vgl. Tugendhat, Ernst & Wolf, Ursula, *Logisch-semantische Propädeutik*, Stuttgart: Reclam 1983, sowie Lyons, John, *Einführung in die moderne Linguistik*, München: C.H. Beck, 8. Auflage 1995.

Bedeutungseinheiten (Teilsätzen, Wörtern, Wortteilen) zusammen; die kleinsten selbständigen bedeutungstragenden Einheiten mit inhaltlicher *oder* rein grammatischer Bedeutung heißen *Morpheme*. So enthält das Wort „ununterscheidbar“ vier Morpheme: „un“, „unter“, „scheid“ und „bar“. Das Wort „Tische“ enthält zwei: den Wortstamm „Tisch“ und das „e“ zur Bezeichnung des Plurals. In logischen Kunstsprachen ist im Unterschied zu Alltagssprachen *jedes Zeichen* ein Morphem.

Aussagesätze sind von *Frage-*, *Befehls-*, *Wunsch-*, und *Ausrufesätzen* zu unterscheiden, in denen Fragen, Befehle/Bitten, Wunsch und Gefühle zum Ausdruck kommen; sie sind auch von *performativen Sätzen* zu unterscheiden, die das Gesagte bewirken (z.B. *ich nehme dich zur Frau*, oder *hiermit verurteile ich Sie zum Tode*). Aussagesätze bringen demgegenüber (nur) einen bestehenden oder nicht bestehenden Sachverhalt behauptend zum Ausdruck; grammatisch haben sie also die Funktion von Behauptungs- oder Aussagesätzen.

Eine *Aussage* ist nun ein syntaktisch korrekt formulierter Aussagesatz, dem (1) in *eindeutiger Weise* und (2) wenigstens im Zeitrahmen des logischen Diskurses auch in *unveränderlicher* Weise genau einer der beiden *Wahrheitswerte* wahr und falsch (auch bezeichnet als w und f oder $\top$ und $\perp$) zukommt. Dabei ist gleichgültig, ob der Wahrheitswert *objektiv vorgegeben* ist oder *durch willkürliche intersubjektive Vereinbarung* (im Rahmen eines logischen Diskurses) festgelegt wurde; ob er bekannt oder unbekannt ist; und ob er erkennbar oder unerkennbar ist.
Während im Zentrum der klassischen Logik allein die Aussagen stehen, versuchen Logiker heute, auch andere Sätze mit einzubeziehen.

Beispiele für Aussagen:

- «Die Erde dreht sich um sich selbst» ist eine Aussage, deren Wahrheit a posteriori erkennbar ist und für die Dauer des Diskurses feststeht.

- «Öl ist billig» ist eine subjektive Feststellung, die eine Aussage wird, wenn man vereinbart, diesen Satz als wahr (oder falsch) zu bewerten.
- «Jeder Schimmel ist weiß» ist eine wahre Aussage, deren Wahrheit analytisch a priori durch triviale Begriffsanalyse erkennbar ist.
- «Es gibt unendlich viele Primzahlen» ist eine wahre Aussage, deren Wahrheit analytisch a priori durch Deduktion erkennbar ist.
- «Wollen setzt Erkennen voraus» ist eine wahre Aussage, deren Wahrheit synthetisch a priori erkennbar ist.
- «In 100 Jahren stirbt die Menschheit aus» ist wahr oder falsch – also eine Aussage –, auch wenn wir den Wahrheitswert noch nicht kennen.
- «zwei plus zwei ist fünf» ist eine (falsche) Aussage, wobei die Falschheit analytisch a priori durch Deduktion erkennbar ist.

Gegenbeispiele:

- «Carnap ist babig» ist kein syntaktisch korrekter Satz.
- «Ist jemand hier?» ist kein Aussage-, sondern ein Fragesatz.
- «Ich lüge jetzt» ist ein syntaktisch korrekter Aussagesatz, dem aber kein *eindeutiger* Wahrheitswert zugeordnet werden kann, so dass es sich nicht um eine Aussage handelt.
- «*X* ist krank» ist ein syntaktisch korrekter Satz ohne Wahrheitswert. Diesem Satz könnte man zwar einen Wahrheitswert zuteilen, aber da *X* eine sog. freie Variable ist (worauf wir gleich zu sprechen kommen), geschieht dies immer nur vorübergehend und nicht in unveränderlicher Weise. Daher ist dies keine Aussage.

Was nun die formale Logik von der Alltagssprache unterscheidet, ist vor allem die Verwendung von Variablen in ihren Aussagen. Eine

Variable ist ein Zeichen, dem ein nichtleerer Bereich von Objekten als *Objektbereich* zugeordnet ist, so dass das Zeichen „in unbestimmter Weise“ für die Objekte dieses Bereichs steht. Als Objektbereich kann man auch alle Objekte schlechthin zulassen: Dann ist die Variable eine *allgemeine Objektvariable*, die für jedes Objekt schlechthin stehen kann. Als allgemeine Objektvariablen verwendet man im Deutschen gewöhnlich die Buchstaben x und y. Eine Variable darf vorübergehend als Bezeichnung für ein beliebiges Objekt ihres *Objektbereichs festgelegt werden, und eine solche Festlegung heißt eine Belegung der Variablen.* Man unterscheidet nun zwischen *freien und gebundenen Exemplaren einer Variablen*[27] in einem Ausdruck. Die gebundenen Exemplare erfüllen eine rein syntaktische Funktion (siehe Abschnitt 1.5.5) und dürfen bei der Deutung des Ausdrucks nicht als Objektbezeichnungen verwendet werden (wie wir gleich sehen werden). Für Belegungen gilt in der Logik die Vereinbarung, dass verschiedene freie Exemplare ein und desselben Variablen-Zeichens (z.B. verschiedene freie Exemplare des Buchstabens x) im selben Ausdruck immer Bezeichnungen für ein und dasselbe Objekt sind, während freie Exemplare verschiedener Variablen-Zeichen (z.B. x und y) sowohl verschiedene Objekte als auch ein und dasselbe Objekt bezeichnen dürfen.

---

[27] Man muss zwischen einem *Zeichen* und seinen *Exemplaren* unterscheiden (siehe Genaueres dazu in Kap. 1.5.9): ein *Zeichen* ist eine abstrakte Gestalt, die in vielen verschiedenen *Exemplaren* des Zeichens (diese nennt man auch die *Vorkommen* des Zeichens) realisiert sein kann. Z.B. erscheinen in der Zeichenreihe $x = x$ rechts und links vom Gleichheitszeichen *verschiedene* Exemplare *ein und desselben* Zeichens der Gestalt x. Freiheit und Gebundenheit bezieht sich in erster Linie nicht auf Variablen als abstrakte Zeichen, sondern auf konkrete Exemplare der Variablen. Man sagt allerdings auch, dass eine *Variable* (also das abstrakte Zeichen) frei bzw. gebunden in einem Ausdruck vorkommt, nämlich genau dann, wenn mindestens ein *Exemplar* der Variablen in dem Ausdruck frei bzw. gebunden ist.

Die *Belegung der Variablen*, die in einem Ausdruck (d.h. in einem Satz oder einem bedeutungstragenden Satzteil) vorkommen, ist der erste Schritt in der Interpretation oder Gesamtbewertung des Ausdrucks. Was zu der Belegung der Variablen dann eventuell noch hinzukommen kann, ist die genaue Festlegung der Bedeutung der übrigen bedeutungstragenden Bestandteile des Ausdrucks, der sog. *Konstanten* (die eventuell kontextabhängig sein kann). Man spricht von einer *Bewertung der Konstanten*, die das Analogon zur Belegung der Variablen ist. Z.B. muss zur Interpretation des Satzes «*x* geht zur Bank» zuerst die Variable *x* belegt werden (z.B. mit der Bedeutung «Peter») und dann noch erklärt werden, was man im gegebenen Kontext genau mit «Bank» meint (z.B. eine bestimmte Bank im Park oder ein bestimmtes Geldinstitut).

Ein Satz, der keine Aussage ist, aber Variablen enthält, bei deren fester Interpretation er wahr oder falsch wird, heißt eine *Aussageform*, und Aussagen und Aussageformen fasst man als *Formeln* zusammen.

1.5.2 Besondere Formeln und Verhältnisse zwischen Formeln

Eine Formel (also Aussage oder Aussageform), die bei jeder zulässigen Interpretation ihrer Variablen und Konstanten immer wahr bzw. immer falsch wird, heißt *allgemeingültig* (oder eine *Tautologie*) bzw. unerfüllbar (oder eine Antilogie oder *Kontradiktion*). Gibt es mindestens eine Interpretation, nach welcher die Formel wahr ist, heißt sie erfüllbar. Dass eine Formel *erfüllt* ist oder *gilt*, sagt man genau dann, wenn sie (in der gerade vorausgesetzten Interpretation) wahr ist. Die Rede von Erfüllbarkeit und Allgemeingültigkeit nimmt dagegen Bezug auf *alle* Interpretationen. So ist der Satz «*eine Bank ist eine Bank*» allgemeingültig (eine Tautologie), denn er ist immer wahr, unabhängig

davon, wie «*Bank*» interpretiert wird. Für eine Formel $\mathcal{F}$ ist «*es gilt $\mathcal{F}$ oder nicht $\mathcal{F}$*» stets eine allgemeingültige Tautologie, während «*es gilt $\mathcal{F}$ und nicht $\mathcal{F}$*» eine unerfüllbare Kontradiktion ist. Für «$\mathcal{F}$ ist allgemeingültig» schreibt man $\models \mathcal{F}$ oder $\models\!\!\Rightarrow \mathcal{F}$. Für die Verneinung der Allgemeingültigkeit benutzt man das durchgestrichene Allgemeingültigkeitszeichen $\not\models$ oder $\models\!\!\not\Rightarrow$, schreibt also $\not\models \mathcal{F}$ oder $\models\!\!\not\Rightarrow \mathcal{F}$.
Für Erfüllbarkeit und Unerfüllbarkeit ist kein eigenes Zeichen erforderlich, denn $\mathcal{F}$ ist genau dann unerfüllbar (d.h. eine Kontradiktion), wenn «*nicht $\mathcal{F}$*» (wofür man $\neg \mathcal{F}$ schreibt) eine Tautologie ist. So kann man für «$\mathcal{F}$ ist unerfüllbar» $\models \neg \mathcal{F}$ schreiben, und für «$\mathcal{F}$ ist erfüllbar» $\not\models \neg \mathcal{F}$.

Zwei Formeln $\mathcal{F}_1$ und $\mathcal{F}_2$ heißen logisch *gleichwertig* oder *äquivalent*, wenn sie bei jeder Interpretation denselben Wahrheitswert haben. Man schreibt dann $\mathcal{F}_1 \Leftrightarrow \mathcal{F}_2$. Zum Beispiel sind $x=y$ und $y=x$ äquivalent, man schreibt daher $x=y \Leftrightarrow y=x$.

Zwei Formeln heißen logisch *gegenwertig*, *kontravalent*, *antivalent* oder *kontradiktorisch* und man sagt, dass sie *im kontradiktorischen Gegensatz* zueinander stehen, wenn sie bei jeder Interpretation verschiedene Wahrheitswerte haben. Man schreibt hierfür $\mathcal{F}_1 \succ\!=\!\prec \mathcal{F}_2$. So sind die Formeln $x=y$ und $y \neq x$ kontravalent, es gilt also $x=y \succ\!=\!\prec y \neq x$.

Sind die Formeln $\mathcal{F}_1$ und $\mathcal{F}_2$ äquivalent [bzw. kontravalent], so sind die Formeln $\mathcal{F}_1$ und $\neg \mathcal{F}_2$ (*nicht* F_2) kontravalent [bzw. äquivalent].

Zwei Formeln $\mathcal{F}_1$ und $\mathcal{F}_2$ heißen *konträr* (entgegengesetzt) und stehen zueinander *im konträren Gegensatz*, wenn sie bei keiner Interpretation zugleich wahr sind (zulässigerweise aber zugleich falsch sein können). Man schreibt dann $\mathcal{F}_1 \Uparrow \mathcal{F}_2$. Man benennt häufig noch verschiedene Arten des konträren Gegensatzes. So nennt man einen konträren Gegensatz zwischen zwei Formeln einen *privativen* Gegensatz, wenn eine der Formeln eine Privation (ein Beraubtsein oder Nicht-Haben) einer

Vollkommenheit ausdrückt, während die andere das Ausgestattetsein mit dieser Vollkommenheit ausdrückt, so besteht z.B. zwischen «*x ist krank*» und «*x ist gesund*» ein privativer Gegensatz. Eine andere Art des konträre Gegensatzes ist der *relative Gegensatz.* Dieser besteht zwischen zwei Formeln, die Glieder einer zweiseitigen, nicht selbstbezüglichen Relation (Beziehung) in ihrer Entgegensetzung beschreiben, z.B. die Vater-Sohn-Beziehung oder die Kleiner-Größer-Beziehung. Ein solcher relativer Gegensatz besteht also z.B. zwischen den Formeln «*x ist Vater von y*» und «*y ist Sohn von x*», oder zwischen «*x ist größer als y*» und «*y ist kleiner als x*». Schließlich heißt ein konträrer Gegensatz zwischen zwei Formeln *polar*, wenn die Formeln in einem bestimmten Spektrum die beiden äußersten Gegensätze beschreiben, also eine jede Formel das äußerste Gegenteil dessen beschreibt, was die andere beschreibt, z.B. «*jeder Mensch ist gerecht*» und «*kein Mensch ist gerecht*»; «*x ist notwendig*» und «*x ist unmöglich*»; «*x ist fleißig*» und «*x ist faul*»; oder «*x ist allwissend*» *und* «*x weiß nichts*».

Zwei Formeln $\mathcal{F}_1$ und $\mathcal{F}_2$ heißen *subkonträr*, und man sagt, dass sie *im subkonträren Gegensatz* zueinander stehen, wenn sie bei keiner Interpretation zugleich falsch sind (aber zulässigerweise beide zugleich wahr sein können). Wenn wir voraussetzen, dass es Menschen gibt, stehen z.B. die beiden Formeln «*es gibt einen Menschen, der gerecht ist*» und «*es gibt einen Menschen, der nicht gerecht ist*» im subkonträren Gegensatz: sie können beide wahr sein, aber nicht beide falsch. Man schreibt dann $\mathcal{F}_1 \vee \mathcal{F}_2$.

Eine Formelmenge M (die keine, eine oder mehrere Formeln enthalten kann) impliziert eine Formel $\mathcal{F}$, wenn für jede Interpretation, für die alle in M enthaltenen Formeln (falls es solche gibt) wahr sind, auch $\mathcal{F}$ wahr ist; man schreibt dann $M \models \mathcal{F}$ [28] oder $M \mapsto \mathcal{F}$. Ist M die leere Menge

[28] Oft benutzt man hierfür auch anstelle des Zeichens $\models$ das Zeichen $\Vdash$.

$\emptyset$, so gilt offenbar $\emptyset \models \mathcal{F}$ genau dann, wenn $\mathcal{F}$ eine Tautologie (also allgemeingültig) ist, d.h. genau dann wenn $\models \mathcal{F}$ gilt.
Enthält M genau eine Formel $\mathcal{F}_0$, schreibt man für $M \models \mathcal{F}$ bzw. $M \models\!\!\Rightarrow \mathcal{F}$ auch $\mathcal{F}_0 \Rightarrow \mathcal{F}$ [lies: $\mathcal{F}_0$ impliziert $\mathcal{F}$] oder $\mathcal{F} \Leftarrow \mathcal{F}_0$ [lies: $\mathcal{F}$ folgt aus $\mathcal{F}_0$]. So gilt z.B.: *«x ist 18 Jahre alt»* $\Rightarrow$ *«x ist erwachsen»*.
Unter der *Umkehrung* (*Konversion*) von $\mathcal{F}_1 \Rightarrow \mathcal{F}_2$ versteht man die Implikation $\mathcal{F}_2 \Rightarrow \mathcal{F}_1$, für die man auch $\mathcal{F}_1 \Leftarrow \mathcal{F}_2$ schreibt. Ist eine Implikation wahr, muss dies nicht für ihre Konversion gelten (*«x ist erwachsen»* $\Rightarrow$ *«x ist 18 Jahre alt»* ist falsch). Wenn aber eine Implikation $\mathcal{F}_1 \Rightarrow \mathcal{F}_2$ und *auch* ihre Konversion $\mathcal{F}_2 \Rightarrow \mathcal{F}_1$ gilt, so gilt die Äquivalenz $\mathcal{F}_1 \Leftrightarrow \mathcal{F}_2$; und wenn diese gilt, gilt auch die Implikation $\mathcal{F}_1 \Rightarrow \mathcal{F}_2$ und ihre Konversion. Die Äquivalenz ist also gleichbedeutend damit, dass die entsprechende Implikation und ihre Umkehrung zugleich wahr sind.
Gilt $\mathcal{F}_1 \Rightarrow \mathcal{F}_2$, sagt man, dass $\mathcal{F}_1$ *superaltern* (übergeordnet) im Verhältnis zu $\mathcal{F}_2$ ist, und $\mathcal{F}_2$ *subaltern* (untergeordnet) im Verhältnis zu $\mathcal{F}_1$, und man sagt dann, dass die Formeln *im subalternen* (oder *superaltern-subalternen*) *Gegensatz* zueinander stehen.

Von den vier Gegensätzen (kontradiktorisch, konträr, subkonträr, subaltern) ist der kontradiktorische am größten, denn hier haben die Formeln immer verschiedene Wahrheitswerte. Der zweitgrößte Gegensatz ist der konträre, denn hier können die Formeln zwar gemeinsam falsch sein, aber nicht gemeinsam wahr, so dass sie sich, wie man sagt „gegenseitig ausschließen“. Der drittgrößte Gegensatz ist der subkonträre, denn hier schließen sich die Formeln nicht mehr aus, d.h. sie können beide wahr sein, aber immerhin können sie nicht beide falsch sein. Der schwächste Gegensatz ist der subalterne, denn hier können die Formeln sowohl beide wahr als auch beide falsch sein; jedoch liegt ein Minimum an Gegensätzlichkeit noch darin, dass die eine Formel der anderen übergeordnet ist, so dass, wenn diese wahr ist, die andere gezwungenermaßen auch wahr sein muss, aber wenn die übergeordnete falsch ist, die andere wahr oder auch falsch sein darf.

1.5.3 Kennzeichnungen, Kennzeichnungsformen und Terme

Wenn ein Satz „über" ein oder mehrere Objekte etwas zu verstehen geben will, muss der Satz Teile (d.h. Morpheme oder Zusammensetzungen von Morphemen) enthalten, die diese Objekte bezeichnen. Im Kontext der Logik nennt man solche Satzteile *Terme* (von *Terminus* = Abgrenzung), weil ein Logiker die Objekte, über die er redet, in möglichst genauer Abgrenzung von anderen Objekten beschreibt. Oft, aber nicht immer, enthält eine Aussage genau zwei Terme: Den *Subjektsterm* (der das Objekt bezeichnet, *von dem* etwas ausgesagt wird, welches auch das „Subjekt" heißt) und den *Prädikatsterm* (der bezeichnet, *was* vom Subjekt ausgesagt wird). Beispiel: In der Aussage «*Fifi ist ein Hund*» ist «*Fifi*» der Subjektstern und «*ein Hund*» der Prädikatsterm. Terme können Morpheme sein (z.B. «*Fifi*»), und somit in logischen Kunstsprachen einzelne Zeichen, aber Terme können auch Zusammensetzungen von Morphemen sein (z.B. «*der Hund von Baskerville*»): Dann spricht man von *zusammengesetzten Termen.* Terme können auch Variablen enthalten, die erst interpretiert werden müssen, bevor der Term ein konkretes Objekt bezeichnet (z.B. «*der Hund von x*»): solche Terme heißen *Kennzeichnungsformen.* Kennzeichnungsformen können, müssen aber nicht zusammengesetzt sein; auch jede einzelne Variable (wie *x*) ist bereits eine Kennzeichnungsform. Terme, die direkt (ohne den Umweg einer Variableninterpretation) ein Objekt bezeichnen, die also Konstanten sind, heißen schließlich *Kennzeichnungen.*

1.5.4 Offene und geschlossene Ausdrücke

Alle selbständigen Verständigungs- und Bedeutungseinheiten fasst man in der Logik unter dem Begriff des *Ausdrucks* zusammen. Zu den Ausdrücken gehören (1) Terme, d.h. (1a) Kennzeichnungen und (1b) Kennzeichnungsformen, sowie (2) Formeln, d.h. (2a) Aussagen und (2b) Aussageformen, und dies sind in der klassischen Logik bereits *alle* Arten von Ausdrücken. In modernen Erweiterungen können noch weitere Arten von Ausdrücken hinzukommen, z.B. Fragen und Befehle.

Ein Ausdruck hat, wenn er ein Term (somit eine Bedeutungseinheit) ist, die *semantische Funktion*, ein Objekt zu bezeichnen, oder wie man auch sagt: *auf ein Objekt zu referieren*; wenn er aber ein Satz ist (somit eine Verständigungseinheit), hat er die semantische Funktion, *etwas über Objekte zu verstehen zu geben*. Nun kann ein Ausdruck diese seine semantische Funktion entweder direkt ausüben, oder erst, nachdem gewisse Variablen interpretiert wurden. Im ersten Fall heißt der Ausdruck *geschlossen*, im zweiten *offen*. Zu den offenen Ausdrücken gehören also Kennzeichnungsformen und Aussageformen, zu den geschlossenen Kennzeichnungen und Aussagen. In der klassischen Logik zerfallen die Ausdrücke somit in folgende vier Arten:

1. geschlossene Terme (Kennzeichnungen), die unmittelbar ein Objekt bezeichnen,

2. geschlossene Formeln (Aussagen), die unmittelbar einen Sachverhalt beschreiben,

3. offene Terme (Kennzeichnungsformen), die ein Objekt erst mittels einer Variablenbelegung bezeichnen,

4. offene Formeln (Aussageformen), die einen Sachverhalt erst mittels einer Variablenbelegung beschreiben.

	geschlossen	offen
Term	*Kennzeichnung*	*Kennzeichnungsform*
Formel	*Aussage*	*Aussageform*

Ein Ausdruck heißt *nach Interpretation der Variablen $x, y, \ldots$ geschlossen*, wenn er *immer dann*, wenn man alle diese Variablen belegt (und nötigenfalls alle Konstanten bewertet), seine semantische Funktion ausübt.

Beispiele:

(1) Die offene Formel $x = x$ ist nach Interpretation von x geschlossen.

(2) Der offene Term «*der Vater von x und y*» ist nach Interpretation von x und y geschlossen, nicht aber nach Interpretation von x allein.

(3) Die Ausdrücke $x = x$ und «*der Vater von x und y*» sind auch nach Interpretation von x, y, z geschlossen (da z in ihnen nicht vorkommt).

(4) Jede Variable x ist ein offener Term, und zwar ein solcher, der nach Interpretation von x geschlossen ist.

(5) Jeder Ausdruck ohne Variablen übt seine Funktion direkt aus, ist daher geschlossen (schlechthin).

(5) Jeder Ausdruck ohne Variablen ist auch nach Interpretation *von beliebigen Variablen* geschlossen.

(6) Jeder Ausdruck ist nach Interpretation *aller* Variablen geschlossen.

1.5.5 Freie und gebundene Variablen

Auch in einem geschlossenen Ausdruck können Variablen vorkommen. So sind die Ausdrücke

- *für alle x gilt: x=x,*
- *es gibt (mindestens oder genau) ein x, so dass x=6,*
- *das x, für das gilt: x war im im Jahre 2000 Oberbürgermeister von München,*
- *die Menge aller x, für die gilt: x < 6*

geschlossen (die ersten beiden sind Aussagen, die letzten beiden Kennzeichnungen), *obgleich* in ihnen Exemplare der Variablen *x* vorkommen. Hier lässt sich der Unterschied zwischen freien und gebundenen Variablenexemplaren, der schon auf S. 32 angesprochen wurde, genauer erklären: Interpretiert man in den genannten Ausdrücken die Variable *x* *als Bezeichnung für ein konkretes Objekt,* so darf diese Interpretation auf die hier vorkommenden Exemplare von *x* *nicht* angewendet werden, was man daran erkennt, dass das Ersetzen von *x* durch konkrete Objektbezeichnungen zu unsinnigen Zeichenreihen führt.[29] Variablenexemplare, die *nicht* als konkrete Bezeichnungen interpretiert werden dürfen, heißen *gebunden* oder für eine Interpretation *nicht freigegeben.* Sie üben eine rein syntaktische Funktion aus, daher kann man sie ohne Bedeutungsverlust durch Nichtvariablen (etwa Pronomen) ersetzen, so dass man den gemeinten Sachverhalt auch *variablenfrei* ausdrücken kann. So kann z.B. den ersten Ausdruck gleichwertig ersetzen durch: *für jedes Objekt gilt: dieses ist mit sich identisch.* Die Variablenexemplare dagegen, die nicht in dieser Weise ersetzbar sind, gelten in einem Ausdruck als zur Interpretation *freigegeben* und heißen kurz *frei,* so etwa die Exemplare von *x* und *y* in «*x*=*y*» und «*y* < 6». Setzt man für sie Objektbezeichnungen ein, erhält man sinnvolle Ausdrücke.

[29] Man probiere es aus, in dem man irgendwelche konkrete Namen (etwa für eine bestimmte Zahl oder für eine bestimmte Person) für *x* einsetzt: Es entstehen dann Wendungen wie «für alle 2», «es gibt ein 3», «dasjenige Peter, für das gilt», «Klasse aller 3, für die gilt», die man ohne weiteres als unsinnig erkennt.

1.5.6 Fusion von Termen und Formeln und das Ersatzobjekt

In der auf Ideen von Gottlob Frege zurückgehenden äußert flexiblen sog. *Ausdruckslogik* werden alle Ausdrücke (Terme und Formeln) gleich behandelt (siehe auch S. 203). Man erreicht dies in zwei Schritten:

(1) Zunächst verleiht man allen geschlossenen Formeln neben ihrer Funktion, nach Interpretation ihrer Konstanten und freien Variablen einen Sachverhalt zu beschreiben (was nach Frege der *Sinn* der Formel ist), zusätzlich die Funktion, ein bestimmtes Objekt zu bezeichnen: Und zwar soll jede wahre bzw. falsche Formel eine Bezeichnung für ihren Wahrheitswert sein, d.h. eine wahre bzw. falsche Formel bezeichnet den Wahrheitswert *wahr* (der auch *das Wahre*, das *Wahrheitsobjekt* oder *das Verum* genannt und mit w oder $\top$ bezeichnet wird) bzw. den Wahrheitswert *falsch* (der auch *das Falsche*, das *Falschheitsobjekt* oder *das Falsum* genannt und mit f oder $\bot$ bezeichnet wird), wobei diese Wahrheitswerte zwei abstrakte *Gegenstände* sein sollen, die die Bedeutung der Formel sind (siehe auch S. 74). Auch Logiker, die sich nicht auf die Fregesche Ontologie festlegen wollen, definieren oft das Wahre und das Falsche als Bezeichnung für zwei konkretere Objekte, üblicherweise nimmt man hierfür die Zahlen 1 und 0: *das Wahre* $= \mathrm{w} = \top = 1$, und: *das Falsche* $= \mathrm{f} = \bot = 0$. So ist nun die wahre Aussage $1 < 2$ eine Bezeichnung für $\top$, und die falsche Aussage $1 \neq 1$ eine Bezeichnung für $\bot$.

(2) Jeden geschlossenen Term $\mathcal{A}$ benutzt man außer zur Bezeichnung eines Objekts auch zur Aussage des Sachverhalts, *dass* $\mathcal{A}$ *das Wahre bezeichnet*. So beschreibt $\mathcal{A}$ einen falschen Sachverhalt, wenn $\mathcal{A}$ etwas anderes als $\top$ bezeichnet, und sonst einen wahren. Man kann also demnach die Personen-Kennzeich-

> nung «*Peter*» als falsche Sachverhaltsbeschreibung sehen, weil «Peter» nicht das Wahre bezeichnet. Dagegen sehen wir die Terme $\top$ und «*der von* $\perp$ *verschiedene Wahrheitswert*» als wahre Sachverhaltsbeschreibungen an.

Insgesamt kann nun jeder Ausdruck sowohl ein Objekt bezeichnen als auch einen Sachverhalt beschreiben, so dass der *semantische* Unterschied zwischen Termen und Formeln aufgehoben ist: Jeder Term kann „formelartig“ und jede Formel „termartig“ gebraucht werden. Allerdings unterscheidet sich eine Formel nach wie vor *syntaktisch* von einem Term, und dieser Unterschied bleibt auch weiterhin semantisch relevant: *Solange der Kontext nicht das Gegenteil erkennen lässt, sollen Terme stets als Objektbezeichnungen und Formeln stets als Sachverhaltsbeschreibungen* fungieren. Sagen wir aber, dass ein Ausdruck $\mathcal{A}$ «gilt», «wahr ist», «nicht erfüllt ist» oder ähnlich, so verwenden wir ihn als Sachverhaltsbeschreibung (gebrauchen ihn „formelartig“), *auch wenn er syntaktisch ein Term ist.* Sagen wir dagegen zum Beispiel, dass $\mathcal{A}$ gleich einem Objekt ist, oder dass $\mathcal{A}$ Element einer Menge ist, benutzen wir ihn als Objektbezeichnung (gebrauchen ihn „termartig“), *auch wenn er syntaktisch eine Formel ist.*

Eine weitere auf Frege zurückgehende Idee ist die Wahl eines Objekts $\underline{\perp}$ als *Ersatzobjekt* oder *Unsinnsobjekt* oder *Joker*, der normalerweise nicht Gegenstand eines objektsprachlichen Diskurses ist. Ein sinnvoller konkreter Vorschlag hierzu ist der, das man als Joker die sog. Allklasse oder „Klasse aller Dinge“ $\mathbb{D}$ nimmt (wie im Kapitel über Mengenlehre gezeigt wird, ist dies eine sog. „Unmenge“), die tatsächlich außerhalb jedes gewöhnlichen spezialwissenschaftlichen Diskurses liegt.[30] Man

---

[30] Die Symbole $\underline{\perp}$ und $\mathbb{D}$ und die Gleichsetzung von $\underline{\perp}$ mit einem Nichtindividuum wie $\mathbb{D}$ findet man bei Oberschelp, z.B. in seiner *Logik für Philosophen* (1997) und seiner *Allgemeinen Mengenlehre* (1994).

legt dann fest, dass Ausdrücke der Form *das(jenige) x, für das gilt …* im Fall, dass es nicht genau ein solches x gibt, den Joker $\perp$ bezeichnet; ebenso bezeichnen Ausdrücke der Form *ein x, für das gilt …* im Fall, dass es gar kein solches x gibt, den Joker $\perp$. Der Joker ist auch das quasi-Ergebnis aller undefinierten Rechenoperationen, in dem der Taschenrechner *error* ausgibt: z.B. $1:0 = \perp$. Was wir durch die Fusion von Termen und Formeln sowie durch Einführung des Ersatzobjektes erreichen, ist, dass jeder syntaktisch korrekt gebildete Ausdruck, sobald man alle seine Variablen belegt und alle seine Konstanten bewertet, (a) ein bestimmtes Objekt bezeichnet, und (b) als *wahr* oder *falsch* gewertet werden kann, je nachdem, ob das bezeichnete Objekt *das Wahre* ist oder nicht.

1.5.7 Ausdrücke in Sprachen verschiedener Stufen

Eine *Objektsprache* (Sprache 1-ter Stufe) ist eine Sprache, die man gebraucht, um über nichtsprachliche Objekte zu sprechen.
Eine *Metasprache* (Sprache 2-ter Stufe) ist eine Sprache, in der man über eine Objektsprache spricht (z.B. in der Linguistik).
Eine *Meta-Metasprache* (oder Sprache 3-ter Stufe) wäre eine solche, in der man über eine Metasprache spricht usw.

Wenn man die Alltagssprache gleichzeitig als Objekt- und Metasprache verwendet, haben die Wörter einen objektsprachlichen und einen metasprachlichen Sinn. Benutzt man ein Wort *im metasprachlichen Sinn*, kann man dies durch den Gebrauch von Anführungszeichen andeuten.

Beispiel: Sagt man: *München hat 1,5 Million Einwohner,* so wird *München* im objektsprachlichen Sinn verwendet. Sagt man aber *‚München' hat 7 Buchstaben,* verwendet man *München* im metasprachlichen Sinn.

Zur logischen Metasprache gehören die bereits eingeführten Zeichen

$\models$, $\mid\!\Rightarrow$, $\Leftrightarrow$, $\rangle\!=\!\langle$, $\Rightarrow$, $\Leftarrow$, $\Uparrow$, $\vee$. Oft wandelt man ein Zeichen, das man in der Objektsprache benutzt, in ein metasprachliches Zeichen mit einer analogen Bedeutung um, indem man einen in dem Zeichen vorkommenden Strich verdoppelt. So sind z.B. die Pfeile $\rightarrow$ und $\leftrightarrow$ die objektsprachlichen Analoga der metasprachlichen Doppelpfeile $\Rightarrow$ und $\Leftrightarrow$.

1.5.8 Maßnahmen zur Vermeidung vieldeutiger Ausdrücke

Oft setzt man einfache Aussagen zu komplizierteren Aussagen zusammen, z.B. mit Hilfe von der sog. logischen *Junktoren* (Verbindungswörtern) wie «*nicht*», «*und*», «*oder*», «*wenn*» usw. Dabei kann es zu Mehrdeutigkeiten kommen. Sind etwa $\mathcal{A}$ und $\mathcal{B}$ Aussagen, so ist

«*nicht* $\mathcal{A}$ *und* $\mathcal{B}$»

ein Satz, der für zwei verschiedene Aussagen stehen könnte:

(1) Entweder man will sagen: «*Es gilt nicht beides:* $\mathcal{A}$ *und* $\mathcal{B}$».
(2) Oder: «*Es gilt nicht* $\mathcal{A}$, *und es gilt* $\mathcal{B}$».

Diese Aussagen haben einen verschiedenen Sinn und können sogar verschiedene Wahrheitswerte haben: Denn wenn $\mathcal{A}$ wahr und $\mathcal{B}$ falsch ist, wäre die zusammengesetzte Aussage (1) wahr, aber (2) wäre falsch.

Also ist «*nicht* $\mathcal{A}$ *und* $\mathcal{B}$» ein doppeldeutiger Ausdruck, solange nicht geklärt ist, ob (1) oder (2) gemeint ist. Das liegt daran, dass im Fall (1) der Satzteil «$\mathcal{A}$ *und* $\mathcal{B}$» als eine Sinneinheit zusammengefasst wird, die als Ganze durch den Junktor «*nicht*» negiert wird, während im Fall (2) der Satzteil «*nicht* $\mathcal{A}$» als Sinneinheit zusammengefasst wird, die der Junktor «*und*» als Ganze mit $\mathcal{B}$ verbindet. Man muss also, um Eindeutigkeit herzustellen, gewisse Satzteile zu Sinneinheiten zusammenfassen. Hierzu gibt es folgende Methoden:

1. *Methode: Klammern.* Am intuitivsten ist es, das jeweils Zusammengehörige *einzukreisen* oder *einzurahmen*: Man schreibt also,

wenn man (1) meint: *nicht* $\boxed{\mathcal{A}\ \textit{und}\ \mathcal{B}}$,
und wenn man (2) meint, $\boxed{\textit{nicht}\ \mathcal{A}}$ und $\mathcal{B}$.

Aus schreibtechnischen Gründen benutzt man statt der Kreise bzw. statt der Rahmen gewöhnlich runde oder eckige *Klammern*, die den Kreis oder Rahmen andeuten, schreibt also z.B.,

wenn man (1) meint, *nicht* ($\mathcal{A}$ *und* $\mathcal{B}$),
und wenn man (2) meint, (*nicht* $\mathcal{A}$) *und* $\mathcal{B}$.

Die Klammern sind als Überbleibsel eines teilweise wieder entfernten Rahmens zu denken, die links und rechts das Einzurahmende umgeben (die es, wie man sagt, „einklammern"), und sind als Aufforderung zu verstehen, die eingeklammerten Teile in Gedanken vollständig einzurahmen bzw. einzukreisen.

Klammern werden immer paarweise gesetzt; unmittelbar links von dem Eingeklammerten steht die *linke Klammer*, z.B. von der Form (, [oder {, und unmittelbar rechts davon die entsprechend gestaltete *rechte Klammer*) bzw.] bzw. }. Klammerpaare können auch verschiedene Größe haben; die als Paar (Partner) zusammengehörigen Klammern aber haben immer dieselbe Größe. In komplizierteren Ausdrücken können mehrere Klammerpaare, bei denen sich die linken Klammern (und daher auch die rechten) in Gestalt und Größe gleichen, verwendet werden, sofern zu jeder linken bzw. rechten Klammer klar ist, welches ihre rechte bzw. linke Partner-Klammer ist, mit der sie verbunden werden muss, um den gemeinten Rahmen in der Vorstellung vollständig herzustellen. Diese Bedingung gilt als erfüllt, wenn es *nur auf eine einzige Weise* möglich ist, die linken und rechten Klammern derselben Art und Größe derart zu Paaren zusammenzustellen, dass keine Klammer ohne Partner-Klammer bleibt und sich die entsprechenden Rahmenlinien nirgends kreuzen. Wenn dies der Fall ist, soll diese Weise der Paar-Zuordnung die gemeinte sein.

2. Methode: Lücken. Eine zweite Möglichkeit ist, verschieden große Lücken zu verwenden: Die zusammengehörigen Teile sind dann die enger zusammengestellten. Zur Verdeutlichung setzt man dabei manchmal noch Punkte in die Lücken. Man schreibt also,

wenn man (1) meint: *nicht . $\mathcal{A}$ und $\mathcal{B}$,*
und wenn man (2) meint: *nicht $\mathcal{A}$. und $\mathcal{B}$.*

3. Methode: Kräfte. Eine dritte Möglichkeit ist es, zwar die Abstände alle gleich groß zu machen, jedoch bestimmte „Bindungskräfte" der Junktoren (Verbindungswörter bzw. Verbindungszeichen) zu vereinbaren. Man stellt sich hierzu die Junktoren mit einer mehr oder weniger starken Anziehungskraft ausgestattet vor, so dass „stärkere" Zeichen die umgebenden Zeichen stärker anziehen als „schwächere". So vereinbart man, dass das *Strichzeichen* $\neg$ (das für *nicht* steht) stärker ist als die *Hütchen* $\wedge$ (für *und*) und $\vee$ (für *oder*), und dass die Hütchen stärker sind als die *Pfeile* $\rightarrow$ (für *folgt* alias *wenn-dann*) und $\leftrightarrow$ (für *genau dann wenn,* d.h. metasprachlich für *äquivalent*). Man stellt sich nun vor, dass die Junktoren ihre Anziehungskräfte ausüben, und was als Ergebnis dieses Kräfteringens näher beieinander stehen würde, wird nach der Lückenkonvention als Sinneinheit gelesen. So bedeutet also $\neg\ \mathcal{A} \wedge \mathcal{B}$ dasselbe wie «*nicht $\mathcal{A}$. und $\mathcal{B}$*», oder anders gesagt dasselbe wie $(\neg\ \mathcal{A}) \wedge \mathcal{B}$. Man kann dann auf Klammern und verschiedene Abstände ganz verzichten. Eine analoge Kraftkonvention ist auch in der Mathematik üblich, wo man mit der Regel „Punkt vor Strich“ meint, dass das Multiplikations- und Divisionszeichen stärker bindet als das Plus- und Minuszeichen.

4. Methode: polnische Notation. Eine weitere Möglichkeit, wie man ganz ohne Klammern und Abstände auskommt, sich aber auch die Festlegung von Stärken sparen kann, ist der Gebrauch der sog. polnischen Notation (die so heißt, weil sie in den 1920er Jahren vom polnischen Logiker *Jan Łukasiewicz* entworfen wurde): Man setzt die Junktoren alle links vor die Aussagen, auf die sie sich beziehen, schreibt also z.B. statt $\mathcal{A} \wedge \mathcal{B}$ ($\mathcal{A}$ *und* $\mathcal{B}$) einfach $\wedge\ \mathcal{AB}$ (*und* $\mathcal{AB}$) . Demnach schreibt man,

wenn man (1) meint: $\neg \wedge \mathcal{AB}$ (alias *nicht und* $\mathcal{AB}$),
und wenn man (2) meint: $\wedge \neg\, \mathcal{AB}$ (alias *und nicht* $\mathcal{AB}$).

Diese raffinierte, aber künstlich wirkende Methode wird nur in *formalen Kunstsprachen* verwendet. Gegenüber der polnischen Notation heißt die gewöhnliche Notation, bei welcher Junktoren zwischen die Ausdrücke gesetzt werden, auf die sie sich beziehen, die *Infixnotation.* In der *Praxis halbformaler Sprachen* werden meist *die erste bis dritte Methode gleichzeitig* eingesetzt; dabei ist stillschweigend vereinbart, dass man *zuerst* die Klammern beachtet; wenn *dann* noch Unklarheiten bestehen, beachtet man Abstände; und wo gleiche Abstände stehen, beachtet man *schließlich* die festgelegte Stärke der Zeichen.

In der Alltagssprache wird natürlich noch eine *fünfte Methode* angewendet: Diese besteht einfach in einer *ausführlichen alltagssprachlichen Erläuterung* dessen, was man genau meint.

1.5.9 Zeichen, Zeichenreihen und ihre Exemplare

In der sprachtheoretisch orientierten formalen Logik werden die logischen *Ausdrücke* als ausgewählte *Zeichenreihen* angesehen. So ist zu klären, was Zeichen und Zeichenreihen eigentlich sind.

Ein *Zeichen im weitesten Sinn der sog. Zeichenlehre (Semiotik)* ist etwas, das natürlicherweise oder durch Vereinbarung *etwas anderes* repräsentiert und die bewusste Aufmerksamkeit dessen, der das Zeichen wahrnimmt, auf dieses *andere* hinlenken kann und soll: das Zeichen *bezeichnet* dann, wie man sagt, dieses andere, das man das *Denotat* (oder das *Designat* oder den *Referenten*) des Zeichens nennt. Als Zeichen in diesem Sinne eignen sich Gesten, Laute und Bilder, ganz besonders aber *Schriftbilder*, d.h. Figuren auf einfarbiger Hintergrundfläche, die aus einer bestimmten Perspektive zu betrachten sind und somit eine eindeutig festgelegte linke, rechte, obere und untere Seite haben.

Ein *Zeichen*, wie es in der Logik verstanden wird, ist ein Schriftbild, das man bei der Einführung (oder bei einer Erweiterung) einer logischen Sprache *explizit als Zeichen einführt*. Die Klasse aller Zeichen bezeichnet man als das *Alphabet* der Sprache. Man wählt als Zeichen einfache Schriftbilder aus, die man schnell nachzeichnen kann, und aus denen man kompliziertere Schriftbilder zusammensetzt, die man ebenso wie die Zeichen selbst zum Bezeichnen benutzt. Für die folgenden Beispiele gehen wir davon aus, dass *alle* Buchstaben, Ziffern und druckbaren Sonderzeichen zu den als *Zeichen* ausgewählten Schriftbildern gehören.

Die in der Logik zum Bezeichnen benutzten Schriftbilder (und unter ihnen auch die Zeichen) sind nun *nicht* die *konkreten* Schriftbilder, die hier und jetzt auf dem Papier erzeugt werden, sondern es sind die *reinen Formen* (Figuren, Gestalten) von Schriftbildern „an und für sich“, die man auch Schriftbild-*Typen oder kurz Typen* nennt, und die einen *zeitlos-abstrakten Status* haben.[31] Die konkreten Schriftbilder auf dem Papier dienen nur zum *Anführen* oder *Anschreiben* dieser abstrakten Schriftbilder, d.h. sie dienen dazu, dem Leser das gemeinte abstrakte Schriftbild (den Typus) konkret vor Augen zu stellen. So ist z.B. mit dem *Zeichen A* nicht dessen Darstellung auf dem Papier gemeint, sondern die abstrakte Gestalt des *A*: die *A-Typengestalt.* Zu jedem Typus gibt es unendlich viele konkrete Schriftbilder, die ihm von der Gestalt her gleichen oder zumindest ähnlich sind. Diese heißen *Exemplare* oder *Darstellungen* oder *Vorkommen* oder *Tokens* dieses Typus und man sagt, dass der Typus durch seine verschiedenen Exemplare *konkretisiert* und *realisiert* wird. Es gibt nicht nur *materielle* Exemplare eines Typus (z.B. des Zeichens *A*), d.h. nicht nur die Exemplare des Zeichens auf dem Papier und anderen Schreibmaterialien, sondern auch *geistige* Exemplare in der Vorstellung zahlreicher Subjekte, und darüber hinaus *abstrakte* Exemplare, die Bestandteile größerer abstrakter Schriftbilder und damit *Bestandteile anderer Typen* sind.[32] So taucht ein abstraktes Zeichenexemplar von *A* als Bestandteil des abstrakten Schriftbildes *ABC* auf, und in der abstrakten Formel $A = A$ stehen rechts und links vom Gleichheitszeichen verschiedene Exemplare ein und desselben Zeichens *A*. Jedes Typenexemplar ist offenbar Exemplar *genau eines* Typus, und Exemplare ein und desselben Typus nennen wir *typengleich.*

Ein *Zeichensystem* oder *Zeichenverband* ist nun ein abstraktes Schriftbild, das aus (ebenfalls abstrakten) Zeichenexemplaren zusammengesetzt ist, die sich nahe stehen, aber nicht berühren; und eine *Zeichenreihe* ist ein Zeichensystem, das aus endlich vielen Zeichenexemplaren zusam-

[31] Diese Typen kann man gewissermaßen als platonische Ideen betrachten.

[32] Auch der Typus selbst wird zu seinen Exemplaren gerechnet: Er ist unter allen Exemplaren das ausgezeichnetes *Urexemplar.*

mengesetzt ist, die „von links nach rechts“ *nebeneinander angeordnet* sind. So ist von den drei Typen

$$ABC \quad \text{und} \quad \sqrt{5} \quad \text{und} \quad \sum_{n=2}^{10} x^2$$

nur der erste Typus *ABC* eine Zeichenreihe, dagegen ist der zweite und der dritte Typus jeweils ein Zeichensystem, das *keine* Zeichenreihe ist, weil in $\sqrt{5}$ ein Zeichenexemplar *in* einem anderen steht, und in dem mit dem mit dem Summenzeichen Σ gebildeten Zeichensystem auch Zeichenexemplare *übereinander* angeordnet sind. Auch hier muss man zwischen den eigentlichen Zeichenreihen und Zeichensystemen auf der abstrakten Ebene und den *konkreten Zeichenreihen* und *konkreten Zeichensystemen* auf dem Papier unterscheiden, die mit den abstrakten typengleich sein, ihnen also gleichen oder ähnlich sind (wobei man bei Zeichenreihen für die Typengleichheit nur verlangt, dass ähnliche Zeichenexemplare in derselben Reihenfolge auftreten, dabei aber verschieden große Lücken zwischen den Exemplaren zulässig sind).

Als Grenzfälle von Zeichensystemen (und speziell von Zeichenreihen) betrachtet man auch *jedes einzelne Zeichen*, und zusätzlich auch das nur aus leerem Hintergrund bestehende Schriftbild, das man das *leere Zeichensystem* oder die *leere Zeichenreihe* nennt und mit Λ bezeichnet.

Zeichensysteme (und -reihen), die weder leer sind noch einzelne Zeichen sind, heißen *zusammengesetzt*. Man sagt, dass sie *aus Zeichen zusammengesetzt sind*, obwohl sie nicht unmittelbar aus mehreren *Zeichen* (sondern aus mehreren Zeichen*exemplaren*) bestehen.

In der Logik setzt man in erster Linie nichtleere Zeichenreihen (also einzelne Zeichen und zusammengesetzten Zeichenreihen) zum Bezeichnen ein, verleiht ihnen also Denotate. Man zieht aber zusätzlich beliebige Zeichensysteme als (meist kurze und kompakte) Namen für Zeichenreihen heran; so schreibt der Logiker als eigentliche Bezeichnung für die Wurzel aus 5 die Zeichenreihe «√ 5», aber die kompakte Schreibweise $\sqrt{5}$ ist wiederum eine Bezeichnung für die Zeichenreihe «√ 5». Ein Beispiel für die Bezeichnung von Zeichenreihen durch (andere) Zeichenreihen ist auch das im vorletzten Absatz eingeführte Zeichen Λ als Bezeichnung für die leere Zeichenreihe.

Nun ergeben sich theoretisch Mehrdeutigkeiten: Nehmen wir an, das Zeichen $\mathcal{A}$ bezeichne die Zeichenreihe *BC* und diese wiederum habe als Denotat eine bestimmte Person. Dann könnte $\mathcal{A}$

(1) für sich selbst stehen, oder
(2) für die Zeichenreihe *BC* stehen, oder
(3) für die damit bezeichnete Person stehen.

Welche dieser Möglichkeiten in einem bestimmten Kontext zutrifft, kann man mit (verschiedenen Arten von) *Anführungszeichen* kenntlich machen. So verwendet man die von Quine eingeführten Anführungszeichen ⌜ und ⌝ für die sog. *Quasi-Zitation*, um auf die Denotate auf der Ebene der Zeichen(systeme) hinzuweisen, während man die sog. *semantischen Klammern* ⟦ und ⟧ verwendet, um deutlich zu machen, dass das (gewöhnliche) Denotat der eingeklammerten Zeichenreihe gemeint ist; um die Zeichenreihe als solche anzusprechen, kann man die französischen Anführungszeichen « und » (*Guillemets*) verwenden. So kann man, wenn man die Zeichenreihe *BC* meint, ⌜$\mathcal{A}$⌝ schreiben; wenn man aber die Person meint, ⟦$\mathcal{A}$⟧ schreiben; und wenn man nur das Zeichen $\mathcal{A}$ meint, «$\mathcal{A}$» schreiben.[33] Doch verzichtet man oft auf diese Verdeutlichungen und schreibt in allen drei Fällen nur $\mathcal{A}$, da der „gesunde Men-

[33] Für Zitate in der Alltagssprache verwenden wir natürlich die gewöhnlichen deutschen Anführungszeichen.

schenverstand“ das Gemeinte meist aus dem Kontext erschließen kann. Wenn z.B. vom *Zeichen* $\mathcal{A}$, von der *Zeichenreihe* $\mathcal{A}$ oder von der *Person* $\mathcal{A}$ die Rede ist, ist ja klar, was jeweils gemeint ist.

Man sagt, dass ein Zeichensystem $\mathcal{Z}_1$ in einem Zeichensystem $\mathcal{Z}_2$ *vorkommt*, wenn $\mathcal{Z}_1$ entweder mit ganz $\mathcal{Z}_2$ oder mit einem Teil von $\mathcal{Z}_2$ typengleich ist oder anders gesagt: wenn ein Exemplar von $\mathcal{Z}_1$ zu den Bestandteilen von $\mathcal{Z}_2$ gehört. Dann nennt man $\mathcal{Z}_1$ auch ein *Teilzeichensystem* oder *Unterzeichensystem* von $\mathcal{Z}_2$; und wenn $\mathcal{Z}_1$ eine Zeichenreihe, ein Ausdruck, eine Formel usw. ist, nennt man $\mathcal{Z}_1$ auch eine *Teil-* oder *Unterzeichenreihe* bzw. einen *Teil-* oder *Unterausdruck* bzw. eine *Teil-* oder *Unterformel* usw. von $\mathcal{Z}_2$. Ein Exemplar von $\mathcal{Z}_1$ in $\mathcal{Z}_2$ nennt man auch ein *Vorkommen* von $\mathcal{Z}_1$ in $\mathcal{Z}_2$. Auch sagt man, das $\mathcal{Z}_1$ *mehrfach* oder *wiederholt* in Z_2 vorkommt, wenn *mehrere* Exemplare alias mehrere Vorkommen von $\mathcal{Z}_1$ in $\mathcal{Z}_2$ liegen. Zum Beispiel kommt das Zeichen A zweimal in der Zeichenreihe $A = A$ vor, und diese hat fünf Unterzeichenreihen: erstens das Zeichen «A», zweitens und drittens die beiden aus zwei Zeichen bestehenden Zeichenreihen «$A =$» und «$= A$», viertens die Zeichenreihe «$\mathrm{A} = A$» selbst, denn jede Zeichenreihe ist eine Unterzeichenreihe von sich selbst, und fünftens die leere Zeichenreihe $\ulcorner\Lambda\urcorner$, die als Unterzeichenreihe *jedes* Zeichensystems angesehen wird.

Man betrachtet oft gewisse Operationen mit Zeichen, Zeichenreihen und Zeichensystemen. So sagt man beispielsweise, dass man aus einer Zeichenreihe ein bestimmtes Zeichenexemplar *entfernt*, dass man ein Zeichenexemplar einer Zeichenreihe durch ein anderes *ersetzt*, dass man eine Zeichenreihe links an eine andere *anfügt*, dass man an einer bestimmten Stelle einer Zeichenreihe eine andere Zeichenreihe *einfügt*. Im Allgemeinen dürfte der Leser unmittelbar erfassen, was mit diesen Worten gemeint ist, aber dennoch sei hier auf die subtile Schwierigkeit hingewiesen, dass ein Zeichensystem eine abstrakte Form ist, die als solche zeitlos und daher unbeweglich ist, so dass man aus dem Zeichensystem im eigentliche Sinne weder einen Teil entfernen noch irgendetwas hinzufügen kann. Die genannten Operationen sind daher stets in drei Schritten durchzuführen: Im ersten Schritt geht man von der Betrachtung der abstrakten Zeichensystem-Typen zur Betrachtung konkreter Exemplare dieser Typen auf dem Papier über (dieser Vorgang nennt sich *Konkretion*); im zweiten Schritt führt man die entsprechenden Operationen mit den konkreten Exemplaren durch, was ja geht, da sie veränderlich sind; im dritten Schritt geht man von dem resultierenden Zeichensystem-Exemplar zur Betrachtung von dessen Typus über (dieser Vorgang nennt sich *Abstraktion*),[34] und dieser abstrakte Typus ist das Resultat der gesamten Operation.

Beispiel: Man *entfernt* aus der Zeichenreihe *ABC* das erste Zeichenexemplar (das angeführte *A*) und sagt, dass dabei die Exemplare von *B* und *C stehen bleiben* und die Zeichenreihe *BC entsteht*. Man sollte sich darüber im Klaren sein, dass die so beschriebenen *Übergänge* nur *in der Vorstellung des Betrachters* stattfinden, nicht an den Dingen an sich. Beispielsweise sind das erste Zeichenexemplar von *BC* und das Exemplar von *B* in der Mitte von *ABC verschiedene* Exemplare des Zeichens *B*, während obige Redeweise suggeriert, dass es sich um dasselbe Exemplar handelt. In Wirklichkeit passiert mit den Exemplaren der beiden Zeichenreihen „gar nichts“; was hier passiert, ist nur, dass der Betrachter von der Betrachtung des Typus *ABC* zur Betrachtung des Typus *BC* übergeht.

[34] Siehe zu Abstraktion und Konkretion auch S. 56.

Die wichtigste Zeichen-Operation ist die des Zusammenfügens von Zeichenreihen, die man auch als *Konkatenation* bezeichnet.[35] Unter der Konkatenation der Zeichenreihen $\mathcal{Z}_1, ..., \mathcal{Z}_n$ (in dieser Reihenfolge) versteht man den Typus der konkreten Zeichenreihe, die entsteht, wenn man Exemplare der genannten Zeichenreihen in der genannten Reihenfolge von links nach rechts aneinanderfügt.

Hat man Namen für Zeichensysteme eingeführt, benutzt man, um eine *Konkatenation dieser Zeichensysteme* zu bezeichnen, eine *entsprechende Konkatenation der Namen*. Wenn etwa $\mathcal{Z}_1$ für die Zeichenreihe *abc* und $\mathcal{Z}_2$ für *xyz* steht, steht $\mathcal{Z}_1\mathcal{Z}_2$ für *abcxyz*, $\mathcal{Z}_2\mathcal{Z}_1$ für *xyzabc*, und $\mathcal{Z}_1\mathcal{Z}_1\mathcal{Z}_2$ für *abcabcxyz*. Konkatenationen, an denen die leere Zeichenreihe Λ beteiligt ist, führen nicht zu neuen Zeichensystemen. So sind etwa $\mathcal{Z}_1\mathcal{Z}_1\mathcal{Z}_2\Lambda$ und $\mathcal{Z}_1\Lambda\mathcal{Z}_1\mathcal{Z}_2$ und $\Lambda\mathcal{Z}_1\mathcal{Z}_1\mathcal{Z}_2\Lambda$ verschiedene Bezeichnungen für ein und dieselbe Zeichenreihe *abcabcxyz*.

Jede Zeichenreihe kann man als eine Konkatenation der Zeichen verstehen, die in ihr vorkommen. So ist die Zeichenreihe *aba* eine Konkatenation der Zeichen *a*, *b*, *a* (in dieser Reihenfolge).

Man kann die Lehre von den Zeichen und Zeichenreihen auch ganz losgelöst von konkreten und abstrakten Schriftbildern betreiben; hierauf kommen wir am Ende des Kapitels 3 über Mengenlehre zurück.

---

[35] Konkatenation“ ist abgeleitet von lat. „con“ (zusammen, mit) und „catena“ (Kette), bedeutet also „Zusammenkettung“.

1.6 Begriffe und Urteile

Auf der psychologisch-mentalen Seite entsprechen den Termen *Begriffe* (Begriff = lat. *conceptus* oder *terminus mentalis* = griech. *horos*). Z.B. entspricht der Term *Fifi* einen Individualbegriff, der Term *Hund* einem Allgemeinbegriff. Wie auf der sprachlichen Ebene Aussagen Terme als Bestandteile enthalten, so enthalten auf der mentalen Ebene Urteile Begriffe als Bestandteile; Terme sind Versprachlichungen der Begriffe, so wie Aussagen Versprachlichungen der Urteile sind. Die mentalen Entsprechungen von Kennzeichnungsformen nennt Frege *ungesättigte* Begriffe; diejenigen von Kennzeichnungen *gesättigt*. Zu einem Begriff gehört eine *Intension* (ein Inhalt) und eine *Extension* (ein Umfang):

- Die *Intension* (nach Frege der *Sinn*) eines Begriffs ist die Gesamtheit der im Denken des Begriffs zusammenkommenden inhaltlichen Merkmale (wozu beim Begriff *Mensch* etwa *Sinnenwesen*, *rational*, *hat Füße*, *kann sprechen*, *soll ethisch handeln* etc. gehört);
- die *Extension* (nach Frege die *Bedeutung*) eines Begriffs ist die Gesamtheit aller Einzeldinge, die dem Inhalt entsprechen (die, wie man sagt, «unter den Begriff fallen» und welche die *Instanzen* des Begriffs heißen), also beim Begriff *Mensch* die Menge aller Menschen.

Es gibt *leere Begriffe*, deren Extension die leere Menge ist, die aber trotzdem einen Inhalt haben, z.B. der Begriff *eckiger Kreis* oder *Einhorn*. Weiter gibt es *Individualbegriffe*, zu deren Extension nur *ein* Individuum gehört, z.B. der Begriff *Sokrates*. Schließlich gibt es *Allgemeinbegriffe* wie *Kreis*, *Mensch* etc., deren Extensionen Vielheiten sind. Extension und Intension verhalten sich nach dem *Reziprozitätsgesetz* umgekehrt zueinander (je mehr Merkmale zur Intension gehören, desto kleiner ist die Extension: Denn je mehr Einzelheiten der Begriff enthält, desto schärfer und somit umfangsärmer wird er, d.h. desto weniger Objekte fallen darunter, oder nach Kant: «Je mehr ein Begriff *unter sich* enthält, desto weniger enthält er *in sich* und umgekehrt». So sind – wenn man von den leeren Begriffen absieht – die Individualbegriffe diejenigen mit den meisten Merkmalen, ja mit einer unübersichtlichen und wissenschaftlich unkontrollierbaren Menge: *individuum est ineffabile, omnis scientia est universalium, Wissenschaft gibt es nicht vom Einzelding.* Demgegenüber sind Begriffe mit dem größten Umfang (etwa der Begriff *das Sein*) die inhaltsärmsten. Man erhält ausgehend vom Einzelding immer allgemeinere Begriff durch immer weitere *Abstraktion* (*abstrahere* = lat. abziehen), d.h. indem man von der Idee des Einzeldings wiederholt Merkmale „abzieht“, entfernt, ausblendet, nicht beachtet; umgekehrt erhält man ausgehend von Allgemeinbegriffen wieder weniger allgemeine, konkretere Begriffe durch *Konkretion* (*concretum* = zusammengewachsen), d.h. indem man zum Begriff Merkmale hinzufügt, bis man schließlich wieder das ganz konkrete Einzelding vor Augen hat. Die abstrakteren Begriffe heißen den jeweiligen konkreteren, aus denen sie durch Abstraktion hervorgehen, *übergeordnet*, und konkreteren heißen den abstrakteren, aus denen sie durch Konkretion hervorgehen, *untergeordnet.* Ist $\mathscr{A}$ ein $\mathscr{B}$ untergeordneter (und folglich $\mathscr{B}$ ein $\mathscr{A}$ übergeordneter) Begriff, heißt $\mathscr{A}$ (relativ zu $\mathscr{B}$) ein *Artbegriff* und $\mathscr{B}$ (relativ zu $\mathscr{A}$) ein *Gattungsbegriff.* Die (nichtleeren) Begriffe bilden also eine Hierarchie, eine symbolische Pyramide, an deren Basis die Individualbegriffe stehen und an deren Spitze der höchste Gattungsbegriff des Seins steht (oder wenn man diesen nicht als eigentlichen *univoken* Begriff akzeptiert (siehe Abschnitt 1.6.1) mehrere höchste Gattungsbegriffe wie z.B. bei Aristoteles die Begriffe *Substanz*, *Qualität*, *Quantität*, usw. (siehe Abschnitt 1.6.2).

Verschiedene Begriffe können denselben Umfang haben (sie heißen dann umfangsgleich oder *äquipollent*); z.B. sind *Morgenstern* und *Abendstern* zwei äquipollente Individualbegriffe mit dem Planeten *Venus* als einziger Instanz; ebenso sind *Vieleck mit drei Ecken* und *Vieleck mit drei Seiten* zwei äquipollente Allgemeinbegriffe mit der Menge aller Dreiecke als Umfang. Äquipollente Begriffe haben nach Frege *dieselbe Bedeutung, aber verschiedenen Sinn*. Zur Unterscheidung zwischen *Sinn* und *Bedeutung* siehe auch den Abschnitt über Freges Bedeutungstheorie in Abschnitt 1.7.

1.6.1 Äquivozität, Univozität und Analogie

Man nennt eine oder mehrere Bezeichnungen (und auch die Verwendung bzw. den Gebrauch dieser Bezeichnung(en)) in einem bestimmten Kontext *homonym* oder *äquivok* (gleich-namig), wenn im betreffenden Kontext Exemplare dieser Bezeichnung(en) für zwei oder mehrere Begriffe stehen, die sich auf völlig unähnliche Dinge beziehen. Auch diese Begriffe heißen dann zueinander homonym und äquivok. Ein Beispiel wäre das Wort «*wagen*», wenn es in den Sätzen «*der Wagen fährt*» und «*wie kannst du es wagen?*» verwendet wird. Der äquivoke Wortgebrauch im gleichen Kontext heißt auch eine *Äquivokation*; dies ist oft Quelle von Missverständnissen und logischen Trugschlüssen.[36]

Man nennt eine oder mehrere Bezeichnungen (und auch die Verwendung bzw. den Gebrauch dieser Bezeichnung(en)) in einem bestimmten Kontext *synonym* und *univok* (zusammen-namig bzw. ein-namig) oder auch *gleichbedeutend*, wenn alle Exemplare dieser Bezeichnung(en) im betreffenden Kontext immer für ein und denselben Begriff stehen und

---

[36] Siehe die *Quaternio Terminorum* in Beispiel 2 auf S. 17.

in genau demselben Sinn gebraucht werden. Zum Beispiel wird das Wort «*Tier*», wenn es in den Sätzen «*ein Hund ist ein Tier*» und «*eine Katze ist ein Tier*» verwendet wird, synonym verwendet.

Schließlich nennt man eine oder mehrere Bezeichnungen (und auch die Verwendung bzw. den Gebrauch dieser Bezeichnung(en)) *paronym* bzw. *analog* (bei-namig), wenn im betreffenden Kontext Exemplare dieser Bezeichnung(en) auftauchen, die zwei oder mehrere Begriffe bezeichnen, die zwar verschieden, aber doch aufeinander hingeordnet sind und sich daher auf ähnliche Dinge beziehen. Ein Beispiel ist das Wort «*Licht*» in den Sätzen «*mach das Licht an*» und «*mir geht ein Licht auf*»: im einen Fall meint man Licht, welches das sinnliche Sehen ermöglicht, im anderen meint man ein geistiges Licht, nämlich die Erkenntnis. Ein klassisches Beispiel ist auch das Wort «*gesund*» in seiner Anwendung auf Speisen, Menschen und das Aussehen. Auch diese Begriffe bzw. Dinge heißen dann zueinander analog.

Man fasst verschiedene zueinander analoge Begriffe auch zu einem einzigen Oberbegriff zusammen, der dann ein *analoger Begriff* heißt; gewöhnliche Begriffe heißen demgegenüber *univok*. In der Metaphysik streitet man sich darüber, ob der *Seinsbegriff* analog ist (so die aristotelisch-thomistische Philosophie) oder aber univok (so Duns Scotus).

1.6.2 Kategorien

Logiker teilen gern die Terme bzw. Begriffe (und bei ontologischen Ambitionen auch alles Seiende) in verschiedene oberste Gattungen ein, die sie *Kategorien* nennen. Klassisch ist die von *Aristoteles* († 322 v. Chr.) in seiner *Kategorienschrift* genannte Einteilung der sprachlichen Terme bzw. Seienden in zehn *Kategorien* (lat. *Prädikamente*, d.h. *Aussageweisen*):

1. Substanz (letzter Eigenschaftsträger),	z.B. Sokrates, Pferd,
2. Quantität (Ausdehnung),	z.B. zwei Ellen lang,
3. Qualität (Beschaffenheit),	z.B. weiß, lesekundig,
4. Relation (Beziehung),	z.B. größer als, Vater von,
5. Locus (Ort),	z.B. auf dem Marktplatz,
6. Tempus (Zeit),	z.B. gestern, voriges Jahr,
7. Situs (Lage),	z.B. stehend, sitzend,
8. Habitus (Anhaben),	z.B. beschuht, bewaffnet,
9. Aktion (Setzen einer Wirkung),	z.B. schneidet, läuft, sieht,
10. Passion (Erleiden einer Wirkung),	z.B. wird geschnitten.

Die *Substanzen* definiert Aristoteles als letzte Eigenschaftsträger und unterscheidet individuelle („erste“) Substanzen (Sokrates, Platon) von den durch Allgemeinbegriffe bezeichneten („zweiten“) Substanzen (Mensch, Pferd). Alle Nichtsubstanzen (die in die Kategorien 2 bis 10 eingeteilt werden) heißen *Akzidenzien* und sind ausgestaltende Eigenschaften der Substanzen. Somit scheint Aristoteles eigentlich eine Zweiteilung vorauszusetzen, die den Kategorien vorgeordnet wäre.

Eine ganz andere Kategorientafel von zwölf Kategorien hat *Kant* († 1804) aufgestellt. Sie sind die obersten Schemata, nach denen der menschliche Verstand die Dinge logisch beurteilt:

A. *Kategorien der Quantität* (nach der Anzahl der Subjekte in einer Aussage: «*ein* S ist P», «*einige* S sind P», oder «*alle* S sind P»):

A1. *Einheit,*
A2. *Vielheit,*
A3. *Allheit.*

B. *Kategorien der Qualität* (nach der Verbindung des Subjekts mit dem Prädikat: «S *ist* P», «S *ist nicht* P» oder «S *ist Nicht*-P»):

B1. *Realität* (d.h. Bejahung),
B2. *Negation*,
B3. *Limitation.*

C. *Kategorien der Relation* (nach den Verhältnissen Subjekt-Prädikat, Grund-Folge, Zueinander von Gliedern einer Einteilung):

C1. *Substanz-Akzidenz-Relation*,
C2 *Grund-Folge-Relation*,
C3 *Wechselwirkungs-Relation*

D. *Kategorien der Modalität* (nach dem Realitätsgehalt: «ist *möglicherweise*», «ist *wirklich*», «ist *notwendigerweise*»):

D1. *Möglichkeit*,
D2. *Dasein*,
D3. *Notwendigkeit.*

Kant deduziert diese Kategorien aus der *Urteilslehre*: Die Kategorien A1, A2, A3 der Quantität leitet er aus der Einteilung der Urteile in *singuläre, partikuläre* und *universelle* ab; die Kategorien B1, B2, B3 der Qualität aus der Einteilung in *affirmative* (bejahende*), negative* (verneinende) und die von Kant sog. „*unendlichen*" oder „*limitierenden*" Urteile «*S ist ein Nicht-P*», die in ihrer Sinnhaftigkeit umstritten sind.[37] Die Kategorien C1, C2, C3 gewinnt er aus der Einteilung der Urteile in *kategorische* (mit einfacher Verbindung von Subjekt und Prädikat), *hypothetische* (wenn-dann-Urteile) und *disjunktive* (entweder-oder-Urteile), und Kategorien D1, D2, D3 schließlich aus der Einteilung der Urteile in *problematische* («*S ist möglicherweise P*»), *assertorische* («*S ist wirklich P*») und *apodiktische* («S ist notwendigerweise P»).

[37] Zu den Kategorien der Quantität und Qualität siehe auch Kap. 4.

1.6.3 Arten wahrer Urteile

Auf der psychologisch-mentalen Seite entsprechen den Formeln (Aussagen) die *Urteile*. Wahre Urteile werden je nach dem Erkenntnisgrund ihrer Wahrheit eingeteilt in apriorische und aposteriorische:

- Ein wahres Urteil ist aposteriorisch (*a posteriori* = im Nachhinein), wenn seine Wahrheit durch (sinnliche) Erfahrung erkennbar ist, sei es unmittelbar (etwa durch Hinschauen) oder mit Messgeräten. Man spricht von *Tatsachenwahrheiten*, Kant spricht von *Urteilen a posteriori*. Allgemeine Wahrheiten (wie z.B.: *es gilt immer, dass ...*) nennt man *Gesetze*, allgemeine aposteriorisch ersichtliche Gesetze heißen *Naturgesetze* und *naturgesetzlich notwendig*; ein Beispiel ist die Konstanz der Lichtgeschwindigkeit.
- Dagegen ist ein wahres Urteil apriorisch (*a priori* = im Voraus), wenn seine Wahrheit ohne sinnliche Erfahrung (durch reines Denken) erkennbar ist. Derart erkennbare Wahrheiten heißen auch *Vernunftwahrheiten*, Kant spricht von *Urteilen a priori*. Sie heißen auch *logisch notwendig* und *logische Gesetze*. Dazu gehören etwa mathematische Gesetze (z.B.: *zu jeder Primzahl gibt es eine weitere, die größer ist als sie*).

Die Hauptunterschiede zwischen aposteriorischen physikalischen und apriorischen logischen Gesetzen sind folgende:

1. Man erkennt physikalische Gesetze durch (unvollständige!) *Induktion* („Hinaufführung"; Schluss vom Besonderen auf das Allgemeine), d.h. indem man viele Erfahrungen der gleiche Art macht und dann extrapolierend vermutet, es werde nie eine Ausnahme geben. Beispiel: Jeden Morgen ist bisher die Sonne aufgegangen, also wird sie dies immer tun. Dagegen erkennt man logische Gesetze entweder durch *unmittelbare Evidenz* oder durch *Deduktion* („Hinabführung",

„Ableitung"; durch logischen Schluss vom Allgemeinen oder Prinzipiellen auf das Besondere), die von unmittelbar evidenten Prämissen ausgeht, d.h. durch einen logisch korrekten Beweis aus unmittelbar einsichtigen Prämissen.[38]

2. Während man nie sicher sein kann, ob ein vermeintliches physikalisches Gesetze tatsächlich gültig ist (weil ihm entgegenstehende neue Erfahrungen nicht ausgeschlossen sind), ist man bei logischen Gesetzen nicht auf Erfahrungen angewiesen und daher sicher, dass sie gültig sind (wenn man von möglichen Irrtümern durch Unaufmerksamkeit beim Herleiten absieht).

---

[38] Die „vollständige Induktion" in der Mathematik ist eigentlich ein verkappter deduktiver Beweis. – Neben *Induktion* und *Deduktion* wird seit Peirce († 1914) auch die *Abduktion* diskutiert: Abduktion ist das Aufstellen einer zunächst unsicheren Hypothese, die eine beobachtete Tatsache erklären würde. „Die überraschende Tatsache *C* wird beobachtet; aber wenn *A* wahr wäre, würde *C* eine Selbstverständlichkeit sein; folglich besteht Grund zu vermuten, dass *A* wahr ist." Aus der abduktiv eingeführten Hypothese werden deduktiv Folgerungen abgeleitet, die dann durch Beobachtungen überprüft werden, und wenn diese Überprüfung fortlaufend positiv ausfällt, ist dies wiederum eine induktive Bestätigung der Hypothese und macht sie zu einer glaubwürdigen These. Auf diese Weise wirken Abduktion, Deduktion und Induktion beim Aufstellen naturwissenschaftlicher Thesen über Naturgesetze zusammen. Damit können aber Naturgesetze natürlich niemals absolut bestätigt werden: Der *Verifikationismus* (Carnap, 1930), wonach eine naturwissenschaftliche Theorie durch empirische Mittel (Beobachtung und Messung) verifiziert – endgültig bestätigt – werden kann, hat kaum noch Anhänger. Weitgehend durchgesetzt hat sich statt dessen der *Falsifikationismus* (Popper, 1934), wonach naturwissenschaftliche Theorien immer nur relativ glaubwürdig gemacht werden können, und zwar dadurch, dass sie empirisch testbare Voraussagen machen, die überprüfbar (falsifizierbar!) sind und ständigen Versuchen ihrer Falsifikation standhalten, was ihre Glaubwürdigkeit ständig erhöht, jedoch ohne sie jemals hundertprozentig absichern zu können.

3. Der wichtigste Unterschied ist: Physikalische Gesetze gelten im *wirklichen Universum*, aber nicht in jeder *möglichen Welt* (eine „Welt" meint hier den Gesamtzusammenhang der Wirklichkeit, einschließlich den alle früheren und späteren Momente umfassenden Verlauf des Universums), während logische Gesetze in jeder möglichen Welt gelten müssen (d.h. sie hätten auch gegolten, wenn die Wirklichkeit eine andere gewesen wäre als sie ist). Man nennt nun ein Gesetz bzw. Objekt bzw. eine Eigenschaft eines Objekts (im strengen Sinn) *notwendig*, wenn das Gesetz in jeder möglichen Welt gilt bzw. das Objekt in jeder möglichen Welt existiert bzw. wenn das Objekt in jeder möglichen Welt diese Eigenschaft hat. Das Gegenteil von notwendig heißt *kontingent*. So sind also physikalische Gesetze kontingent, logische aber notwendig.

Ein Beispiel für ein aposteriorisches Urteil (Naturgesetz) ist: «*Eine Jungfrau kann kein Kind bekommen*»; ein Beispiel für ein apriorisches Urteil (logisches Gesetz) dagegen: «*Ein Junggeselle kann nicht verheiratet sein*».

Im Zusammenhang mit dem Begriffspaar a priori – a posteriori benutzt Kant auch das Begriffspaar analytisch – synthetisch.

- Ein wahres Urteil heißt *analytisch*, wenn seine Wahrheit durch Analyse (Zergliederung) der in ihm vorkommenden Begriffe erkannt wird. So sind die Urteile «*ein Schimmel ist weiß*» und «*ein Schimmel ist ein Pferd*» wahr, weil der Begriff «*Schimmel*» ja als «*weißes Pferd*» definiert ist, so dass man durch eine Analyse (Zergliederung) des Begriffs erkennt, dass das Prädikat «*weiß*» in ihm enthalten ist. Demnach basieren also analytisch wahre Urteile auf trivialen Deduktionen. Man weitet heute den Begriff des «analytisch wahren Urteils» aus auf sämtliche logisch deduzierbare Aussagen (so schon Frege). In diesem weiteren Sinn sind auch mathematische Urteile wie «*in der Peanoschen*

Arithmetik gilt $7 + 5 = 12$» und «*in der euklidischen Geometrie ist die Winkelsumme im Dreieck* 180°» analytisch.

- Ein wahres Urteil heißt *synthetisch*, wenn es sich nicht durch Begriffsanalyse ergibt, also der Prädikatsbegriff durch Synthese (Zufügung) zum Subjektsbegriff hinzukommt. Ein Beispiel ist: «*Alle Körper sind schwer*», denn die Schwere ist im Begriff des Körpers als einer *ausgedehnten Substanz* nicht enthalten, wir fügen sie aufgrund sinnlicher Erfahrung dem Körperbegriff von außen hinzu. Nach Kant sagen analytische Urteile nur Triviales (Selbstverständliches) aus, was in den Begriffen bzw. Satzstrukturen schon enthalten ist, während die synthetischen Urteile wirklich unsere Erkenntnis erweitern.

Wie ist das genaue Verhältnis der Begriffspaare analytisch-synthetisch und apriorisch-aposteriorisch? Klar ist, dass *analytisch* und *synthetisch* einander *ausschließen*, ebenso wie *apriorisch und aposteriorisch* und auch *analytisch* und *aposteriorisch*. Dagegen gibt es Urteile, die *analytisch* und zugleich *apriorisch* sind: Das sind genau diejenigen, die durch logisches Folgern gewonnen werden. Und es gibt Urteile, die *synthetisch* und zugleich *aposteriorisch* sind: Das sind diejenigen, die durch (sinnliche) Erfahrung gewonnen werden. Es ergibt sich daher folgendes Schema:

	apriorisch	aposteriorisch
analytisch	logische Folgerungen	--------------------
synthetisch	?????????????????	Erfahrungsurteile

Kant fragte sich, „ob es *synthetische Urteile a priori* gibt“. Er bejahte diese Frage und sah in den synthetischen Urteilen a priori die interessantesten Urteile überhaupt. Da sich diese Urteile weder auf *Erfahrung* noch auf *Strukturen des Gesagten* gründen, meinte Kant, dass diese Urteile auf *Strukturen unserer Anschauung* und *unseres Denkens* beruhen:

Unsere Erkenntnisvermögen können die Dinge nicht anders darstellen. Seine Beispiele für synthetische Urteile a priori (z.B. «7 + 5 = 12», «*Materie bleibt erhalten*», «*alle Veränderung hat eine Ursache*») sind allerdings alle umstritten, sie werden teils als analytisch gewertet («7 + 5 = 12»), teils als widerlegt angesehen («*Materie bleibt erhalten*»), und teils als zweifelhaft angesehen («*alle Veränderung hat eine Ursache*»).[39] Echte synthetische Urteile a priori müssten unmittelbar evidente Sätze sein, und als solche kommen vor allem die ersten Voraussetzungen (Axiome) mathematischer und logischer Theorien in Frage (z.B. der Satz vom Widerspruch, und die Axiome der Mengenlehre, Arithmetik und Geometrie), aber auch einige nicht zur Logik und Mathematik gehörige Wesensgesetze, auf die vor allem die phänomenologische Philosophie aufmerksam gemacht hat (z.B. «*Wollen setzt Erkennen voraus*», «*Farbe ist nicht ohne Oberfläche denkbar*», «*Gedanken haben keine Ausdehnung*» usw.) Dabei ist es problematisch, mit Kant die Grundlage für die Erkenntnis dieser Sätze in die Struktur unserer Erkenntnisvermögen zu verlegen, weil die Erkenntnis dann gar nicht wahr sein muss, und somit keine wirkliche Erkenntnis wäre. Eine Alternative zur Kant'schen Erklärung ist die phänomenologische, die in Anlehnung an Husserl († 1938) als Grundlage eine *nichtsinnliche Erfahrung* postuliert, ein *unmittelbares Gewahrwerden* notwendiger Seinsgesetze.

---

[39] Die Apriorizität des Ursächlichkeitsgrundsatzes hatte schon David Hume († 1776) in Zweifel gezogen, dieser Grundsatz beruhe auf dem Fehlschluss: «Post hoc, ergo propter hoc» (weil *B* der Erfahrung nach bisher immer *nach A* eingetreten ist, schließe man ungerechtfertigterweise, dass B *wegen* A eintritt, d.h. dass A Ursache von *B* sei. Hume glaubte dennoch, dass der Ursächlichkeitsgrundsatz wahr ist, aber nur als empirisch gerechtfertigte kontingente Tatsache. Doch ist die Apriorizität (und somit absolute Notwendigkeit) des Ursächlichkeitsgrundsatzes wiederum etwa von Alexius Meinong († 1920) mit interessanten Argumenten verteidigt worden, worauf hier nicht weiter eingegangen werden kann.

1.7 Definitionen, Bedeutungs- und Wahrheitstheorien

Eine *Definition* (Festlegung, Eingrenzung, Bestimmung) eines Ausdrucks (oder mentalistisch: eines Begriffs) soll entweder seine schon vorhandene Bedeutung oder allgemeiner seine semantische Funktion *erklären* oder diese Bedeutung *präzisieren*, oder sie soll dem Ausdruck, falls er noch gar keine Bedeutung hat, eine Bedeutung *erstmals zuzuschreiben*, und zwar durch Rückgriff auf die schon bekannte Semantik anderer Ausdrücke bzw. Begriffe mit möglichst präziser Bedeutung.

Der zu erklärende, präzisierende oder neu einzuführende Ausdruck bzw. Begriff heißt das *Definiendum*, der bekannte bzw. alte Ausdruck bzw. Begriff mit präziser Bedeutung, auf den man bei der Definition zurückgreift, heißt das *Definiens*. Man schreibt

bei der Erklärung / Einführung eines neuen Terms:	bei der Erklärung / Einführung einer neuen Formel:
Definiendum ≔ Definiens, z.B. *Schimmel* ≔ weißes Pferd. Das Definitions-Gleichheitszeichen ≔ wird gelesen: *ist per Definition äquinotant* oder *gleich.*[40]	Definiendum :⇔ Definiens, z.B. a *kleinergleich* b :⇔ *a* ist kleiner oder gleich b. Das Definitions-Äquivalenzzeichen :⇔ wird gelesen: *ist per Definition äquivalent.*

Für jede sinnvolle und möglichst perfekte Definition stellt man die folgenden Forderungen auf:

---

[40] Statt ≔ verwendet man auch $:\equiv$ oder $\stackrel{\text{def}}{=}$.

1. *Austauschbarkeit salva veritate* („bei gleichbleibender Wahrheit"): In möglichst jeder Aussage – abgesehen von den in der Gleichheitslogik (siehe Kap. 2) zu behandelnden Ausnahmen – soll ein Austausch von Definiens und Definiendum den Wahrheitswert unberührt lassen. Gewöhnlich ist das Definiendum einfach eine Abkürzung für das Definiens. Das ist offensichtlich bei dem Wort *Schimmel* der Fall, das man definiert als *weißes Pferd*. Dagegen würde man verstoßen, wenn man etwa ein Wort kontextabhängig definiert, so dass es nicht immer für ein und dasselbe Definiens steht.

2. *Nichtzirkularität:* Das Verständnis des Definiens darf das Verständnis des Definiendum nicht schon voraussetzen (erst recht darf das Definiendum nicht im Definiens vorkommen). So darf man «*Philosophie*» nicht definieren als «*Wissenschaft, in der Philosophie betrieben wird*». Zirkularität liegt auch vor, wenn man «*links*» durch «*wo der Daumen rechts ist*» und «*rechts*» durch *wo der Daumen links ist*» definiert.[41]

---

[41] Eine besondere Art der Definition, die scheinbar gegen die Forderung der Nichtzirkularität verstößt, ist die in der Mathematik oft verwendete sog. *rekursive Definition*, bei der es darum geht, für alle natürlichen Zahlen n einen neuen Term zu definieren. Dies tut man aber nur für die Zahl $n=1$ direkt, während man bei der Definition für die übrigen Zahlen, die man simultan als $n+1$ anschreibt, voraussetzt, dass die Definition für die Zahl n bereits erfolgt ist. Ein Beispiel ist die Definition der Potenzen x^n für reelle Zahlen x und natürliche Zahlen n. Man definiert zunächst $x^1 := x$ (Rekursions-Anfangsgleichung), und dann simultan für alle Zahlen n, dass $x^{n+1} := x^n \cdot x$ sein soll (das ist die eigentliche Rekursionsgleichung). Bei dieser Rekursionsgleichung kommt nun sowohl links als auch rechts vom Definitions-Gleichheitszeichen $:=$ eine Potenz vor. Das ist jedoch nur scheinbar zirkulär: Denn wenn man, beginnend mit 1, der Reihe nach hier die verschiedenen natürlichen Zahlen n einsetzt, wird in jedem Schritt die links stehende neu einzuführende Potenz mit $n+1$ durch die rechts stehende schon bekannte Potenz mit n erklärt. Es handelt sich daher nicht wirklich um ein zirkuläres, sondern gewissermaßen um ein „spiralförmiges" Vorgehen.

3. *Nichtredundanz:* Das Definiens soll möglichst kurz sein, also keine überflüssigen Merkmale nennen. Z.B. kann man in der Definition des Dreiecks als «*ein Vieleck mit drei Ecken und drei Innenwinkeln*» das «*und drei Innenwinkeln*» streichen, da jedes Vieleck mit drei Ecken notwendigerweise auch drei Innenwinkel hat.
4. *Präzision:* Eine Definition sollte (a) *genau angemessen* sein (nicht zu weit oder zu eng), (b) *einfach verständlich* sein, (c) *aufklärend* sein (das Definiens darf nicht unklarer sein als das Definiendum – dieser Fehler heißt *obscurum per obscurius*), und (d) *möglichst nicht negativ* sein (man sage, was es *ist*, und nicht, was es *nicht ist*).

Oft verwendet man beim Definieren Variablen für Ausdrücke, so dass man viele Definitionen simultan durch eine einzige Zeile darstellt.[42] Es handelt sich dann nicht um eine Einzeldefinition, sondern um ein sog. *Definitionsschema*, das für viele (eventuell unendlich viele) einzelne Definitionen steht. Z.B. kann man alle mit dem „Heiratssymbol" ⚭ gebildeten Ausdrücke simultan definieren durch die Zeile:

Für Frauen *F* und Männer *M*: *F* ⚭ *M* :⇔ *F ist verheiratet mit M.*

Dieses Definitionsschema steht simultan für alle Einzeldefinitionen, die man erhält, wenn man für die Exemplare der Variablen *F* solche eines beliebigen Ausdrucks A_F einsetzt, und für jene von *M* solche eines beliebigen Ausdrucks A_M (der von A_F verschieden oder auch mit ihm identisch sein kann). Bezeichnet der für *F* eingesetzte Term A_F eine Frau und der für *M* eingesetzte A_M einen Mann, ist kraft der obigen Definition A_F ⚭ A_M eine *wahren Aussage*, falls die durch A_F und A_M bezeichneten Personen verheiratet sind, und sonst eine *falsche Aussage*. Wann immer aber A_F und A_M geschlossene Ausdrücke sind, die irgend

[42] Dies ist z.B. bei der in Fußnote 41 beschriebenen rekursiven Definition der Fall.

etwas anderes als eine Frau bzw. einen Mann bezeichnen, entsteht ebenfalls eine *falsche Aussage.* Setzt man schließlich einen offenen Term (z. B. eine Variable) für *F* oder *M* ein, erhält man eine *Aussageform.*

Eine wichtige Unterscheidung ist nun die zwischen einer Real- und einer Nominaldefinition. Eine *Realdefinition* möchte einem realen Phänomen auf den Grund gehen und seine Wesensmerkmale erfassen. Beispiele sind die klassische Versuche, den Menschen zu definieren (siehe unten). Eine *Nominaldefinition* ist dagegen eine Festlegung des Sprachgebrauchs, und sie heißt *deskriptiv* (auch: *lexikalisch, analytisch*) oder *stipulativ* (auch: *synthetisch*), je nachdem, ob sie sich am bereits bestehenden Sprachgebrauch orientiert oder ob sie einen neuen Sprachgebrauch einführen will; schließlich heißt sie *explikativ,* wenn sie zwar keinen radikal neuen Sprachgebrauch einführt, aber ein im gewöhnlichen Sprachgebrauch unklares Wort näher erklärt. Diese dritte Art der Nominaldefinition, also die explikative Definition, wird gern von Philosophen vorgenommen, wenn diese unklare Worte wie z.B. *Materie, Person, Wert, Gerechtigkeit* usw. zu explizieren versuchen. Stipulative Definitionen können nicht richtig (bzw. wahr) oder falsch sein, denn es sind lediglich Festlegungen oder Vereinbarungen; von dieser Art sind alle Definitionen der modernen Mathematik. Dagegen können Realdefinitionen und rein deskriptive Definitionen und teilweise auch explikative Definitionen sinnvollerweise als falsch oder richtig bezeichnet werden, denn hier handelt es sich zumindest teilweise um eine Feststellung des Vorgegebenen.

Man unterscheiden auch klassische Begriffsdefinitionen von nichtklassischen Definitionen. Bei *klassischen Begriffsdefinitionen,* die meist als Realdefinitionen verstanden wurden, besteht das Definiens immer aus zwei Begriffen: dem Gattungsbegriff, unter den der neue Begriff fällt (man wählt hier das sog. *genus proximum*, die nächst höhere Gattung) und der *spezifischen* (artbildenden) *Differenz*, die den Begriff von anderen unter die Gattung fallenden Begriffen abgrenzt. Beispielsweise definiert man in der aristotelischen Philosophie (gemäß ihrer Darstellung durch Porphyrius im sog. „Baum des Porphyrius“):

- den *Menschen* als *rationales Sinnenwesen* (hier bezeichnet *Sinnenwesen* die Gattung und *rational* die spezifische Differenz),
- das *Sinnenwesen* als *sensitives Lebewesen* (hier bezeichnet *Lebewesen* die Gattung und *sensitiv* die spezifische Differenz),
- das *Lebewesen* als *selbstbewegten Körper* (hier bezeichnet *Körper* die Gattung und *selbstbewegt* die spezifische Differenz),
- den *Körper* als *ausgedehnte Substanz*“ (hier bezeichnet *Substanz* die Gattung und *ausgedehnt* die spezifische Differenz).

Ausführlich wäre demnach der Mensch definiert als «*rationale sensitive selbstbewegte ausgedehnte Substanz.*»

Neben den klassischen Begriffsdefinitionen gibt es nichtklassische Definitionen, bei denen die Festlegung ganz andersartig erfolgt:

a) Bei den sog. *impliziten* Definitionen werden Ausdrücke durch Regeln für den kontextuellen Gebrauch definiert (vgl. die hierzu passende kontextuelle Bedeutungstheorie im folgenden Kapitel). Ein Beispiel hierfür ist, wie in der modernen axiomatischen Geometrie die Begriffe *Punkt*, *Gerade* und *Ebene* „definiert“ werden: nicht durch explizite Definition, sondern indem man einfach bestimmte Grund-Sätze (Axiome) angibt, die für sie gelten sollen.

b) *Operationale* Definitionen bestehen in Handlungsvorschriften (etwa Vorschriften zur Messung oder Herstellung). So definiert man z.B. auf operationale Weise, wann eine Fläche *eben* heißt, in dem man sagt: *Sie ist genau dann eine ebene Fläche, wenn sie eine durch das Dreiplatten-verfahren* (das gegeneinander Abschleifen von drei Flächen) *hergestellt werden kann.*

c) (Epi-)*Deiktische* Definitionen bestehen im hinweisenden Zeigen auf ein Exemplar, das die zu definierende Eigenschaft hat. Hiermit verwandt ist das Verfahren zur Verdeutlichung von nicht weiter analysierbaren sog. *Urphänomenen* (wie z.B. *Zeit, Wirken, Leben, Bewusstsein, Erkennen, Wollen, Lieben, Heiligkeit, Religion, Wahrheit, Freiheit*), das darin besteht, dass man so lange auf Beispiele und Gegenbeispiele verweist, bis der Lernende den Begriff in sich selbst konzipiert: «*Es ist so wie ..., aber nicht so wie ... - Kannst du es dir nun selbst vorstellen?*»

Als Letztes sei noch darauf hingewiesen, dass in der Mathematik und Logik oft *definitionsartige Vereinbarungen* gemacht werden, die keine Definitionen im eigentlichen Sinn sind. Zu erwähnen sind in erster Linie syntaktischen und pragmatischen Vereinbarungen der Sprache, also z.B. *schreibtechnischen Vereinbarungen*, dann aber auch *Festlegungen des Objektbereichs von Variablen* (Beispiel: «seien m und n natürliche Zahlen») *Belegungen von Variablen* (Beispiel: «sei nun x die kleinste Primzahl größer als 1050»), und Vereinbarungen über *vorübergehend verwendeten Abkürzung*, die man etwa nur im Rahmen eines Beweises verwendet möchte (Beispiel: «stehe nun x^* für den Term $1/x^2$»).

Das Ziel von Definitionen ist es letztlich, Termen bzw. Begriffen eine eindeutige Bedeutung zuzuschreiben, und die mit den Termen bzw. Begriffen gebildeten Aussagen bzw. Urteile sollten dann eindeutig wahr oder falsch sein. Aber was ist eigentlich „Bedeutung“ (oder Semantik), und was ist „Wahrheit“?

Hierzu gibt es verschiedene Auffassungen. Bezüglich der Bedeutungen lassen sich drei Theorien unterscheiden.

a) Nach der von Locke († 1704) aufgestellten *mentalistischen Bedeutungstheorie* sind die Bedeutungen, die man Worten zuweist, letztlich immer bestimmte *Ideen im menschlichen Geist*.

b) Die *referentielle Bedeutungstheorie* wurde von Frege († 1925) aufgestellt und ist für die moderne mathematische Logik richtungweisend geworden. Frege unterscheidet scharf zwischen dem *Sinn* und der *Bedeutung* eines Ausdrucks bzw. Begriffs, während in den anderen Theorien beides mehr oder weniger identifiziert wird. Die *Bedeutung* ist der bezeichnete Gegenstand, sein *Sinn* ist der im Ausdruck bzw. Begriff erscheinende inhaltliche Aspekt seines Gegebenseins. Ausdrücke bzw. Begriffe mit derselben Bedeutung können dann verschiedenen Sinn haben, z.B. ist die Bedeutung der Worte *Abendstern* und *Morgenstern* dieselbe (denn sie bezeichnen beide denselben Gegenstand, nämlich den Planeten Venus), aber der Sinn ist verschieden (denn es werden verschiedene Erscheinungsformen der Venus angesprochen). Eine Besonderheit der Fregeschen Logik ist noch, dass nicht nur Terme (insbesondere Kennzeichnungen), sondern auch Formeln (insbesondere Aussagen) eine Bedeutung haben: Die Aussagen referieren auf ihren Wahrheitswert, so dass nach Frege wahre Aussagen den Wahrheitswert „wahr" (den Frege „das Wahre" nennt) bezeichnen, falsche Aussagen aber den Wahrheitswert „falsch". Alle wahren Aussagen „bedeuten" also dasselbe (nämlich das „Wahre"), aber sie sprechen verschiedene Aspekte des Wahren an und haben daher einen verschiedenen Sinn.[43]

---

[43] Vgl. hier zu auch Kap. 1.5.6.

c) Nach der modernen *kontextuelle Bedeutungstheorie, die man auch als semantischen Holismus* bezeichnet (entwickelt von Wittgenstein, † 1951, und John Austin, † 1960) haben Wörter und Sätze *gar keine selbständige Bedeutung*, eine Bedeutung erschließt sich nur durch den Gebrauch der Worte und Sätze im «Sprachspiel» (Wittgenstein) und durch den «Sprechakt» (Austin). Das bloße Aussprechen eines Satzes ist ein *lokutionärer Akt*. Kommt eine Absicht hinzu, ist es ein *illokutionärer Akt*. Übt er eine Wirkung auf den Hörer aus, ist es schließlich ein *perlokutionärer Akt*. Nur in den Absichten und Wirkungen liegt die außersprachliche Bedeutung.

Obgleich die kontextuelle Theorie wichtige Aspekte zum Verständnis von Sprache erschließen kann, scheint sie das Phänomen der Bedeutung selbst unzulässig zu vereinfachen und im Grunde aufzulösen. Für die formalen Logik (in der man, wie wir sehen werden, jedem Ausdruck ein Objekt als seine Bedeutung zuweist) scheint das Konzept der Referenz auf einen außersprachlichen Gegenstand, wie es von Locke und noch klarer von Frege entwickelt wurde, unverzichtbar zu sein.

Und was ist nun Wahrheit? Zu dieser „Pilatusfrage“ (Joh 18,38) gibt es im Wesentlichen die folgenden Antwortversuche:

a) klassisch ist die *Korrespondenztheorie* (Aristoteles, Thomas von Aquin, Kant, Tarski): Eine Aussage bzw. ein Urteil ist wahr, wenn der entsprechende Sachverhalt besteht (also eine *Übereinstimmung* alias Korrespondenz zwischen dem Satz bzw. Urteil und der Wirklichkeit besteht, eine *adaequatio intellectus et rei*). Dies ist sicher eine wesentliche Erkenntnis, aber es liegt hier keine adäquate nichtzirkuläre „Definition“ der Wahrheit vor, da hier Wahrheit in versteckter Weise im Definiens steckt: Ein Urteil ist ja hiernach definitionsgemäß genau dann wahr, wenn es *wahr* ist, dass es mit der Wirklichkeit übereinstimmt.[44] Anscheinend kann man also Wahrheit ebenso wenig adäquat definieren wie den Begriff des Seins. Diese Erkenntnis steht auch hinter der *Redundanztheorie* von Ramsey († 1930), der feststellt, dass der Satz «p ist wahr» genau dann wahr ist, wenn einfach nur «p» wahr ist oder gilt, woraus Ramsey den allerdings etwas voreilig erscheinenden Schluss zieht, der Wahrheitsbegriff sei *semantisch überflüssig.*

b) Nach der *Gegenstandstheorie* (Frege, † 1925) ist Wahrheit („das Wahre") keine gewöhnliche Eigenschaft, sondern ein *Gegenstand*[45] (oder, wie Frege lieber sagt, ein *Umstand*), der nicht weiter analysierbar und definierbar ist, den aber alle wahren Aussagen bezeichnen. Es ist einer der zwei Pole (*das Wahre* und *Falsche*, oder das *Wahrheits-* und *Falschheitsobjekt*) des logischen Universums, auf die sich alle Aussagen beziehen. Sowohl die Korrespondenztheorie als auch die Gegenstandstheorie der Wahrheit haben sich als Grundlagen der Logik bewährt, obwohl beide philosophisch ihre Dunkelheiten haben.

c) Unzureichende oder zumindest mit der Logik nur schwer verträgliche Theorien sind dagegen noch die folgenden drei Theorien: die *pragmatischen* Wahrheitstheorie (James, Dewey), wonach Wahrheit ist, was sich allgemeine Anerkennung erwirbt, weil es für den Menschen nützlich, erfolgreich und lebensdienlich ist (Wahrheit wird hier mit Nützlichkeit gleichgesetzt bzw. verwechselt); die *Konsens-*

---

[44] So ist Freges Kritik an dieser Theorie nachvollziehbar; er kann ihr allerdings keine bessere Definition entgegensetzen, sondern begreift Wahrheit als undefinierbares Urphänomen: «Wahrheit ist offenbar etwas so Ursprüngliches und Einfaches, dass eine Zurückführung auf noch Einfacheres nicht möglich ist» (Frege, Logik (1897), in: *Nachgelassene Schriften*, Hamburg, 2. Auflage 1983, S. 140).

[45] Siehe Fußnote 44 und Abschnitt 1.5.6.

theorie (Habermas, Apel), wonach Wahrheit ist, worauf man sich im herrschaftsfreien Diskurs über eine Streitfrage einigt (hier wird die Wahrheit mit einer Strategie zur Wahrheitsfindung verwechselt), und die *Kohärenztheorie* (Bradley, Neurath), wonach eine Aussage wahr ist, wenn man sie widerspruchsfrei (konsistent) und zwanglos in das Gesamtsystem der Wissenschaft eingliedern kann (dies ist eine notwendige, aber keine hinreichende Bedingung für Wahrheit).

1.8 Das Kontradiktionsprinzip

Als das fundamentalste logische Gesetz gilt das ***Kontradiktionsprinzip***. Dieses hat zwei Aspekte:

(K1) Jede Aussage $\mathcal{A}$ ist notwendigerweise entweder wahr oder falsch.

(K2) Für jede Aussage $\mathcal{A}$ und ihre Negation $\neg\mathcal{A}$ (*nicht* $\mathcal{A}$) gilt, dass notwendigerweise genau einer der beiden Aussagen wahr ist.

Hierbei versteht man (K1) und (K2) nicht als Feststellung über formale Aussagen, sondern meint mit „Aussagen" reale Sachverhaltsbeschreibungen. Daher wird (K1) und (K2) sinnentsprechend auch so umformuliert, dass nicht von Aussagen die Rede ist, sondern von Urteilen über Sachverhalte oder auch gleich von den Sachverhalten selbst.[46]

(K1) heißt das Kontradiktionsprinzip *bzgl. des Wahrheitswertes* und (K2) dasjenige *bzgl. Bejahung und Verneinung.* Man kann das Kontradiktionsprinzip außer in (K1) und (K2) auch in zwei andere Sätze aufteilen, nämlich in den *Satz vom ausgeschlossenen Widerspruch* und den *Satz vom ausgeschlossenen Dritten* (das sog. *Tertium non datur*):

Der *Satz vom ausgeschlossenen Widerspruch* besagt

(1a) bzgl. des Wahrheitswertes, dass $\mathcal{A}$ *höchstens* einen Wahrheitswert (also nicht beide) haben kann, und

(1b) bzgl. Bejahung und Verneinung, dass $\mathcal{A}$ und $\neg\mathcal{A}$ nicht zugleich wahr sein können, sondern nur *höchstens eine der beiden* Aussagen.

[46] Manche legen dann allerdings Wert darauf, dass man die Wahrheitswerte *wahr* und *falsch* nur Aussagen zuschreibt, nicht aber Sachverhalten. Bei Sachverhalten habe man statt dessen vom *bestehen* und *nicht bestehen* zu reden.

Der *Satz vom ausgeschlossenen Dritten* (das *Tertium non datur*) besagt

(2a) bzgl. des Wahrheitswertes, dass $\mathcal{A}$ *mindestens einen* der beiden Wahrheitswerte haben muss, und

(2b) bzgl. Bejahung und Verneinung, dass *mindestens eine der beiden Aussagen* $\mathcal{A}$ oder $\neg\mathcal{A}$ wahr sein muss.

Im engeren Sinne versteht man unter dem Satz vom Widerspruch den Satz (1b) und unter dem Satz vom ausgeschlossenen Dritten den Satz (2b); in dieser Form sind sie auch von Aristoteles ausgesprochen worden. Für den Satz (1a) ist die Bezeichnung *Konsistenzprinzip* vorgeschlagen worden, und Satz (2a) heißt auch das *Bivalenzprinzip.*

Klassisch behauptet man nur, dass $\mathcal{A}$ und $\neg\mathcal{A}$ nicht *gleichzeitig* und *in derselben Hinsicht* zugleich wahr sein können (Satz vom ausgeschlossenen Widerspruch), und eine entsprechende Einschränkung macht man auch bei den anderen Behauptungen. Denn ist es klar, dass unter Umständen zwei gegensätzliche Aussagen $\mathcal{A}$ und $\neg\mathcal{A}$ *zu verschiedenen Zeiten* wahr sein können, ebenso *bezüglich verschiedener Standpunkte* etc. Das liegt aber nur daran, dass $\mathcal{A}$ und $\neg\mathcal{A}$ *nicht vollständig und nicht präzise genug* formuliert sind, man hat einfach den in der jeweiligen Behauptung vorausgesetzten Zeitbezug, Standpunktsbezug usw. weggelassen. Gehen wir von einer vollständige explizierten Formulierung aus, in der alle relevanten alle Bezüge zur Zeit, Ort und anderen relativierenden Faktoren enthalten sind, kann man die Einschränkungen *gleichzeitig* und *in derselben Hinsicht* weglassen.

Warum gilt das Kontradiktionsprinzip? Im Rahmen der ausschließlich sprachorientierten modernen Logik könnte das Prinzip als eine pure Selbstverständlichkeit erscheinen. Man betrachtet hier nämlich Aussagen als Zeichenreihen, denen man nach festen Regeln eines von zwei

Objekten w und f zuordnet, die man als Repräsentanten der beiden Wahrheitswerte auffasst, und nennt eine Aussage *falsch* bzw. *wahr*, wenn man ihr w bzw. f zugeordnet hat. Dabei ordnet man der Aussage $\neg \mathcal{A}$ stets genau dann w bzw. f zu, wenn man zuvor der Aussage $\mathcal{A}$ das Objekt f bzw. w zugeordnet hat. Dass in dem so konstruierten System die genannten Prinzipien gelten, ist nicht verwunderlich, *weil die logische Sprache gerade so aufgebaut wird, dass sie gelten*. Man kann ebenso gut auch alternative Logik-Systeme entwerfen, z.B. eine *dreiwertige Logik* mit den drei Wahrheitswerten w, f und u (für *unentschieden*), und nachdem man das getan hat, gelten die vorgenannten Prinzipien für das alternative System *nicht* mehr.
Und damit, so meinen manche, sei das alte und verstaubte Kontradiktionsprinzip kein wirklich „ewig gültiges" mehr, das uns vorgegeben wäre und nach dem wir uns richten hätten.

Aber: So einfach ist es nicht. Denn damit die Festlegungen des Logikers (egal ob er eine zwei- oder mehrwertige Logik einführt) einen *wirklich* feststehenden Sinn haben, muss er sich auf die Gültigkeit eines tiefer liegenden Kontradiktionsprinzips verlassen können, das nicht mehr auf der Aussage-Ebene, sondern auf der Sachverhaltsebene liegt. Bei seinen „Festlegungen" greift der Logiker ja auf Sachverhalte von der Art zurück, *dass einer bestimmten Zeichenreihe $\mathcal{A}$ der Wahrheitswert* w *oder* f *oder* u *zugeordnet worden ist*. Und dass *diese* Sachverhalte ebenfalls dem Kontradiktionsprinzip unterliegen, ist eine vorgegebene *ontologische* Tatsache, die für die Logik voraussetzen werden muss. Denn es wäre für die Logik fatal, könnte der Logiker sich nicht a priori darauf verlassen, dass er einer bestimmten Aussage entweder w als Wahrheitswert zugeordnet hat oder dies nicht getan hat, und dass der Sachverhalt, dass er dieser Aussage w zugeordnet hat, entweder zutrifft oder nicht.

Das Kontradiktionsprinzip ist also *Bedingung der Möglichkeit logischen Redens*. Ein regelrechter (zirkelfreier) Beweis für dieses Prinzip aber ist nicht möglich, weil das Prinzip bei jedem Beweis schon vorauszusetzen ist. Es ist hier also an unmittelbare Einsicht zu appellieren, wir haben es mit einem synthetischen Urteil a priori zu tun.

Auf der ontologischen Ebene folgt das Kontradiktionsprinzip in seiner ersten Formulierung (*A ist entweder wahr oder falsch*) nicht aus einer isolierten Analyse der durch A beschriebenen Sachverhaltes, sondern kommt erst durch eine Zusammenschau der Begriffe *Sachverhalt*, *wahr* und *falsch* zum Vorschein.[47] Ebenso ist zur zweiten Formulierung (*entweder A oder $\neg A$ ist wahr*) zu sagen, dass der aus einem mit A beschriebenen Sachverhalt durch Negation gebildete neue Sachverhalt, der mit $\neg A$ beschrieben wird, nicht schon per Definition ein solcher ist, dessen Wahrheitswert nicht mit dem von A beschriebenen Sachverhalt identisch ist. Die der Negation zugrunde liegende Intuition dürfte auf der Sachverhaltsebene vielmehr lediglich die Beobachtung sein, dass jeder Sachverhalt immer genau einen *artgleichen Partner* besitzt, den man mittels Negation beschreiben kann. Negiert man diesen wieder, erhält man wieder den ursprünglichen Sachverhalt,

[47] Stellt man fest, dass ein Sachverhalt wahr ist (wirklich besteht) oder falsch ist (nicht wirklich besteht) hat man nur eine seiner Eigenschaften ermittelt, und kann nicht ausschließen, dass er noch weitere Eigenschaften hat. Dass nun wahr und falsch spezielle Eigenschaften sind, die sich (am selben Sachverhalt) gegenseitig ausschließen, ist eine Eigenschaft der Wahrheitswerte, nicht eine solche des Sachverhalts, so dass sich der Satz vom ausgeschlossenen Widerspruch nicht aus einer Betrachtung des Sachverhalts allein erschließt. – Anders ist es allerdings mit dem Satz vom ausgeschlossenen Dritten bezüglich des Wahrheitswertes: Dass ein Sachverhalt mindestens einen Wahrheitswert hat, gilt per Definition des Sachverhalts, denn Sachverhalte sind ja (etwa im Gegensatz zu Frageverhalten) definiert als Entitäten, die bestehen (wahr sind) oder nicht bestehen (falsch sind).

nicht einen dritten.[48] Durch $\mathcal{A}$ und $\neg\mathcal{A}$ werden also artgleiche Sachverhalte beschrieben, die denselben Inhalt haben, dessen Bestehen einmal bejaht und einmal verneint wird. So begründen also Bejahung und Verneinung ein „Auseinander" artgleicher Sachverhalte, so dass wir uns vorstellen könnten, dass Bejahung und Verneinung zwei Punkte eines abstrakten Universums sind, mit denen die positiven bzw. negativen Sachverhalte koinzidieren. Das wäre richtig, wenn für jeden Sachverhalt *in objektiver Weise festgelegt* wäre, ob er positiv oder negativ ist. Doch dies scheint nicht immer der Fall zu sein.[49] Dagegen ist aber offenbar objektiv stets festgelegt, *welcher von beiden Sachverhalten der wahre und welcher der falsche ist*. Die beiden „Punkte", die das Auseinander der beiden Sachverhalte bewirken, sind daher nicht Bejahung und Verneinung, sondern Wahrheit und Falschheit. Und genau dies ist die Einsicht, die dem Kontradiktionsprinzip bezüglich Verneinung und Bejahung zugrunde liegt: Dass nämlich die beiden artgleichen, durch $\mathcal{A}$ und $\neg\mathcal{A}$ beschriebenen Sachverhalte sich stets so auf die beiden Wahrheitswerte verteilen, dass beide Wahrheitswerte mit je einem der Sachverhalte koinzidieren. Wir haben demnach ein Universum mit nur zwei Punkten vor uns, mit denen sämtliche Sachverhalte koinzidieren, und diese beiden Punkte können in Anlehnung an Freges Philosophie als die *Wahrheitswerte* „wahr" (oder: *das Wahre*) und „falsch" (oder: *das Falsche*) identifiziert werden. Dieses *logische Universum* ist weder ein zeitliches noch ein räumliches, sondern neben Raum und Zeit noch ein drittes, die Wirklichkeit ebenso wie Raum und Zeit bestimmendes.

---

[48] Dagegen sind die *Aussagen* $\mathcal{A}$, $\neg\mathcal{A}$ und $\neg\neg\mathcal{A}$ *drei* voneinander verschiedene Aussagen, von denen die erste und die letzte äquivalent (aber nicht gleich) sind.

[49] Denn ob z. B. der mit «*x ist gerade*» beschriebene Sachverhalt positiv und der mit «*x ist nicht gerade*» negativ ist, hängt von der Formulierung ab, man könnte ja den ersten Sachverhalt auch durch «*x ist nicht krumm*» beschreiben und den zweiten durch «*x ist krumm*».

Interessant ist noch, dass das Wahre und das Falsche keineswegs „gleichberechtigte“ Pole des logischen Universums sind. Denn erstens sind es die wahren und nicht die falschen Sachverhalte, welche die Wirklichkeit bestimmen, und zweitens ist auch rein logisch das Wahre gegen über dem Falschen ausgezeichnet, und zwar wie folgt: Beschreibt $\mathcal{A}$ einen wahrer Sachverhalt, so beschreibt der Satz «$\mathcal{A}$ *ist wahr*» einen neuen wahren Sachverhalt; ist dagegen $\mathcal{A}$ ein falscher Sachverhalt, so beschreibt der Satz «$\mathcal{A}$ *ist falsch*» keineswegs einen neuen falschen, sondern wieder einen wahren Sachverhalt. So gibt es also eine rein logisch begründete Asymmetrie zwischen Wahrheit und Falschheit.

1.9 Paradoxien und Antinomien

Als *Paradoxien*[50] bezeichnet man im Bereich der Logik Phänomene, die die Gültigkeit unserer logischen Anschauungen in Frage stellen. Extrem paradoxe Phänomene heißen auch *Antinomien,*[51] während weniger extreme Paradoxien auch *Pseudoparadoxien* heißen.

Das älteste logische Paradoxon ist die *Lügner-Antinomie* des Kreters *Epimenides* (um 600 v. Chr.), der teilweise zu den „sieben Weisen" der griechischen Antike gerechnet wurde.[52] Seine Variante der Lügner-Antinomie ist im Neuen Testament (Tit 1,12) überliefert und lautet: *Die Kreter lügen immer.*[53] Sagt der Kreter Epimenides hier die Wahrheit, so lügen die Kreter immer, also lügt er. Lügt er jedoch, bestätigt sich die Wahrheit, dass Kreter immer lügen, er sagt dann also die Wahrheit. Unter der Bedingung, dass der ausgesprochene Sachverhalt tatsächlich objektiv wahr ist, kann man dem Satz des Epimenides also keinen

---

[50] Das Wort *Paradoxie* enthält die griechischen Bestandteile *para* (= an vorbei) und *doxa* (= Meinung, Glaube). Der Wortbedeutung nach ist also eine *Paradoxie* etwas, was der vorgefassten Meinung widerspricht, was also unerwartet ist und uns unglaublich vorkommt.

[51] Das Wort *Antinomie* enthält die griechischen Bestandteile *anti* (= gegen) und *nomos* (= Gesetz). Im Einklang damit bezeichnete es in der Logik etwas, was gegen ein vermeintliches logisches Gesetz verstößt.

[52] Nach Platon (Protagoras 343a) waren dies der erste Naturphilosoph *Thales* von Milet, *Pittakos* von Mytilene, *Bias* von Priene, der Gesetzgeber *Solon* von Athen, *Klebulos* von Lindos, *Myson* von Chenai und *Chilon* von Sparta. – Andere Siebenerlisten weichen mehr oder weniger hiervon ab, manche erwähnen unter den Sieben auch den kretischen Seher und Reinigungspriester *Epimenides*.

[53] Im Titusbrief wird der Spruch einem nicht namentlich genannten kretischen „Propheten" zugeschrieben; Clemens von Alexandrien schreibt (um 200 n. Chr.) dieses Zitat aber dem Epimenides zu.

Wahrheitswert zuordnen. Eine einfachere Form des Paradoxons stammt von *Eubulides* (um 350 v. Chr., siehe S. 9): Wenn jemand sagt *Ich lüge jetzt*, so ist das genau dann gelogen ist, wenn es nicht gelogen ist. Wieder eine andere Form verbirgt sich in den beiden folgenden Sätzen

Satz 1: *Der nächste Satz ist wahr.*
Satz 2: *Der letzte Satz ist falsch.*

Das Lügner-Paradoxon zeigt in allen seinen Varianten, dass unsere Erwartung, dass jeder beliebige syntaktisch korrekt gebildete Aussagesatz einer natürlichen Sprache entweder wahr oder falsch (und somit eine Aussage im logischen Sinn) ist, falsch ist. Versucht man, den Wahrheitsbegriff, auf jeden beliebigen syntaktisch korrekten Aussagesatz auszudehnen, wird er also widersprüchlich. Die Wurzel dieses Übels scheint hier die *Selbstbezüglicheit* (Zirkularität) zu sein, die eine *Unendlichkeit* (im Sinne von Unabgeschlossenheit) des Bedeutungszuweisungsprozesses impliziert: Denn die Entscheidung, ob der Satz wahr ist oder nicht, kommt hier niemals zum Abschluss (vgl. hierzu eine sog. „Endlosschleife" in der Programmierung).

Erst im 20. Jahrhundert begann man sich intensiver mit Antinomien zu beschäftigen. Anstoß dafür war die Entdeckung einer neuen Antinomie im Jahre 1901, der sog. *Russellschen Antinomie*. Gottlob Frege hatte im ersten Band seiner Grundgesetze der *Arithmetik* (1893) als fünftes „Grundgesetz" ein Axiom angeführt, welches voraussetzt, dass es *zu jedem Begriff eine Menge gibt, welcher genau die Instanzen des Begriffs angehören*. Anders gesagt: *Zu jeder beliebigen präzise beschreibbaren Eigenschaft existiert eine Menge, die genau diejenigen Objekte enthält, welche diese Eigenschaft haben*. Frege war „auf's Höchste überrascht", als ihm Bertrand Russell 1902 in einem Brief einen Begriff mitteilte, zu dem es offenbar *keine* entsprechende Menge gibt (Russell hatte darüber, wie er sagt, bereits ein Jahr nachgedacht, so dass die Entdeckung ins Jahr 1901 fällt). Es existiert keine Menge R_u, deren Elemente die Mengen X sind, die sich nicht selbst enthalten (für die also $X \notin X$ gilt). Diese „Russellsche Menge" R_u wäre dadurch charakterisiert, dass für jede Menge

(*) dann und nur dann $X \in R_u$ gilt, wenn $X \notin X$ gilt,

was ein vollkommen klares Kriterium zu sein scheint, das für jede Menge X klärt, ob sie Element von R_u ist oder nicht. Aber wenn dieses Kriterium (*) für *jede* Menge X gelten soll, muss es auch für R_u selbst in der Rolle von X gelten: Dann aber besagt es, dass

dann und nur dann $R_u \in R_u$ gilt, wenn $R_u \notin R_u$ gilt,

was absurd ist. Es existiert also zu dem Begriff «Menge, die sich nicht selbst enthält» keine Menge, deren Elemente genau die Instanzen dieses Begriffs sind. In seinem Antwortbrief an Russell bekannte Frege, ihm scheine nun „die einzig mögliche Grundlage der Arithmetik überhaupt zu versinken". Von diesem Schlag hat er sich nicht mehr erholt. Ein in seinen letzten Lebensjahren 1924/25 geplanter „Neuer Versuch zur Grundlegung der Arithmetik" blieb unvollendet.

Russell stellte dieser Mengen-Antinomie 1918 das analog aufgebaute *Barbier-Paradoxon* zur Seite: Ein Barbier entschließt sich, in einem Dorf *alle diejenigen und nur diejenigen Männer zu rasieren, die sich nicht selbst rasieren.* Dann aber muss er *sich selbst genau dann rasieren, wenn er sich nicht rasiert* – und das geht nicht. Das Barbier-Paradoxon gilt jedoch im Gegensatz zur Russellschen Mengen-Antinomie als *Pseudoparadoxon*, also ein leicht lösbares. Denn was daraus zu schließen ist, ist ja lediglich, dass ein solcher Entschluss, wie ihn der Barbier gefasst hat, eben unmöglich durchführbar ist; er hat bei der Formulierung seines Entschlusses nicht an sich selbst gedacht, und somit Unmögliches formuliert. Dies ist nicht weiter beunruhigend, denn dass manche

Vorsätze sich bei genauerem Hinsehen als undurchführbar erweisen, kommt ja durchaus öfter vor. Anders ist es bei der Russellschen Menge. Zwar muss man hier ganz analog schließen, dass eine solche Menge nicht existiert, doch wurde diese Nichtexistenz als ein „verwirrendes und ungewöhnliches Ergebnis" empfunden, „einfach unerklärlich", weil gegen das durch Frege ausgesprochene, scheinbar „logische" Prinzip der Mengenbildung verstoßend. Bei weiterem Nachdenken fand man hier auch einen anderen und interessanteren Ausweg als den, dass nichts dergleichen existiert: Es könnte nämlich eine Nichtmenge geben (sog. Unmenge, eine Kollektion höherer Art), welche genau die Mengen enthält, die sich nicht selbst enthalten: Unmengen sind im Gegensatz zu Mengen Vielheiten, die so groß sind, dass sie nicht zu einer Einheit zusammengefasst werden können, die wieder Element einer größeren Einheit sein kann (siehe hierzu Kap. 3 über Mengenlehre).

Die Russellsche Antinomie beflügelte Logiker, nach weiteren derartigen Paradoxien zu suchen, und es tauchten bald eine ganze Reihe davon auf, über die bis heute diskutiert wird. Wer auf eine gute Paradoxie stößt, den kann sie als Herausforderung an das Denken ein Leben lang begleiten und zum Denken anspornen: Zumindest bei Russell selbst war dies der Fall. So seien hier noch drei weitere in 20. Jahrhundert entdeckte Paradoxien genannt:

Das *Richard-Paradoxon:* 1905 entdeckte Jules Richard das folgende Paradoxon. Er stellte sich vor, dass *alle mit endlich vielen Worten beschreibbaren Zahlen* x_1, x_2, x_3, ... in einer gedanklichen Liste zusammengestellt sind (die Anzahl der genannten Zahlen ist, wie man mathematisch beweisen kann, nur abzählbar unendlich, so dass die Liste dieser Zahlen mit den natürlichen Zahlen durchnummeriert werden kann). Man kann sich dann aber eine Zahl z denken, die mit 0,... (also einer

Null vor dem Komma) beginnt und die sich von der *n*-ten Zahl x_n in der Liste stets dadurch unterscheidet, dass ihre *n*-te Nachkommastelle die der *n*-ten Nachkommastelle von x_n folgende Ziffer ist (dabei sei die der Ziffer 9 folgende die Ziffer 0). Die so gebildete Zahl z unterscheidet sich dann von *jeder* Zahl in der Liste, also steht sie nicht in dieser Liste und kann daher *nicht mit endlich vielen Worten beschreibbar sein* – aber sie lässt sich *dennoch mit endlich vielen Worten exakt beschreiben*, denn das haben wir ja in diesem Absatz gerade getan.

Das *Berry-Paradoxon:* 1908 wurde von Russell ein Paradoxon veröffentlicht, auf das der Bibliothekar George Berry gestoßen war und das dieser Russell mitgeteilt hatte: Man geht von der mathematisch bewiesenen und leicht einsehbaren Tatsache aus, dass es *zu jeder Eigenschaft E, die auf gewisse natürliche Zahlen zutrifft, stets eine kleinste natürliche Zahl mit dieser Eigenschaft gibt*. Z.B. ist 2 die kleinste Zahl mit der Eigenschaft, „gerade“ zu sein, 100 ist die kleinste Zahl mit der Eigenschaft, im Zehnersystem durch drei Ziffern darstellbar zu sein usw. Berry betrachtet nun die Eigenschaft, *in der englischen Sprache nicht mit weniger als 19 Silben benannt werden zu können*. Die kleinste dieser Zahlen kann man nun aber als „*the least integer not namable in fewer than nineteen syllables*“ bezeichnen, was eine Benennung mit *nur 18 Silben* ist.

Schließlich das *Grelling-Paradoxon*, das 1908 von Kurt Grelling beschrieben wurde: Es gibt Eigenschaftswörter, die eine Eigenschaft bezeichnen, die auf sie selbst zutrifft. So ist das Wort *dreisilbig* selbst dreisilbig, und das Wort *deutsch* ist selbst deutsch. Solche Wörter nennt Grelling *autologisch*. Bei den meisten Wörtern ist dies *nicht* der Fall. So ist etwa das Wort *einsilbig* nicht selbst einsilbig. Solche Eigenschaftswörter, die also eine Eigenschaft ausdrücken, die auf diese selbst *nicht* zutrifft, nennt Grelling *heterologisch*. Nun scheint klar zu sein, dass jedes

Eigenschaftswort entweder autologisch oder heterologisch sein muss. Man kann daher fragen: Ist das Eigenschaftswort *heterologisch* selbst heterologisch?

• Wenn *ja*, darf die Eigenschaft, die es ausdrückt, nicht auf es selbst zutreffen. Also ist es dann *nicht* heterologisch.

• Wenn *nicht*, muss die Eigenschaft, die es ausdrückt, auf es selbst zutreffen. Also ist es dann *doch* heterologisch.

Wir gelangen somit zu dem absurden Ergebnis, dass *das Wort «heterologisch» genau dann heterologisch ist, wenn es nicht heterologisch ist.*

Fazit: Die Begriffe Benennbarkeit und Beschreibbarkeit (Richard- und Berry-Paradoxon) und des Elementseins und Zutreffens (Grelling- und Russell-Paradoxon) sind ebenso wie der Wahrheitsbegriff (Lügner-Antinomie) in bestimmten Kontexten widersprüchlich. Die Wurzel dieser Paradoxien ist, dass die Sprach- bzw. Reflexionsebene, auf der ein Begriff gebildet wird, „eine Stufe über" der Ebene steht, denen die Instanzen des Begriffs angehören, so dass beim Versuch, über die Zugehörigkeit von höherstufigen Objekten zum Begriffsumfang zu entscheiden, das Problem der Zirkularität bzw. Unendlichkeit auftritt.

Mit all diesen Paradoxien und Antinomien ist nun aber keinesfalls „das Kontradiktionsprinzip und somit die Logik widerlegt", sondern es ist nur aufgewiesen, dass wir Schwierigkeiten haben, die Phänomene des Unendlichen und der Selbstbezüglichkeit adäquat und klar zu erfassen. Dennoch sind unsere logischen Intuitionen nicht schlechthin falsch oder untauglich. Diesbezüglich sollte man unterscheiden zwischen *vollkommen klaren* Ideen, welche sich uns nach Art der wahren logischen Grundgesetze als unwiderlegbar präsentieren – hier scheint ein Irrtum ausgeschlossen – und *weniger klaren* Anschauungen, die eher den Charakter von sich aufdrängenden Vermutungen haben. Die irrige

Anschauung z.B., die durch das Russellsche Paradoxon zerschlagen wurde, gehört eindeutig zur zweiten Kategorie. Dies hat auch Frege gewusst, und es ist sehr bezeichnend, wie er den verminderten Grad der Evidenz beschrieben hat, die er für sein fünftes Grundgesetz in Anspruch nahm. „Ich habe mir nie verhehlt, dass es nicht so einleuchtend ist, wie die anderen, und wie es eigentlich von einem logischen Gesetz verlangt werden muss“, schrieb er im Nachwort zum Band II seiner *Grundgesetze der Arithmetik*. „Und so habe ich denn“, heißt es weiter, „im Vorwort zum ersten Bande S. VII auf diese Schwäche hingewiesen“. Tatsächlich findet man an der bezeichneten Stelle des 1893 verfassten ersten Bandes – acht Jahre *vor* Russells Entdeckung (!) – die folgenden, fast prophetisch anmutenden Worte: „Ein Streit kann ... nur um mein Grundgesetz der Werteverläufe (V) entbrennen, das von Logikern vielleicht noch nicht eigens ausgesprochen ist, obwohl man danach denkt ... Ich halte es für rein logisch. Jedenfalls ist hiermit die Stelle bezeichnet, wo die Entscheidung fallen muss.“

2. Gleichheitslogik

Unter der *qualitativen Identität* (Gleichheit im weiteren Sinn) versteht man die Identität von (inneren) Eigenschaften, die auch bei verschiedenen Eigenschaftsträgern gegeben sein kann. So sind z.B. zwei gleich große Kugeln aus demselben Material in diesem Sinne gleich. Unter der *numerischen Identität* (Gleichheit im engeren Sinn) hingegen versteht man eine Beziehung, die Objekte zu sich selbst haben: *Jedes Objekt ist mit sich selbst und nur mit sich selbst (numerisch) identisch.*

Offenbar gilt: Wenn a numerisch identisch mit b ist, so ist a mit b auch qualitativ identisch bezüglich aller inneren Eigenschaften. Nach Leibniz' *Principium Identitatis Indiscernibilium* (Indiszernibilitätsprinzip) soll auch die Umkehrung gelten (demnach gäbe es keine zwei *sich völlig gleichenden*, und dennoch *verschiedenen* Dinge), aber das ist philosophisch umstritten.

Den Sachverhalt, dass a und b numerisch identisch sind, stellt man in einer *Gleichheitsaussage* (*Gleichung*) dar, indem man

$a = b$ [lies: a ist gleich b]

schreibt, was genau dann wahr ist, wenn die Terme a und b links und rechts vom Gleichheitszeichen $=$ ein und dasselbe Objekt bezeichnen. Das Zeichen $=$ bezieht sich auf unsere logische Objektsprache.[54]
Sind T_1 und T_2 Terme, schreibt man

$T_1 \equiv T_2$ [lies: T_1 und T_2 sind äquinotant],

wenn die Terme *bei jeder* zulässigen Interpretation dasselbe bezeichnen (also nach jeder Belegung der Variablen und Bewertung der Konstanten in T_1 und T_2 immer $T_1 = T_2$ gilt). Das Zeichen $\equiv$ gehört der Meta-

[54] In der Alltagssprache verwenden wir hier anstelle von $=$ das kleinere Zeichen =.

sprache an, in der wir über Zeichenreihen (statt direkt über die bezeichneten Objekte) reden. Wenn $T_1 \equiv T_2$ gilt, so auch $T_1 = T_2$, aber nicht umgekehrt. Ist z.B. T_1 die Variable x und T_2 die Variable y, kann man x und y als Bezeichnung für dasselbe Objekt interpretieren, und dann gilt $x = y$, aber nicht $x \equiv y$, da man x und y auch als Bezeichnung für verschiedene Objekte interpretieren kann. Dagegen gilt stets $x \equiv x$.

Ein Rätsel über Gleichheitsaussagen wird dem Antisthenes (um 365 v. Chr.), dem Gründer der Kyniker-Schule, zugeschrieben:

> Man kann nichts Bedeutsames durch eine Gleichheitsaussage sagen. Denn: Man sagt entweder $a = a$ oder $a = b$.
> Nun ist a = a zwar wahr, aber nicht bedeutsam (man lernt nichts dazu), während $a = b$ zwar bedeutsam, aber nicht wahr ist.[55]

Die Lösung dieses Rätsels, die Frege fand, besteht darin, dass a und b links und rechts vom Gleichheitszeichen verschiedene Bezeichnungen für dasselbe Objekt sind, die außer dem Objekt, was sie bezeichnen, noch jeweils eine verschiedene *Konnotation* (Mitbezeichnung) haben, d.h. sie bezeichnen *verschiedene Aspekte* dieses Objekts. Die Gleichung gibt also Auskunft darüber, dass diese Aspekte im selben Objekt zusammenkommen. So drückt z.B. die Gleichung

der Abendstern = *der Morgenstern*

eine bedeutsame und sehr lehrreiche, erst durch intensive astronomische Forschung ermittelte Tatsache aus, nämlich die, dass der Abendstern und der Morgenstern ein und derselben Planet ist.

Für Gleichungen gelten die folgenden unmittelbar evidenten Gesetze, die man als *Axiome der Gleichheitslogik* bezeichnet:

---

[55] Siehe Fußnote 4.

Für alle Objektbezeichnungen *a,b,c* gilt:
1. *Reflexivität:* $a = a$.
2. *Symmetrie:* $a = b \Rightarrow b = a$ (*aus* $a = b$ *folgt* $b = a$).
3. *Transivitität:* $a = b \wedge b = c \Rightarrow a = c$ (aus $a = b$ und $b = c$ folgt $a = c$).

Hierzu kommt als viertes Axiom noch die *Ersetzbarkeitsregel* oder kurz *Ersetzregel* von Leibniz: Sei A(*a*) ein Ausdruck, in dem *a* vorkommt; dann bezeichnet man üblicherweise mit A(b) den Ausdruck, den man erhält, wenn man ein oder mehrere in Exemplare von *a* in A(*a*) durch *b* ersetzt. Wann immer dann die Gleichung $a = b$ gilt, haben A(*a*) und A(*b*) dieselbe Bedeutung, d.h. es sind entweder beides Terme, die dasselbe Objekt bezeichnen, oder beides Formeln, die denselben Wahrheitswert haben. Kurz: *Die Ersetzung von a durch b in A(a) ändert die Semantik nicht.* Formal kann man die Ersetzbarkeitsregel wie folgt formulieren:

4. *Ersetz(barkeits)regel:*
Für Terme A(*a*) gilt: $a = b \;\Rightarrow\; A(a) = A(b)$,
und für Formeln A(*a*) *gilt:* $a = b \;\Rightarrow\; A(a) \Leftrightarrow A(b)$.

Die Bedeutung der Ersetzbarkeitsregel kann man sich am besten durch Beispiele klar machen:

Beispiel 1: Wir betrachten den Ausdruck *der Hut von Fritz*, was eine Kennzeichnung ist. Angenommen, *Fritz* und *Franz* sind zwei Namen für dieselbe Person, dann können wir schreiben *Fritz* = *Franz*. Daraus folgt per Ersetzregel, dass gilt: *der Hut von Fritz* = *der Hut von Franz.*
Das ist nicht weiter verwunderlich, dann Fritz und Franz ist nach Voraussetzung ja ein und dieselbe Person, so dass alles, was diese besitzt oder an Eigenschaften hat, als Besitz und Eigenschaft sowohl von Fritz als auch von Franz angesprochen werden kann.

Beispiel 2: Wir betrachten den Ausdruck *Fritz ist 1,80 Meter groß*, was eine Aussage ist. Gilt wieder *Fritz = Franz*, folgt gemäß Ersetzregel, dass gilt: *Fritz ist 1,80 Meter groß ⇔ Franz ist 1,80 Meter groß*, d.h. die Aussagen *Fritz ist 1,80 Meter groß* und *Franz ist 1,80 Meter groß* sind äquivalent, sie haben denselben Wahrheitswert: Wenn die eine wahr ist, ist auch andere wahr, und wenn die eine falsch ist, auch die andere falsch. Auch das ist nicht verwunderlich, denn da Fritz und Franz ein und dieselbe Person ist, sagen beide Aussagen genau dasselbe über dieselbe Person aus.

Beispiel 3: Wir betrachten den mathematischen Ausdruck $7+5=\frac{60}{5}$, der eine wahre Aussage bezeichnet, denn die Terme rechts und links vom Gleichheitszeichen bezeichnen ein und dieselbe Zahl, nämlich die Zahl 12. Nun gilt auch $5 = 6-1$. Daher müssen nach der Ersetzregel aus unserem Ausdruck wahre Aussagen entstehen, wenn man dort das erste oder zweite Exemplar der 5 (oder beide) durch 6–1 ersetzt, d.h. $7+6-1=\frac{60}{5}$, $7+5=\frac{60}{6-1}$ und $7+6-1=\frac{60}{6-1}$ sind mit dem ursprünglichen Ausdruck äquivalente und daher ebenfalls wahre Aussagen.
Auch dies ist verwundert nicht, denn da 6–1 eine andere Bezeichnung für die Zahl 5 ist, darf man in einer Formel überall, wo dort 5 steht, auch 6–1 schreiben. Allerdings müssen wir, wenn wir diese Ersetzung vornehmen, den Term 6–1 eventuell einklammern, damit dieser Term als Sinneinheit erhalten bleibt (und nach wie vor für die Zahl 5 steht). Dies deutet schon auf mögliche Ausnahmen für die Ersetzregel hin, die wir weiter unten noch besprechen werden.

Zuvor wollen wir sehen, wie aus den Gleichheitsaxiomen weitere Eigenschaften der Gleichheit abgeleitet (deduziert) werden können. Um zu zeigen, wie dies geht, beweisen wir eine weitere klassische Eigenschaft der Gleichheit, nämlich die sog. Komparativität, die man klassischerweise wie folgt formuliert: «*Wenn zwei Größen einer dritten gleich sind, sind sie auch einander gleich*». Formal schreibt man dafür

> *Komparativität:* Für alle Objektbezeichnungen a,b,c gilt
> $a = c \wedge b = c \Rightarrow a = b$ (aus $a = c$ und $b = c$ folgt $a = b$).

Das sieht ähnlich aus wie die *Transitivität*, ist aber offensichtlich eine *andere* Eigenschaft. Man kann diese allein mit den klassischen Axiomen der *Symmetrie* und *Transitivität* beweisen, und zwar so:

Beweis: Sei $a = c$ und $b = c$. Per *Symmetrie* folgt aus $b = c$, dass $c = b$, und aus $a = c$ und $c = b$ folgt weiter per *Transitivität*, dass $a = b$. q.e.d.

Die wirklich unverzichtbaren Axiome der Gleichheit sind bloß die Reflexivität und die Ersetzregel für Terme:

1. *Reflexivität:*	Für jedes a gilt $a = a$.
2. Ersetzregel:	Aus $a = b$ folgt für jeden Term $A(a)$: $A(a) = A(b)$.

Und zwar wird hier die Ersetzregel nur für *Terme* gefordert. Aus $a = b$ folgt auch, dass jede *Formel* A(a) denselben Wahrheitswert wie A(b) hat; aber das brauchen wir nicht extra fordern, sondern können es aus der Ersetzregel in der obigen Fassung beweisen:

Beweis für die Ersetzregel für Formeln aus der Ersetzregel für Terme:
Es gelte $a = b$ und $A(a)$ sei eine Formel.
Dann ist *der Wahrheitswert von* $A(a)$ ein Term, und daher folgt aus der Ersetzregel für Terme, dass die Gleichung

$$\textit{der Wahrheitswert von } A(a) = \textit{der Wahrheitswert von } A(b)$$

gilt, also haben Formeln $A(a)$ und $A(b)$ denselben Wahrheitswert, q.e.d.

Wir können also auf der Basis der obigen beiden Axiome weiterhin die volle Ersetzregel benutzen.

Mit den obigen zwei Axiomen lassen sich nun aber auch die Symmetrie und die Transitivität wie folgt beweisen:

Beweis für die Symmetrie, d.h. für $a = b \Rightarrow b = a$.
Sei a = b. Dann gilt per *Reflexivität* auch $\boxed{a = a}$. In dieser wahren Formel dürfen wir aber nach der Ersetzregel das linke a durch b ersetzen. Wenn wir das tun, erhalten wir $b = a$. q.e.d.

Beweis für die Transitivität, d.h. für a = b ∧ b = c ⇒ a = c.
Sei a = b und b = c. Wegen b = c dürfen wir nach der Ersetzregel in der Formel $\boxed{a = b}$ das b durch c ersetzen und erhalten a = c. q.e.d.

Mit der Ersetzregel lassen sich z.B. auch die folgenden mathematischen Umformungsregeln für Gleichungen leicht ableiten:

(1) $a = b \Rightarrow a + c = b + c$.
(2) $a = b \Rightarrow ac = bc$.
(3) $a = b \Rightarrow \sqrt{a} = \sqrt{b}$.

Der Beweis ist denkbar einfach. Zu (1): Wegen $a = b$ dürfen wir nach der Ersetzregel in der Formel $\boxed{a + b = a + c}$, die wegen der Reflexivität gilt, das linke a durch b ersetzen und erhalten $a + c = b + c$.

Zu (2): Wegen $a = \mathrm{b}$ dürfen wir nach Ersetzregel in der gemäß Reflexivität geltenden Formel $\boxed{ac = ac}$ das linke a durch b ersetzen und erhalten $ac = bc$.

Zu (3): Wegen $a = b$ dürfen wir nach Ersetzregel in der gemäß Reflexivität geltenden Formel $\boxed{\sqrt{a} = \sqrt{a}}$ das linke a durch b ersetzen und erhalten $\sqrt{a} = \sqrt{b}$, q.e.d.

Wie man sieht, haben die obigen Umformungsregel mit eigentlicher Mathematik gar nichts zu tun, sondern sind rein logischer Natur. Denn in dem Beweis brauchten wir überhaupt nicht zu wissen, womit wir es hier zu tun haben, wir haben ja keinerlei Eigenschaften der Addition, Multiplikation und der Wurzel benötigt.[56] Offensichtlich gilt Analoges auch für jede beliebige andere mathematische Operation.

Dies zeigt, wie mächtig die Ersetzregel tatsächlich ist. Bei genauer Überlegung stellt sich nun allerdings heraus, dass diese Regel *gewissen Einschränkungen* unterworfen werden muss:

(a) Es gilt 2 = 10–8. Ersetzen wir nun aber in dem Term 22+5 die zweite Ziffer 2 durch 10–8, so erhalten wir 210–8+5.
Würde also die Ersetzregel völlig uneingeschränkt gelten, so müsste demnach 22+5 = 210–8+5 gelten, was aber falsch ist.
Das liegt an einer Schwäche der üblichen Zahlenbezeichnungen, die nicht völlig den Standards einer idealen logischen Sprache entspricht: Es liegt daran, dass die zweite Ziffer 2 von 22 hier ihre gewöhnliche Bedeutung (nämlich die Zahl 2 zu bezeichnen) einbüßt und eigentlich gar keine selbständige Bedeutung hat; sie bezeichnet selbst gar nichts, sondern ergänzt nur die andere 2 (die hier ebenfalls für sich genommen nichts bezeichnet) zu einer Bezeichnung für die Zahl 22. Erst die Zeichenreihe 22 hat in dem Ausdruck eine selbständige Bedeutung.
Für die Ersetzregel ergibt sich daraus die Einschränkung: *Man darf nur solche Teile eines Ausdrucks ersetzen, die im Ausdruck eine selbständige Bedeutung haben.*

---

[56] Anders ist es, wenn man die Umkehrungen beweisen will, wenn man also zum Beispiel zeigen will, dass also aus $a + c = b + c$ auch wieder $a = b$ folgt. Hierzu muss man die spezifischen Eigenschaften der Addition verwenden.

(b) Es gilt 2 = 10–8. Ersetzen wir nun aber in dem Term 2·2 die zweite 2 durch „10–8“, so erhalten wir 2·10–8.
Nach der uneingeschränkten Ersetzregel müsste also 2·2 dieselbe Zahl wie 2·10–8 bezeichnen, was falsch ist. Das liegt an der Punkt-vor-Strich-Regelung, die bewirkt, dass in 2·10–8 zuerst die 2 mit 10 multipliziert wird und vom Ergebnis dann 8 abgezogen wird, anstatt dass mit die 2 mit 10–8 multipliziert wird. Wieder spielt uns die Syntax der mathematischen Sprache hier einen Streich, indem der eingesetzte Term „auseinandergerissen“ wird: Nur ein Teil von ihm, nämlich der mit 10 bezeichnete Teil, wird mit 2 multipliziert, während wir intendieren, dass der eingesetzte Term zusammenbleibt und als ganzes mit 2 multipliziert wird. Man verhindert dies gewöhnlich, indem man um den eingesetzten Term Klammern setzt, die ihn „zusammenhalten“. Bei dieser richtigen Einsetzung stimmt dann alles: 2·2 = 2·(10–8). Für die Ersetzregel heißt dies: *Man muss bei der Einsetzung sicherstellen, dass der eingesetzte Term als semantische Einheit erhalten bleibt.*

(c) Dieses Problem gibt es auch in der Sprache der Prädikatenlogik: Hier muss man die sog. *Variablenkollision* vermeiden (siehe unten S. 217): Man muss vermeiden, dass ein Variablenexemplar, das vor dem Einsetzen frei war, nach dem Einsetzen versehentlich gebunden wird. Sei z.B. $x = y$ eine Gleichung mit den Variablen x und y (die bei einer bestimmten Belegung wahr sein soll, in der wir x und y als Bezeichnungen für ein und dieselbe Zahl 2 interpretieren). Dann ist in dieser Interpretation auch die Formel

es gibt eine Zahl x, so dass $x < y$

wahr, und sie besagt, *dass es eine Zahl gibt, die kleiner als 2 ist*. Setzen wir hier aber für y die Variable x ein, erhalten wir: *es gibt eine Zahl x,* *so dass x < x ist* (was falsch ist, da keine Zahl kleiner als sie selbst ist). Es gerät hier das eingesetzte x in den Einflussbereich der Wendung «*es gibt ein x, so dass ...*», was der Aussage einen radikal anderen Sinn verleiht. *Man muss also beim Einsetzen Variablenkollision vermeiden.*

(d) Es gelte *Fritz = Franz*, d.h. beides ist dieselbe Person. Nun könnte es sein, dass *Peter* nicht weiß, dass *Fritz* und *Franz* dieselbe Person ist. Dennoch ist sicherlich wahr: *Peter weiß, dass Fritz = Fritz ist*. Nach der uneingeschränkten Ersetzregel müssten wir also das zweite Vorkommen von *Fritz* hier durch *Franz* ersetzen können, und so sollte es wahr sein, dass *Peter weiß, dass Fritz = Franz ist*. Aber das kann ja trotzdem falsch sein. Dasselbe Problem haben wir, wenn statt «*Peter weiß ...*» eine Wendung wie «*Peter glaubt ...*», «*Peter hofft ...*» oder «*Peter will ...*» in der zu ersetzenden Aussage vorkommt. Wissen, Glauben, Hoffen, Wollen, Erlauben usw. nennt man *propositionale Einstellungen* (engl. *propositional attitudes*). An diesen scheitert die Ersetzregel aus semantischen Gründen, während sie in den vorgenannten Ausnahmen (a) bis (c) aus syntaktischen Gründen scheiterte. Auch, wenn man in Satzteilen Ersetzungen vornimmt, in denen *Normen* (Verpflichtung–Erlaubnis) oder *Modalitäten* (notwendig–zufällig–möglich) vorkommen, gilt die Ersetzregel aus semantischen Gründen nicht immer. So ist z.B. die Anzahl der Planeten unseres Sonnensystems 8, so dass die Gleichung 8 = *Anzahl der Planeten* wahr ist. Ebenso ist die folgende Formel wahr:

8 ist notwendigerweise eine gerade Zahl.

Ersetzen wir darin nun aber 8 durch *die Anzahl der Planeten*, erhalten wir die falsche Aussage die Zahl der Planeten ist notwendigerweise eine gerade Zahl.

Allerdings ist die Anomalie bei Modalitäten dadurch heilbar, dass man als Terme nur sog. *starre Designatoren* verwendet (deren Bedeutung in jeder möglichen Welt bzw. in allen möglichen Kontexten dieselbe Bedeutung haben. Die *Zahl der Planeten* ist kein starrer Designator, insofern sie nur in der wirklichen Welt mit 8 identisch ist, in anderen möglichen Welten aber eine andere Zahl sein kann. Ein starrer Designator wäre dagegen *die Zahl der Planeten in dieser Welt*; und so darf dieser Ausdruck auch in modalen Aussagen bedenkenlos durch 8 ersetzt werden.
Einstellungen, Modalitäten und Normen sind Spezialfälle von sog. *intensionalen Kontexten*, die in einem Satz vorkommen, wenn seine Wahrheit nicht allein von der Wahrheit seiner Teilausdrücke und den bezeichneten Objekten abhängt. In mathematischen Formeln kommen intensionale Kontexte nicht vor, so dass man dieses Problem hier ignorieren kann.
Es ergibt sich also die Einschränkung: *Die Ersetzregel gilt nicht für Sätze/Satzteile, die intensionale Kontexte involvieren.* Ein Verstoß gegen diese Regel ist der sog. *intensionale Fehlschluss.*

Zusatz: Sei *Fritz* = *Hubert*. *Fritz fängt mit F an* ist wahr; wendet man hierauf die Ersetzregel an, erhält man *Hubert fängt mit F an*, was falsch ist. Hier werden die Terme *Fritz* und *Hubert* äquivok verwendet (einmal objekt- und einmal metasprachlich). Dieser Fehler ist ein *Äquivokationsfehler*, der in *jeder* logischen Argumentation vermieden werden muss. So hat dieser Fehler nichts speziell mit der Ersetzungsregel zu tun.

Wir schließen nun dieses Kapitel mit einem Exkurs über die Bedeutung des Wortes «*sein*» ab. Die Betrachtungen hierzu gehören nicht im eigentlichen Sinn zur Gleichheitslogik, sind aber dennoch angebracht, weil man die Gleichheit (Identität) oft mit dem Wort *ist* ausdrückt.

Exkurs: Die Bedeutung von „sein"

In manchen Sprachen wie z.B. im Deutschen verbindet man den Subjektsterm mit dem Prädikatsterm durch ein Wort, das man in der Linguistik die *Kopula* nennt. Im Deutschen nimmt man hierzu das Wort *ist*, was man auch für die Gleichheit verwendet. Auch andere Sprachen habe für die Kopula und die Gleichheit dasselbe Wort, aber dennoch ist die Kopula nicht immer durch das Gleichheitszeichen ersetzbar, sie hat oft eine andere Bedeutung als dieses. Die Nichtbeachtung dieser Äquivokation führt zu sophistischen Fehlschlüssen wie «*Sokrates ist Mensch, Thales ist Mensch, also: Sokrates ist Thales*.» Man vergleiche die Sätze

(0) Sokrates ist Sokrates,
(1) Sokrates ist (dieser) Mensch,
(2) Sokrates ist (dieses) Lebewesen,
(3) Sokrates ist (dieses) vernunftbegabt(e Seiende),
(4) Sokrates ist (dieses) am Tag *T* nachdenkend(e Seiende),
(5) Sokrates ist (dieses) umhergehend(e Seiende),
(6) Sokrates ist (dieses) von Platon verschieden(e Seiende),
(7) Sokrates ist (dieses) am Tag *T* klüger als Platon (Seiende),
(8) Sokrates ist (dieses) von Platon erkannt(e Seiende).

Die mit den hier vorkommenden Prädikaten «Sokrates», «Mensch» «Lebewesen» usw. gemeinten Objekte (Sokratessein, Menschsein, Lebewesensein usw.) sind *konkrete Attribute* von Sokrates; diese sind von den eventuell gleich lautenden konkreten Attributen eines anderen Menschen zu unterscheiden. Das durch «*ist*» bezeichnete Verhältnis eines Objekts zu einem seiner Attribute bedeutet nur selten die unterschiedslose Identität, die man mit dem Zeichen = ausdrückt (hier nur in Satz (0)). Meist handelt es sich um eine Beziehung ganz eigener Art: Der Satz «*dieses S ist dieses P*» stellt meist fest, dass *S* irgendwie an der *seinsmäßigen* Konstitution des Objekts *P* beteiligt ist, die nichts mit der räumlichen oder zeitlichen Zusammensetzung des Objekts zu tun hat: Das Menschsein ist weder ein räumlicher noch ein zeitlicher Ausschnitt des Sokrates (wie es sein Kopf oder seine Kindheit wäre), sondern ein *seinsmäßiger*: ein Ausschnitt von all dem, was Sokrates eben *ist*. Man kann die Attribute in zwei wesentlich verschiedene Arten einteilen:

1. Einige Attribute kommen dem Objekt notwendigerweise zu, *unabhängig von seiner Entfaltung im Wirken*, charakterisieren also das unentfaltete Sein des Objekts. Diese heißen *essentielle Attribute* (von lat. *essentia* = Wesen) oder *Wesensattribute*. So gehören das Sokratessein, Menschsein, Lebewesensein und Vernünftigsein zu den essentiellen Attributen des Sokrates (Sätze (0) bis (3)). Die Gesamtheit der essentiellen Attribute heißt das *physische Wesen* des Objekts.[57]

---

[57] Das physische ist vom *metaphysischen* Wesen zu unterscheiden: Unter dem (oder einem) *metaphysischen Wesen* von *X* versteht man einen *möglichst kleinen* Teil des physischen Wesens: eine Gesamtheit *M* essentieller Attribute, mit der man das Objekt *definieren* kann, und zwar so, dass aus dem Vorhandensein der in *M* zusammengestellten Wesensattribute das Vorhandensein aller übrigen notwendig folgt und *auf möglichst leichte Weise* einsichtig gemacht werden kann. Das metaphysische Wesen ist also kurz gesagt so etwas wie ein „ausgezeichnetes Charakteristikum“ des Objekts. Beim Menschen bestünde das metaphysische Wesen aus den beiden Attributen des Vernünftigseins und des Sinnenwesenseins, wenn die klassische Definition «der Mensch ist ein vernünftiges Sinnenwesen» zutrifft (vgl. hierzu den obigen Abschnitt über Definitionen). Im Gegensatz zur scholastischen Tradition muss man wohl sagen, dass ein und dasselbe Objekt

2. Andere Attribute charakterisieren das, was das Objekt „über das eigene Selbst hinaus" ist, z.B. durch seine Entfaltung im eigenen Wirken, etwa gehen und nachdenken, aber auch durch seinen Bezug zu Raum und Zeit oder zu anderen Seienden (Beispielsätze (4) bis (8)). Sie heißen *akzidentielle Attribute* (von. *accidens* = zufällig hinzukommend). Diese Attribute sind Ergänzungen, die den durch die Wesensattribute schon vollständig bestimmten Sokrates weiter ausgestalten und entfalten.

Anstatt *konkreter Attribute* (Sokrates ist «*dieser* Mensch», «*dieses* Lebewesen») kann «*ist*» einem Subjekt auch *abstrakte Attribute* zuschreiben (Sokrates ist «*ein* Mensch», «*ein* Lebewesen»). Hier will man sagen, das Sokrates unter den abstrakten Begriff *Mensch, Lebewesen* usw. fällt, also eine Instanz des Begriffs ist. Das Wort «*ist*» hat dann die Bedeutung «*gehört zu*» oder «*ist Element von*» und entspricht dem mathematischen Elementzeichen $\in$, d.h. «*Sokrates ist (ein) Mensch*» könnte man formalisiert darstellen durch die Formel $S \in M$, wobei S für Sokrates und M für die Menge aller Menschen steht. Manchmal ist auch der Subjektsbegriff ein abstrakter Allgemeinbegriff (z.B. in dem Satz «*ein Mensch ist ein Lebewesen*»), dann entspricht das Wort «*ist*» dem mengentheoretischen Inklusionszeichen $\subseteq$, d.h. ein solcher Satz wäre darzustellen durch $M \subseteq L$, wobei M die Klasse der Menschen und L die Klasse der Lebewesen ist, und bedeutet, dass M Teilklasse von L ist, also alle Elemente von M in L liegen. Insgesamt hat also das Wort «*ist*» als Kopula vier Bedeutungen:

mehrere metaphysische Wesen haben kann, da es oft mehrere „gleich gute" Definitionen derselben Sache gibt (Beispiel: das Dreieck ist «eine zusammenhängende ebene Figur mit drei Seiten» und auch eine solche «mit drei Ecken»).

(1) das Subjekt und das Prädikat sind identisch (=)

(2) das Subjekt ist Element des Prädikats (∈)

(3) das Subjekt ist Teilklasse des Prädikates (⊆)

(4) das Prädikat ist ein seinsmäßiges Konstitutivum des Subjekts.

Für die Beziehung (4) gibt es kein allgemein akzeptiertes Symbol. Es handelt sich hier weder um Identität, noch um die Element-, noch um die Teilklassenbeziehung. Die Gleichheitslogik betrachtet nur Aussagen, in denen «*ist*» die Bedeutung (1) hat; (2) und (3) gehören in die Prädikatenlogik, (3) gehört auch in die Syllogistik, (4) ist formal-logisch bislang kaum systematisch erschlossen.

Das Wort ist/sein kann noch andere Bedeutungen haben, wenn es nicht als Kopula verwendet wird. Eine solche Bedeutung von «*ist*» ist die *veritative*, in der das Wort als Ausdruck und Bekräftigung der Wahrheit verwendet wird, so z.B. in der Wendung «*es ist der Fall, dass ...*».

Neben seiner (vieldeutigen) *kopulativen* und und seiner *veritativen* Verwendung wird das Wort ist/sein drittens auch noch *prädikativ* verwendet (z.B. in Ausdrücken wie «*Gott ist*» (= existiert), und «*alles, was ist*» sowie «*das Seiende*». Hier bezeichnet ist/sein einen *transzendentalen* (= alle Kategorien überschreitenden) Begriff, und zwar den allgemeinsten aller Begriffe. Es ist umstritten, ob dieses «Sein» ein *reales* Prädikat ist (Kant lehnt dies ab) und ob der entsprechende Begriff univok oder analog ist. Man kann auch mehrere Seinsbegriffe unterschieden: Im weitesten Sinn sagt bezieht sich das Sein auf jede (auch nichtexistente, widersprüchliche) *Gegebenheit*, im engeren Sinn bezieht es sich nur auf konsistente (wirkliche oder mögliche) objektive Gegebenheiten, d.h. auf *Existenz*, und im engsten Sinn nur auf wirkliche (= subjekt-unabhängig wirksame) Existenz, d.h. auf *Wirklichkeit*.

3. Mengenlehre

Grundbegriffe (Menge, Klasse, Individuum). Unter eine *Menge* versteht man nach Georg Cantor († 1918) eine Zusammenfassung von Objekten unserer Anschauung oder unseres Denkens, die wir *Elemente* der Menge nennen, zu einer Einheit. Mengen sind ebenso wie ihre Elemente selbst keine Vielheiten, sondern *Einheiten* (*Individuen*).[58] Aber es sind spezielle Individuen, nämlich solche, die *Vielheiten repräsentieren* können. Wir können uns Mengen vorstellen als geistige Klammern, Kreise, Behälter, Listen usw., welche die in ihnen enthaltenen Objekte (die wir ihre *Elemente* nennen) umfassen. So sind Mengen Objekte, die „über" ihren Elementen stehen. Auch *Einermengen* (Mengen mit nur einem einzigen Element) sind nicht mit ihrem Element identisch, sondern stehen „über" ihm, und die *leere Menge* (eine Menge, die gar kein Element hat) ist kein Nichts, sondern so etwas wie ein „leerer Gedankensack". Man kann sich eine Menge als einen Begriff vorstellen (siehe Abschnitt 1.6) – d.h. als einen Gedanken, der sich auf mehrere Objekte beziehen kann – der aber im Gegensatz zu einem gewöhnlichen Begriff *rein extensional* ist, also nichts zu den unter ihn fallenden Objekten hinzufügt, insbesondere keine Reihenfolge oder sonstige Beziehung zwischen den Objekten. Außerdem identifizieren wir Mengen nicht mit konkret gedachten Begriffen, sondern mit „Formen möglicher Gedanken", die als reine Möglichkeiten auch dann vorhanden wären, wenn niemand

---

[58] Wörtlich bedeutet *Individuum* etwas *Unteilbares*. Hier sind aber mit „Individuen" nicht bloß unteilbare Entitäten *im strengen Sinn* gemeint (etwa *Punkte*), sondern auch Entitäten, die wir deshalb als Einheiten auffassen, weil sie durch eine übersichtliche, klar definierte Grenze in einen dazugehörigen Innenbereich und einen nicht dazu gehörigen Außenbereich abgegrenzt sind, z.B. *Personen*, *Zeichen*, *Länder* usw. Zu den Individuen gehören nahezu alle Objekte spezialwissenschaftlicher Diskurse, und eben auch die *Mengen*.

konkret an sie denken würde. Allein diese sehr abstrakte Mengenvorstellung ist mit dem ***Extensionalitätsaxiom*** der Mengenlehre vereinbar: *Dass es keine zwei Mengen gibt, die genau dieselben Elemente haben* (so gibt es nur *eine* leere Menge, während es *viele* leere Begriffe gibt).

Die Menge, die die Individuen $a, b, c, \ldots$ als ihre Elemente enthält, bezeichnet man mit $\{a, b, c, \ldots\}$. Zu jedem einzelnen Individuum a ist demnach $\{a\}$ die einelementige Menge, die nur a umfasst; für diese können wir aber auch $\{a, a\}$, $\{a, a, a\}$ usw. schreiben. Es gibt auch die leere Menge $\{\}$, die gar kein Element hat und auch mit $\emptyset$ bezeichnet wird. Gewisse Standardmengen bezeichnet man gern mit sog. Blackboard-Buchstaben $\mathbb{A}$, $\mathbb{B}$ usw. Die wichtigsten sind:

$\mathbb{N}$, die Menge der *natürlichen Zahlen* $\{1, 2, 3, \ldots\}$,
$\mathbb{Z}$, die Menge der *ganzen Zahlen* $\{\ldots, -2, -1, 0, 1, 2, 3, \ldots\}$,
$\mathbb{Q}$, die Menge der *Quotienten* oder *Bruchzahlen*, d.h. aller Zahlen, die sich als Bruch z/n darstellen lassen mit z aus $\mathbb{Z}$ und n aus $\mathbb{N}$,
$\mathbb{R}$, die Menge der *reellen Zahlen*: Zahlen, die man als unendliche Dezimalbrüche bzw. Punkte auf der Zahlengeraden darstellt.

Vielheiten, die nicht nur unendlich sind (wie die Vielheiten der Elemente der uns vertrauten oben genannten Zahlenmengen), sondern „uferlos unendlich" und „unvorstellbar groß" sind, derart dass es keinen klaren einheitlichen abstrakten Gedanken mehr gibt, der alle diese Individuen umfasst, bezeichnet man im Gegensatz zu den konsistenten Klassen (Mengen) als *Unmengen* oder als *inkonsistente Vielheiten* oder als *echte* Klassen. Ein Beispiel hierfür ist die *Russellsche Klasse*, die alle sich nicht selbst enthaltenden Mengen enthält, die nicht konsistent als Menge gedacht werden kann, wie wir in Kap. 1.9 sahen. Zusammen mit den konsistenten Klassen (= Mengen) bezeichnet man die inkonsistenten oder echten Klassen (= Unmengen) kurz als *Klassen*. Die Individuen, aus denen eine Unmenge besteht, bezeichnet man als ihre Elemente, so dass wir den Elementbegriff von den Mengen auch auf Unmengen und somit auf alle Klassen ausdehnen. Die echten Klassen oder Unmengen sind aber selbst keine Individuen, sondern Vielheiten, die so groß sind, dass sie nicht durch einen einzigen Gedanken zusammenfassbar sind, und *können daher im Gegensatz zu den Mengen nicht selbst als Elemente von noch etwas Größerem auftreten.* So ergibt sich auch eine plausible Lösung des Russellschen Paradoxons: Eine *Menge* aller Mengen, die sich nicht selbst enthalten, gibt es nicht, wohl aber eine *Unmenge* (echte Klasse), die alle sich nicht selbst enthaltenen Mengen enthält. Die *nicht sich selbst enthaltenden* Mengen sind den meisten heutigen Mengentheoretikern zufolge *alle Mengen überhaupt:* Denn man kann bei einem realistischen Mengenbegriff vernünftigerweise davon ausgehen, dass sich *keine* Menge selbst enthält, weil jede Menge „über" ihren Elementen steht; diese Annahme wird als ***Anti-Zirkularitätsaxiom*** bezeichnet. Die Frage, ob die „Russellsche Klasse" sich selbst enthält oder nicht, kann nun mit einem klaren „Nein" beantwortet werden, das nicht mehr zu einem Widerspruch führt, weil diese Klasse kein Menge mehr ist. Die zwei wichtigsten Unmengen sind nun

$\mathbb{M}$: die Klasse aller *Mengen* (die Russellsche Klasse) und
$\mathbb{D}$: die Klasse alle *Dinge* oder Individuen, die auch die *Allklasse* heißt und noch umfassender als $\mathbb{M}$ ist, also erst recht eine Unmenge sein muss.[59]

Dass es unendlich viele Unmengen gibt, lässt sich leicht einsehen: Jede Menge M umfasst (auch wenn sie unendlich viele Elemente hat) eine übersichtliche, klar nach außen abgegrenzte Gruppe von Elementen; insbesondere hat sie unendlich viele sog. *Außenindividuen*: Individuen,

[59] Mengen sind spezielle Individuen und liegen deshalb in $\mathbb{D}$; sofern man außer Mengen noch andere Individuen (sog. *Urelemente*) in die Betrachtung einbezieht, ist $\mathbb{D}$ umfassender als $\mathbb{M}$.

die *nicht* in *M* liegen. Z.B. liegt wegen des Antizirkularitätsaxioms *M* selbst nicht in M. Weitere Außenindividuen von *M* sind z.B. die unendlich vielen *Einermengen* {*M*}, {{*M*}}, {{{M}}} usw. Es gibt nun ein einfaches *Verfahren zur Zusammenstellung einer Unmenge.*[60] Man wähle zu jeder Menge *M* irgend eines der unendlich vielen Außenindividuen von *M* aus und nennen es i_M. *Dann ist die Klasse U all dieser ausgewählten Außenindividuen* i_M *eine Unmenge.* Zum Beweis dieser Behauptung sei angenommen, *U* wäre keine Unmenge, dann müsste *U* eine Menge sein. Aber wir hatten zu *jeder* Menge ein Außenindividuum gewählt, das nun Element von U ist. Ist also U selbst eine Menge, haben wird auch ein Außenindividuum i_U von U ausgewählt, das nun Element von U ist. Das steht aber im Widerspruch dazu, dass i_U als *Außen*individuum kein Element von *U* sein kann. So ist i_U zugleich Element von U und kein Element von U. Dieser Widerspruch zeigt, dass die Annahme falsch war, und *U* folglich eine Unmenge sein muss. Wenn wir insbesondere als Außenindividuum jeder Menge *M* immer die Menge *M* selbst wählen, ist die Klasse *U* der so gewählten Außenindividuen die Klasse $\mathbb{M}$ aller Mengen, deren Unmengencharakter wir damit formal bewiesen haben.

Zu einer beliebigen Auswahl von Individuen gibt es offenbar stets genau eine Klasse, die genau diese Individuen als Elemente besitzt: Dies ist das ***Komprehensionsaxiom*** der Mengenlehre. Bezeichnet *x* ein Individuum und *C* eine Klasse, schreibt man für «*x ist Element von C*» kurz $x \in C$ und für «*x ist kein Element von C*» kurz $x \notin C$. Individuen, die keine Klassen (insbesondere keine Mengen) sind, bezeichnet man als *Urelemente*, und fasst Urelemente, Mengen und Unmengen als *Objekte* (der Mengenlehre) zusammen. Die Objekte zerfallen in Individuen (= Urele-

[60] Dieses habe ich erstmals in meiner Dissertation *Unendlichkeit im Schnittpunkt von Mathematik und Theologie* (Göttingen, 2005, S. 75) beschrieben.

mente und Mengen) und inkonsistente Vielheiten (= Unmengen).[61] Verteilt man nun in einer schematischen Vorstellung die verschiedenen Arten von Objekten auf verschiedene Areale der Schreibfläche, erhält man folgende Übersicht:

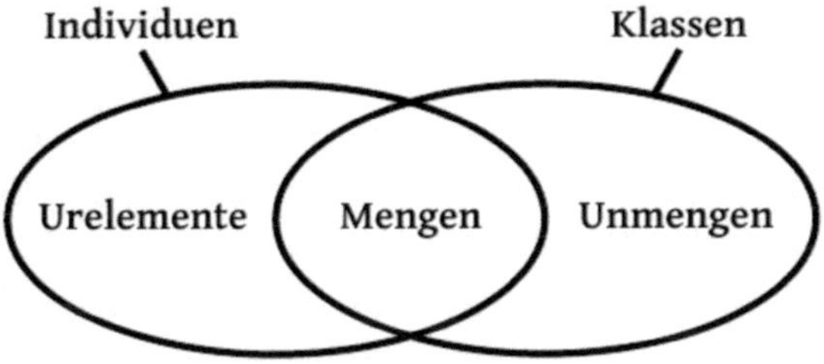

Ist v eine Variable und $\mathcal{A}$ eine Aussageform, die wir als Beschreibung einer Eigenschaft auffassen, die gewisse mit v bezeichnete Objekte haben können, deren Wahrheitswert also von der Interpretation von v abhängt, so schreiben wir für $\mathcal{A}$ auch $\mathcal{A}((v))$, was gelesen wird: „$\mathcal{A}$ von v".[62] So könnte z.B. $\mathcal{A}((v))$ die Aussageform «*v ist eine Primzahl, die kleiner als hundert ist*» sein. Man bezeichnet dann mit

$$\{x \mid \mathcal{A}((v))\} \quad \text{[lies: Klasse aller } v\text{, für die gilt: } \mathcal{A}((v))]$$

die Klasse, die genau diejenigen *Individuen a* enthält, für die $\mathcal{A}((v))$ wahr wird, sobald man die Variable v als Bezeichnung für a interpretiert.

---

[61] Konsistente Vielheiten (relativ kleine, zu Einheiten zusammenfassbare Vielheiten) benötigt man nicht, denn als Ersatz für diese hat man ja die Mengen.

[62] Üblicherweise schreibt man $\mathcal{A}(v)$, nimmt also, um den Ausdruck $\mathcal{A}$ als von v abhängig kennzeichnen, die gewöhnlichen runden Klammern. Es trägt aber zur Klarheit bei, wenn man hierfür eigene Klammern nimmt; ich schlage hierfür die doppelten runden Klammern ((,)) vor. Da man das, was hiermit eingeklammert wird, auch einen *Parameter* (griech. Nebenmaß) für $\mathcal{A}$ nennt, kann man diese Klammern *Parameterklammern* nennen. Siehe Genaueres zum Gebrauch dieser Klammern und der damit gebildeten metasprachlichen Ausdrücke auf S. 217–219.

Wichtig ist, dass die Klasse nicht alle *Objekte*, sondern nur alle *Individuen* mit der genannten Eigenschaft enthält, denn Klassen enthalten keine Unmengen, und generell laufen unsere Variablen, wie wie in der Prädikatenlogik sehen werden, im formalen Gebrauch nur über Individuen. Für $\{v \mid \mathcal{A}(v)\}$ schreibt man auch kürzer

$$\mathsf{K}\, v\, \mathcal{A}(v)$$

mit dem Zeichen K, dem sog. *Klassenoperator*. Es handelt sich um den Umfang des Begriffs «*Individuum v, für das $\mathcal{A}(v)$ gilt*». Die oben eingeführte Klassenbezeichnung {a, b, c, ...} nennt man eine *aufzählende* Klassenkennzeichnung, $\{v \mid \mathcal{A}(v)\}$ alias $\mathsf{K}\, v\, \mathcal{A}(v)$ dagegen heißt eine *beschreibende* Klassenkennzeichnung. Beispiele:

- $\{x \mid x \neq x\} = \{\} = \emptyset$,
- $\{x \mid x = a\} = \{a\}$,
- $\{x \mid x = a$ oder $x = b\} = \{a, b\}$ usw.[63]
- $\{x \mid x = x\}$ ist die sog. Allklasse, die Klasse aller Individuen $\mathbb{D}$.
- $\{x \mid x \notin x\}$ = die Russellsche Klasse, die Klasse aller Mengen $\mathbb{M}$.

Da Unmengen nicht Elemente einer Klasse sein können, werden diese in der aufzählenden Klassenbeschreibung ignoriert, so ist $\{a, \mathbb{D}\} = \{a\}$.

Klassen veranschaulicht man durch *Klassen- bzw. Mengendiagramme:* geschlossene, kreisähnliche Kurven, wobei man sich die Elemente in der umschlossenen Fläche lokalisiert denkt (die man oft schraffiert oder dunkel einfärbt); manchmal schreibt man Bezeichnungen aller oder einiger Elemente der Menge in die Fläche hinein oder symbolisiert die Elemente durch markierte Punkte der Fläche.

---

[63] Man kann also die aufzählende Klassenkennzeichnung durch die beschreibende Klassenkennzeichnung definieren, die in jedem Fall fundamentaler ist.

Beziehungen und Verknüpfungen zwischen Klassen. Sind T und C Klassen, so heißt T eine *Teilklasse* von C und zugleich C eine *Oberklasse* von T, wenn es kein Element von T gibt, das nicht auch ein Element von C ist; dann schreibt man $T \subseteq C$ oder $C \supseteq T$, und sagt, dass zwischen T und C (in dieser Reihenfolge) die *Inklusionsbeziehung* besteht. Insbesondere ist jede Klasse C eine Teilklasse von sich selbst ($C \subseteq C$) und die leere Menge ist Teilklasse von jeder Klasse ($\emptyset \subseteq C$). Ist T eine von C selbst verschiedene Teilklasse von C, so heißt T eine *echte Teilklasse* von C und C eine *echte Oberklasse* von T und man schreibt $T \subset C$ oder $C \supset T$. Ist T eine Menge, sagt man statt (echte) Teilklasse auch (echte) Teil*menge*, und statt (echte) Oberklasse auch (echte) Ober*menge*.

Ist M eine Menge, so sind auch alle Klassen, die „kleiner" als M sind, Mengen, insbesondere sind alle Teilmengen von M auch selbst Mengen. Diese Feststellung nennt man das ***Teilmengenaxiom.*** Zu den Teilklassen einer Unmenge gehören dagegen sowohl Mengen als auch Unmengen.

Die Klasse aller Teil*mengen* einer Klasse M heißt die *Potenzklasse* $\mathscr{P}(M)$ von M. Ist M endlich und hat n Elemente, so hat $\mathscr{P}(M)$ genau 2^n Elemente. Hat z.B. eine Menge drei Elemente, d.h. ist $M = \{a, b, c\}$, wobei a, b, c voneinander verschieden sind, so hat die Potenzmenge von M genau 2^3 (= 8) Elemente, und zwar ist dann

$$\mathscr{P}(\mathrm{M}) = \{\{\}, \{a\}, \{b\}, \{c\}, \{a, b\}, \{b, c\}, \{a, c\}, \{a, b, c\}\}.$$

Die sieben zuerst aufgezählten von den acht Teilmengen (alle Teilmengen von M außer M selbst) sind die echte Teilmengen von M.

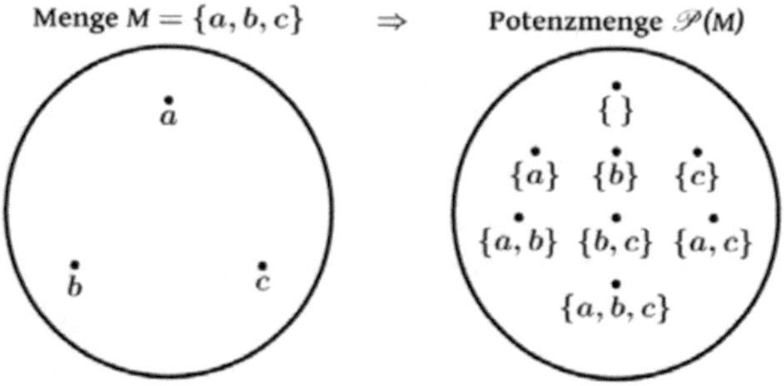

Für eine Menge M und eine Aussageform $\mathcal{A}(v)$ enthält die Klasse $\{x \mid x \in M \text{ und } \mathcal{A}(x)\}$ nur Elemente von M und ist daher eine Teilmenge von M. Für diese schreibt man auch

$$\{v \in M \mid \mathcal{A}(v)\} \quad \text{[lies: \textit{Klasse} aller } v \text{ aus } M\text{, für die gilt: } \mathcal{A}(v)\text{].}$$

Sind $C_1, C_2, ..., C_n$ Klassen, so bezeichnet man die Klasse V, zu deren Elementen ein Individuum genau dann gehört, wenn es Element von *mindestens* einer dieser Klassen ist, als *Vereinigung* der Klassen $C_1, C_2, ...,$ und die Klasse S, zu deren Elemente ein Individuum genau dann gehört, wenn es zugleich Element von allen diesen Klassen ist, als *Schnitt* der Klassen $C_1, C_2, ..., C_n$. Ist die Schnitt die leere Menge, haben also die aufgezählten Klassen keine gemeinsamen Elemente, sagt man, dass die Klassen *disjunkt* sind. Die Vereinigung [bzw. den Schnitt] der Klassen $C_1, C_2, ..., C_n$ bezeichnet man als $C_1 \cup C_2 \cup ... \cup C_n$ [bzw. $C_1 \cap C_2 \cap ... \cap C_n$]. Weiter nennt man die Klasse, die genau diejenigen Individuen als Elemente hat, die in C_1, aber nicht in C_2 liegen, die *Differenz* C_1 *vermindert um* C_2 und bezeichnet sie mit $C_1 \setminus C_2$. Hier existieren Bezugspunkte zur Arithmetik: Sind die Klassen A, B endliche Mengen, so gilt, wie man leicht einsieht:

- Hat A genau n Elemente und B genau m Elemente und sind A, B disjunkt, so hat die Vereinigungsklasse $A \cup B$ genau $n + m$ Elemente.

- Hat A genau n Elemente und B genau m Elemente und ist B Teilmenge von A, so hat die Differenzmenge $A \setminus B$ genau $n-m$ Elemente.

Oft betrachtet man in der Mengentheorie nur Klassen, die Teilklassen ein und derselben Grundklasse $\mathbb{G}$ sind (ist keine Grundklasse explizit angegeben, denkt man sich die größte Klasse $\mathbb{D}$ als Grundklasse). Man versteht dann unter dem Komplement $\complement A$ einer Klasse A die Klasse $\mathbb{G} \setminus A$, die alle Elemente des Grundbereichs enthält, die *nicht* in A liegen. Die üblichen Veranschaulichungen der möglichen Lage zweier Klassen zueinander sind nun folgende:

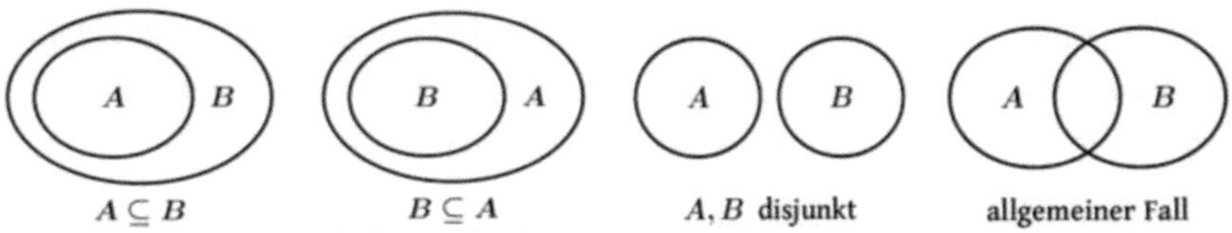

Die mit A und B neu gebildeten Klassen veranschaulicht man wie folgt:

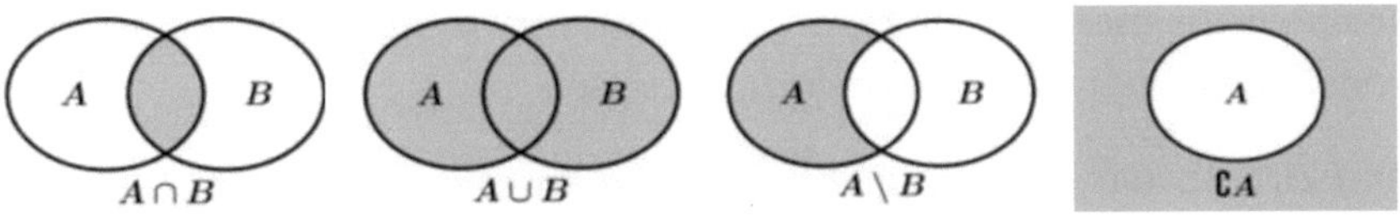

Ist C eine Klasse, deren Elemente Mengen sind, bezeichnet $\bigcup C$ bzw. $\bigcap C$ die Vereinigungs- bzw. Schnittklasse *aller* in C enthaltenen Mengen.

Ist $\mathcal{A}$ eine Kennzeichnungsform, die in Abhängigkeit von einer Variablen i ein Objekt kennzeichnet, also z.B. $\{i, \emptyset\}$, so schreiben wir für $\mathcal{A}$ auch $\mathcal{A}(i)$, lies: „$\mathcal{A}$ von i“.[64] Ist nun das Objekt, das $\mathcal{A}(i)$ bezeichnet, sobald man i als Bezeichnung für ein Element einer bestimmten Klasse I interpretiert, stets selbst eine Klasse, so bezeichnet man mit $\bigcup_{i \in I} \mathcal{A}(i)$ bzw. $\bigcap_{i \in I} \mathcal{A}(i)$ [lies: Vereinigung bzw. Schnitt aller

[64] Nur Notation siehe Fußnote 62.

Klassen $\mathcal{A}(i)$ für i aus I] die Vereinigung bzw. den Schnitt *aller* Klassen, die $\mathcal{A}(i)$ bezeichnet, wenn man i der Reihe nach als Bezeichnung für alle Elemente von I interpretiert. Man beachte den Unterschied zwischen $\bigcup C$ [bzw. $\bigcap C$] und $\bigcup_{i \in I} \mathcal{A}(i)$ [bzw. $\bigcap_{i \in I} \mathcal{A}(i)$]: während $\bigcup C$ [bzw. $\bigcap C$] eine Vereinigungen [bzw. ein Schnitt] beliebig viele *Mengen* ist, ist $\bigcup_{i \in I} \mathcal{A}(i)$ [bzw. $\bigcap_{i \in I} \mathcal{A}(i)$] noch allgemeiner, nämlich die Vereinigung [bzw. der Schnitt] beliebige vieler *Klassen.*

Axiome. Zu den zehn klassischen Axiomen der Zermelo-Fraenkelschen Mengenlehre gehören außer den vier oben schon genannten (*Extensionalitätsaxiom, Komprehensionsaxiom, Anti-Zirkularitätsaxiom* und *Teilmengenaxiom*) noch sechs weitere. Ursprünglich wurden sie nur für Mengen formuliert. In seiner Erweiterung auf Klassen lautet sie:

Extensionalitätsaxiom: Verschiedene Klassen haben nicht genau dieselben Elemente.

Komprehensionsaxiom: Zu jeder Auswahl von Individuen gibt es eine genau diese Individuen enthaltende Klasse.

Anti-Zirkularitätsaxiom: Es gibt keine zirkulären $\in$-Ketten der Form $a_1 \in a_2 \in \ldots \in a_n \in a_1$ (insbesondere gilt immer $a \notin a$).

Teilmengenaxiom: Jede Teilklasse einer Menge ist eine Menge.

Ersetzungsaxiom: Ersetzt man in einer Menge ein Element durch ein anderes Individuum, erhält man wieder eine Menge.

Auswahlaxiom: Zu jeder Menge M, deren Elemente zueinander disjunkte nichtleere Mengen sind, gibt es eine sog. Auswahlmenge, d.h. eine Menge, die mit jeder Menge X aus M genau ein Element gemeinsam hat.

Paarmengenaxiom: Für Individuen x, y ist $\{x, y\}$ immer eine Menge.

Vereinigungsmengenaxiom: Die Vereinigungsklasse $\bigcup M$ aller Mengen, die Elemente einer Menge M sind, ist eine Menge.

Potenzmengenaxiom: Ist M eine Menge, so ist auch $\mathscr{P}(M)$ eine Menge.

Unendlichkeitsaxiom: Es gibt eine unendliche Menge (oder: die Klasse $\mathbb{N}$ der natürlichen Zahlen ist eine Menge).

Geordnete Paare. Für Objekte x,y bestimmt man ein neues mengentheoretisches Objekt: das *geordnete Paar* $\langle x,y\rangle$, bei dem es *auf die Reihenfolge ankommt*, so dass $\langle x,y\rangle$ im Fall $x \neq y$ von $\langle y,x\rangle$ verschieden ist. Beachte: Die Menge $\{x,y\}$ kann man hierfür nicht nehmen, denn erstens ist diese nur für Individuen x, y definiert, und zweitens ist $\{x,y\} = \{y,x\}$.

- Für den Fall, dass x und y Individuen sind, definieren wir als das geordnete (Individuen-)*Paar* $\langle x,y\rangle$ die Menge $\{\{x\},\{x,y\}\}$.
- Ist U Unmenge und y ein Individuum, sei das *Paar* $\langle U,y\rangle$ die Klasse aller Individuenpaare $\langle u,y\rangle$ mit u aus U.
- Ist x Individuum und V Unmenge, sei das Paar $\langle x,V\rangle$ die Klasse aller Individuenpaare $\langle x,v\rangle$ mit v aus V.
- Sind U und V Unmengen, sei das Paar $\langle U,V\rangle$ die Klasse aller Individuenpaare $\langle u,v\rangle$ mit u aus U und v aus V.

Mit diesen Definitionen ist das Verlangte erreicht. In einem Paar kommt es auf die Reihenfolge an, und wir nennen x die *erste* und y die *zweite Komponente* des geordneten Paares $\langle x,y\rangle$. Sind nun x,y,z Objekte, so verstehen wir unter dem (geordneten) *Tripel* $\langle x,y,z\rangle$ die Klasse $\langle\langle x, y\rangle,z\rangle$ und nennen x die *erste Komponente*, y die *zweite Komponente* und z die *dritte Komponente* des Tripels; es kommt auch hier auf die Reihenfolge an. Man nennt geordnete Paare auch *2-Tupel*, geordnete Tripel auch *3-Tupel* und definiert entsprechende *4-Tupel*, *5-Tupel* usw., also allgemein *n-Tupel* für jede natürliche Zahl n mit $n > 1$. Unter einem *1-*

Tupel versteht man außerdem jedes einzelne Objekt a, für das man daher auch ⟨a⟩ schreibt, und unter einem *0-Tupel* die leere Menge, für die man daher auch ⟨⟩ schreibt. Es ist bemerkenswert, dass man in einem Tupel beliebige Objekte (auch Unmengen) geordnet zusammenfassen kann, während eine ungeordnete Zusammenfassung von Objekten – in einer Menge oder Klasse – keine Unmengen enthalten kann. Es ist ja $\{a, \mathbb{D}\} = \{a\}$, denn die Unmenge $\mathbb{D}$ wird ignoriert, aber $\langle a, \mathbb{D}\rangle$ ist das Paar, als dessen zweite Komponente die Unmenge $\mathbb{D}$ auftaucht.

Mit Hilfe der n-Tupel können wir jetzt neue Klassen definieren. Sind *A* und *B* Klassen, bezeichnet man mit A × B [lies: *A kreuz B*] das sog. *Kreuzprodukt* von *A* und *B*: die Klasse, deren Elemente die Individuen-Paare $\langle a, b\rangle$ mit *a* aus *A* und *b* aus *B* sind. Sind *A* und *B* endliche Mengen, und hat *A* genau *n* und *B* genau *m* Elemente, so hat $A \times B$ $n \cdot m$ Elemente, wie es das nebenstehende Bild veranschaulicht.

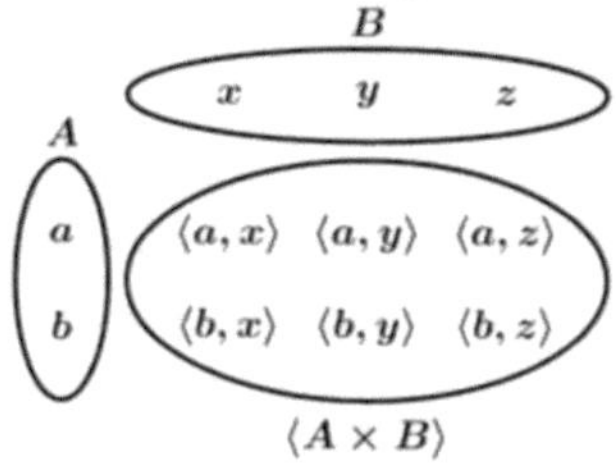

Allgemeiner bezeichnet $A_1 \times A_2 \times \ldots \times A_n$ für Klassen $A_1, \ldots, A_n$ die Klasse aller *n*-Tupel mit erste Komponente aus A_1, zweiter Komponente aus $A_2, \ldots$ und *n*-ter Komponente aus A_n, und für natürliche Zahlen *n* und Klassen *A* verstehen wir unter A^n [lies: *A-n* oder *A hoch n*] die Klasse aller n-Tupel mit Komponenten aus A, d.h. die Klasse $A \times A \times \ldots \times A$ (mit n Kreuzen)*; die exakte rekursive Definition lautet:*
$A^1 := A$ *und für* jedes *n*: $A^{n+1} := A^n \times A$.
Ist *A* endlich und hat genau *a* Elemente, so hat A^n genau a^n Elemente.

Relationen. Eine *n-stellige Relation* (oder *Beziehung, Korrespondenz*) *R* ist eine Klasse, deren Elemente *n*-Tupel sind, und unter einer *Relation* (schlechthin) versteht man eine 2-stellige Relation, also eine Klasse von Paaren. Eine 1-*stellige Relationen* ist außerdem dasselbe wie eine Klasse

(es gibt auch zwei *0-stellige Relationen*, nämlich die beiden Wahrheitswerte; siehe hierzu das Ende dieses Kapitels).
Unter dem *Feldbereich* Fd(*R*) einer *n*-stelligen Relation *R* versteht man die Klasse, deren Elemente die Komponenten der Elemente der Relation sind. Ist *R* eine (2-stellige) Relation, versteht man unter dem *Vorbereich* Vb(*R*) bzw. *Nachbereich* Nb(*R*) von *R* die Klasse, deren Elemente die ersten bzw. zweiten Komponenten der Elemente von *R* sind. Offenbar ist *R* stets eine Teilklasse von $\mathrm{Vb}(R) \times \mathrm{Nb}(R)$. Wenn $\langle x, y \rangle$ Element von R ist, sagen wir, dass R *dem Individuum x das Individuum y zuordnet* und können uns R als eine Menge von Zuordnungen vorstellen, durch die gewissen Elementen ihres Vorbereichs gewisse Elemente ihres Nachbereichs zugeordnet werden. Für Individuen *x und y* und Relationen *R* schreibt man für $\langle x, y \rangle \in R$ kurz xRy und sagt, dass *x* und *y* (in dieser Reihenfolge) *in der Relation R stehen*. Im Fall einer *n*-stelligen Relation schreibt man für $\langle x_1, \ldots, x_n \rangle \in R$ kurz $R\, x_1 \ldots x_n$ (standardisierte Relationsformel) und sagt, dass $x_1, \ldots, x_n$ in der Relation *R* stehen.

Man stellt Relationen durch sog. *Pfeildiagramme* dar, indem man links ein Klassen- bzw. Mengendiagramm ihres Vorbereichs und rechts ein Klassen- bzw. Mengendiagramm ihres Nachbereichs zeichnet und die Zuordnungen durch Pfeile symbolisiert, die von den links angeführten Elementen des Vorbereichs ausgehen und auf die entsprechenden rechts angeführten Elemente des Nachbereichs zeigen. Eine Relation R heißt *rechts-eindeutig*, wenn sie jedem Element x des (links dargestellten) Vorbereichs *genau ein* Element y des (*rechts* dargestellten) Nachbereichs zuordnet (dann geht von jedem links dargestellten Element nur *ein* Pfeil aus). Sie heißt *links-eindeutig*, wenn es zu jedem Element y des rechts dargestellten Nachbereichs) *genau ein* Element x des (*links* dargestellten) Vorbereichs gibt, dem die Relation y zuordnet (dann endet bei jedem rechts dargestellten Element nur *ein* Pfeil).

Unter einer *Funktion* versteht man nun eine rechts-eindeutige *Relation*, und unter einer *Bijektion* versteht man eine Relation, die sowohl rechts- als auch links-eindeutig ist; eine solche nennt man auch *ein-ein-deutig.* Das Pfeildiagramm einer Bijektion sieht also so aus, dass von jedem Element x des Vorbereichs nur *ein* Pfeil ausgeht, und auf jedes Element des Nachbereichs auch nur *ein* Pfeil zeigt (das Vorliegen einer Bijektion zeigt, dass Vor- und Nachbereich gleich viele Elemente haben und jedes Element links bzw. rechts über die Relation mit genau einem Partner-Element rechts bzw. links verbunden ist):

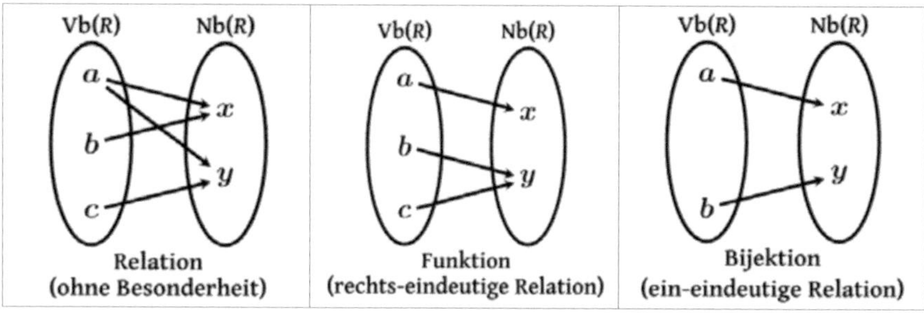

Eine Relation R mit endlichem Feldbereich kann man durch eine 2-spaltige (oder 2-zeilige) Tabelle definieren, bei der sich x und y genau dann gegenüberstehen, wenn $x\,R\,y$ gilt. Eine Relation R, deren Vor- und Nachbereich jeweils eine unendliche Zahlenmenge ist, kann man auch durch einen Figur in einem *x-y-Koordinatensystem* darstellen: Man zeichnet eine Figur (den sog. *Graphen* der Relation), derart, dass der Punkt (x, y) mit den Koordinaten x und y genau dann zur Figur gehört, wenn $x\,R\,y$ gilt. Für Funktionen gilt, dass ihr Graph jede Parallele zur y-Achse höchstens einmal

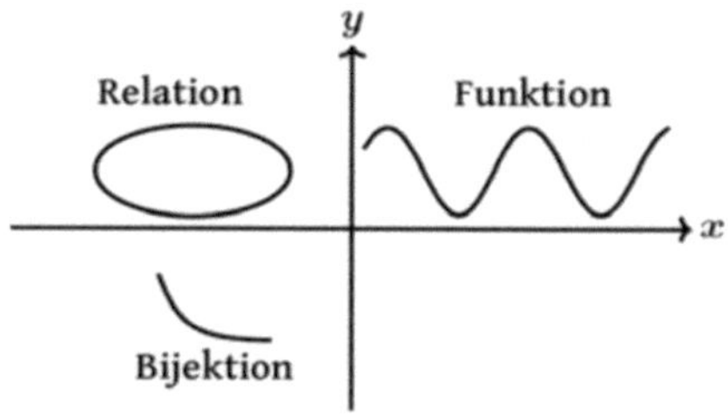

schneidet. Für Bijektionen gilt, dass ihr Graph auch jede Parallele zur x-Achse höchstens einmal schneidet. Eine Relation R heißt

- *reflexiv*, wenn für alle x ihres Feldbereichs gilt: $x R x$,
- *irreflexiv*, wenn $x R x$ stets falsch ist,
- *symmetrisch*, wenn aus $x R y$ stets $y R x$ folgt,
- *asymmetrisch*, wenn aus $x R y$ stets folgt, dass *nicht* $y R x$,
- *transitiv*, wenn aus $x R y$ *und* y R z stets x R z folgt,
- *komparativ*, wenn aus $x_1 R y$ *und* $x_2 R y$ stets $x_1 \mathrm{R} x_2$ folgt,
- *linear*, wenn für x, y aus Fd(R) stets $x R y$ oder $y R x$ oder $x = y$ gilt,
- *trichotom*, wenn für x, y aus Fd(R) *genau eine* dieser drei Formeln gilt,
- *Äquivalenzrelation*, wenn sie reflexiv, symmetrisch und transitiv ist,
- *Ordnungsrelation*, wenn sie irreflexiv und transitiv ist,
- *lineare Ordnungsrelation*, wenn sie irreflexiv, transitiv und linear ist.

Für Äquivalenzrelationen benutzt man als Zeichen gern $\sim$, für Ordnungsrelationen $<$. Äquivalenzrelationen kann man durch *Inseldiagramme* veranschaulichen, in denen man die zueinander in Relation stehenden Objekte durch beieinander stehende Bezeichnungen kennzeichnet. So ergeben sich Bezeichnungs-„Inseln“ derart, dass alle zur selben Insel gehörigen Bezeichnungen in der Relation stehen. Die Klassen der zur selben Insel gehörigen Objekte heißen die *Äquivalenzklassen* der Äquivalenzrelation.

Ordnungsrelationen veranschaulicht man durch *Ordnungsdiagramme*, in denen Bezeichnungen der Elemente des Feldbereichs so durch Linien verbunden werden, dass $x < y$ genau dann gilt, wenn x am linken und y am rechten Ende eines x und y verbindenden Linienzuges stehen. Ist die Ordnungsrelation linear, liegen alle Bezeichnungen auf einer einzigen unverzweigten Linie.

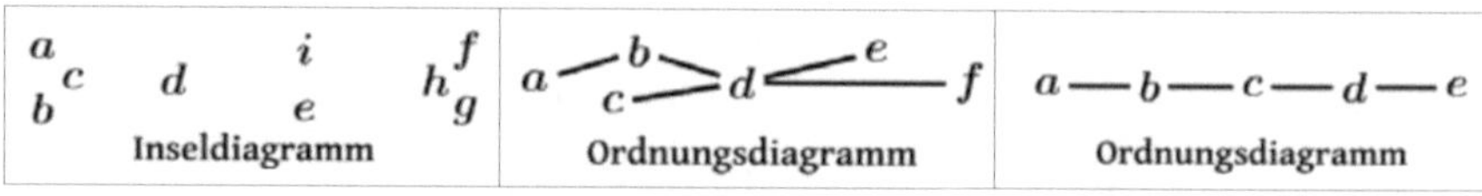

Inseldiagramm — Ordnungsdiagramm — Ordnungsdiagramm

Für die links dargestellte Äquivalenzrelation R gilt xRy, wann immer man für x und y zwei Elemente der Klasse $\{a, b, c\}$ oder der Klasse $\{e, i\}$ oder der Klasse $\{h, f, g\}$ einsetzt; außerdem gilt xRx für alle Elemente des Feldbereichs. Die Klassen der zusammengehörigen Feldobjekte $\{a, b, c\}$, $\{d\}$, $\{e, i\}$ und $\{h, f, g\}$ sind die *Äquivalenzklassen* der Relation.
Für die in der Mitte dargestellte (nicht-lineare) Ordnungsrelation S gilt z.B. aSb, bSd, dSe, cSd, dSf und alle daraus per Transitivität und Symmetrie ermittelbaren Beziehungen (wie aSd, aSe usw.), aber es gilt weder aSc *noch* cSa noch bSc noch cSb noch eSf noch fSe.
Rechts ist eine lineare Ordnungsrelation T dargestellt, für die xTy immer dann gilt, wenn x links von y dargestellt ist.

Eine besondere Relation ist für jede Klasse C die Identität auf C, die mit id_C bezeichnet wird, und für die $x\ id_C\ y$ genau dann gilt, wenn $x \in C$ und $x = y$. Ist R eine Relation, versteht man unter der *Umkehrrelation* R^{-1} von R die Relation, für die $x\ R^{-1}\ y$ genau dann gilt, wenn $y\ R\ x$ gilt. Ist R eine Funktion, nennt nennt man R^{-1} auch die *Umkehrfunktion* von R.
Sind R, S Relationen, versteht man unter der *Verkettung* (Komposition, Hintereinanderschaltung) von R nach S – in Zeichen: $R \circ S$ [lies: *R (ausgeführt) nach S*] die Relationen, für die $x\ (R \circ S)\ z$ genau dann gilt, wenn es ein y gibt mit $x\ S\ y$ *und* $y\ R\ z$.

Funktionen. Eine Funktion (oder Abbildung) f ist (wie oben schon erwähnt) eine rechts-eindeutige Relation, die jedem Element ihres Vorbereichs *genau ein* Element ihres Nachbereichs zuordnet. Der Vorbereich einer Funktion f heißt ihr *Definitionsbereich* Db(f) und seine Elemente die *Argumente* oder *Stellen* der Funktion; ihr Nachbereich heißt ihr *Wertebereich* Wb(*f*) und seine Elemente die *Werte* der Funktion. Ist *C* Klasse, heißt *f* «*von C*» (bzw. «*aus C*»), wenn *C* der Definitionsbereich bzw. eine Teilklasse des Definitionsbereichs von *f* ist; und *f* heißt «*in C*» (bzw. «*auf C*»), wenn *C* der Wertebereich bzw. eine Teilklasse des Wertebereichs von *f* ist. Die Aussage «*f ist eine Funktion von A in B*» kürzt man mit f: A ⟶ B ab. Der lange Pfeil zeigt also vom Definitionsbereich auf eine Klasse, die den Wertebereich umfasst. Gilt *x f y*, so ist *y* eindeutig bestimmt und heißt «*der Funktionswert von f an der Stelle x*» und wird meist bezeichnet mit *f*(*x*) [lies: *f von x*][65] oder auch mit f_x oder mit *fx* bezeichnet (Letzteres ist der *standardisierte Funktionsterm*). Wir sagen, dass *f* das Objekt *x* auf das Objekt *y* (= *f*(*x*)) «wirft» und deuten dies mit einem kürzeren Pfeil an: x → y [lies: *x wird auf y geworfen*].

Ist *A* eine Teilklasse des Definitionsbereichs von f, versteht man unter dem f-Bild on *A* die Klasse aller Funktionswerte f(x) mit x aus A, wofür man auch f[A] schreibt.

Ist $\mathcal{T}$⦅*v*⦆ ein von der Interpretation der Variable *v* abhängiger Term und *C* eine Klasse, schreiben wir ⟨*v* ∈ *C* → $\mathcal{T}$⦅*v*⦆⟩ [lies: *Funktion, die jedes v aus C auf* $\mathcal{T}$⦅*v*⦆ *wirft*) für die Funktion, deren Definitionsbereich *C* ist und die jedes Individuum *a* aus *C* auf das Objekt $\mathcal{T}$⦅*a*⦆ wirft, d.h. auf das Objekt, dass $\mathcal{T}$⦅*v*⦆ bezeichnet, wenn man *v* als Bezeichnung für *a* interpretiert.

---

[65] Die runden Klammern in f(x) werden hier als *Argumentklammern* bezeichnet, da sie das Argument x der Funktion f umschließen. Man sollte sie nicht verwechseln mit den *Parameterklammern* in $\mathcal{A}$⦅v⦆, die dazu auffordern, einen Ausdruck $\mathcal{A}$ in seiner Abhängigkeit vom eingeklammerten Ausdruck v zu betrachten, wofür wir die verdoppelten runden Klammern ⦅,⦆ benutzen, siehe Fußnote 62. Manche möchten die gewöhnlichen runden Klammern nur als *Gruppierungsklammern* einsetzen; dann muss auch für die Argumentklammern ein Ersatz gefunden werden. So ist z.B. von Oberschelp vorgeschlagen worden, statt f(x) zu schreiben: f ⊸ x.

Beispiele:

- Ist $f := \langle x \in \mathbb{R} \rightarrow x^2 \rangle$, so ist f die Funktion, die jeder reellen Zahl ihre Quadratzahl zuordnet. Für diese gilt z.B. $f(2) = 4$, $f(3) = 9$ usw.
- Ist $N := \langle x \in K \rightarrow$ Nachfolger von $x\rangle$ (mit K = Menge der antiken Herrscher, die einen Thronnachfolger hatten), so ist N eine Funktion mit *N*(*Saul*) = *David*, *N*(*David*) = *Salomon*, *N*(*Caesar*) = *Augustus* usw.

Sei M eine Menge, deren Elemente ebenfalls Mengen sind, dann verstehen wir unter ΠM oder $\times M$ [lies: Kreuzprodukt aller Mengen aus M] die Klasse aller sog. Auswahlfunktionen von M, das sind die Funktionen f: M $\longrightarrow \mathbb{D}$ mit für alle m aus *M*: f(m) $\in$ m.

Sei I eine Menge und A(*i*) ein von der Interpretation einer Variablen *i* abhängiger Term, derart, dass wenn *i* als Bezeichnung für ein Element von *I* interpretiert wird, A(*i*) in die Bezeichnung einer Klasse übergeht. Dann bezeichnet man mit $\times_{i \in I} \mathcal{A}(i)$ oder $\Pi_{i \in I} \mathcal{A}(i)$ [lies: Kreuzprodukt aller Klassen $\mathcal{A}(i)$ für *i* aus *I*] die Klasse aller Funktionen f: I $\longrightarrow \mathbb{D}$ mit für alle *i* aus *I*: f(i) $\in \mathcal{A}(i)$.[66]

Ist $\mathcal{A}(i)$ für alle i aus I stets dieselbe Klasse C, bezeichnet $\times_{i \in I} \mathcal{A}(i)$ die Klasse aller Funktionen von I in C. Hierfür schreibt man auch ${}^{I}C$ *[lies: I-C*, oder *hoch I* - *C*] und nennt dies ein I-*Tupel* (auf diese „funktionalen“ Tupel kommen wir weiter unten noch zu sprechen).[67]

---

[66] Damit diese Klasse existiert, dürfen die Funktionen keine Unmengen sein, und um dies zu gewährleisten, muss I (der Definitionsbereich dieser Funktionen) eine Menge sein, weshalb hier gefordert wird, dass I eine Menge (und nicht allgemeiner eine Klasse) ist.

[67] Üblich ist auch die Schreibweise C^I [lies: *C* hoch *I*], die man aber mit der Kreuzproduktmenge C^n verwechseln könnte.

Operationen. Eine *n-stellige Operation* ist eine Funktion, deren Argumente *n*-Tupel sind, und eine (gewöhnliche) *Operation* (schlechthin) ist eine *2-stellige* Operation, also eine Funktion, deren Argumente Paare sind. Zusätzlich ist eine 1-*stellige Operation* dasselbe wie eine Funktion, und es gibt auch *0-stellige Operationen* (das sind einfach beliebige Objekte, siehe hierzu mehr am Ende des Abschnitts über Mengenlehre). Gilt für eine *n*-stellige Operation *o*, dass $o(\langle x_1, x_2, ..., x_n\rangle) = z$, heißt *z* das *Ergebnis* der Verknüpfung von $x_1, x_2, ..., x_n$ (in dieser Reihenfolge) durch *o*. Für das Ergebnis $o(\langle a, b, ...\rangle)$ schreibt man einfacher $o(a, b, ...)$ oder $o_{a,b,...}$ (Indexschreibweise) oder reiht die Bezeichnungen aneinander *o a b ...* (*standardisierter Operationsterm*), und bei gewöhnlichen (2-stelligen) Operationen schreibt man für den Operationsterm *o a b* meist *a o b*.[68] Beispiele für Operationen sind die Addition + und die Multiplikation ·. Ein nichtmathematisches Beispiel wäre die Operation *M*, die jedem Zwillingspaar seine Mutter zuordnet. Da *Leda* Mutter von *Castor* und *Pollux* war, gilt *M*(*Castor*, *Pollux*) = *Leda*, oder *Castor M Pollux* = *Leda*.

Unmengenwertige und verallgemeinerte Funktionen (Familien). Ebenso wie die Elemente von Klassen sind auch die Feldobjekte von Relationen, und insbesondere die Argumente und Werte von gewöhnlichen Funktionen Individuen. Es ist aber auch möglich, *unmengenwertige Funktionen* zu definieren, zu deren Werten Unmengen gehören: Als un-

[68] Da Operationen zugleich Relationen sind, und für Relationen dieselbe Schreibweise üblich ist, muss klar sein, ob man *o als Operation* oder *als Relation* betrachtet. In der Praxis regelt man dies durch die Wahl des Zeichens, bei dessen Einführung man klarstellt, ob es ein „Operationszeichen“ oder „Relationszeichen“ ist (z.B. dient < immer als Relations- und + immer als Operationszeichen), und welches seine Stelligkeit ist. Möchte man ein und dasselbe Objekt einmal als Operation und ein anderes Mal als Relation ansprechen, führt man hierfür zwei verschiedene Zeichen für dieses Objekt ein: ein Relations- und ein Operationszeichen.

mengenwertige Funktion nimmt man eine Relation *f*, die nicht rechtseindeutig ist (also mindestens ein Element ihres Vorbereichs *mehreren* Individuen ihres Nachbereichs zuordnet), die aber immer dann, wenn sie ein Element *x* ihres Vorbereichs mehreren Individuen *y* zuordnet, dies immer so viele Individuen sind, dass die Klasse *U* all dieser Individuen eine Unmenge ist. Falls die Relation *f* einem Individuum *x* ihres Vorbereichs genau ein Individuum *y* zuordnet, bezeichnen wir dieses *y* wie bei einer gewöhnlichen Funktion als den «Funktionswert von *f* an der Stelle *x*», kurz: $f(x)$ oder f_x oder fx. Falls sie aber diesem *x* mehrere Individuen *y* zuordnet, die eine Unmenge *U* bilden, bezeichnen wir diese Unmenge *U* als den «Funktionswert von *f* an der Stelle *x*», kurz: $f(x)$ oder f_x oder fx. Gewöhnliche Funktionen und unmengenwertige Funktionen fassen wir als *verallgemeinerte Funktionen* zusammen, die auch *Familien* heißen. Der Vorbereich einer verallgemeinerten Funktion *f* heißt auch ihr *Indexbereich* oder *Definitionsbereich* Db(*f*), dessen Elemente heißen *Argumente* oder *Stellen* oder *Indizes* von *f* und die Objekte $f(x)$ für *x* aus Db(*f*) heißen die *Werte* von *f*. Ist f unmengenwertig, hat f aber keine Klasse als *Wertebereich*, denn zu den Werten von f gehören dann ja auch Unmengen, die nicht Elemente einer Klasse sein können.

Funktionale Tupel, Relationen und Operationen. Die bisher eingeführten Tupel haben eine Eigenschaft, die (für gewisse Anwendungen) nachteilig ist: jedes 2-Tupel $\langle a, b\rangle$ ist auch ein 1-Tupel (denn jedes Objekt ist ja ein 1-Tupel); jedes 3-Tupel $\langle a, b, c\rangle = \langle\langle a, b\rangle, c\rangle$ ist auch ein 2- und 1-Tupel; jedes 4-Tupel $\langle a, b, c, d\rangle = \langle\langle\langle a, b\rangle, c\rangle, d\rangle$ ist auch ein 3-, 2-, und 1-Tupel usw. Die *Stelligkeit n* des Tupels (also die Anzahl seiner Komponenten) ist also nicht eindeutig bestimmt, und so gilt auch für die Stelligkeit von Relationen und Operationen: Jede *n*-stellige Relation bzw. Operation ist zugleich *k*-stellig für jedes *k* mit $0 < k < n$.

Man kann diesen Nachteil durch kompliziertere Tupel, die *funktionalen Tupel*, beheben. Und zwar verstehen wir unter einem funktionalen Tupel eine verallgemeinerte Funktion (Familie), insofern diese als geordnete Zusammenfassung ihrer Werte angesehen wird. Bisher haben wir, um Objekte in einer Reihenfolge zusammenzufassen, in der „zuerst" ein Objekt x und „dann" ein Objekt y kommt, das Paar oder 2-Tupel $\langle x, y\rangle$ benutzt. Diese geordnete Zusammenfassung kann auch durch die verallgemeinerte Funktion f mit Definitionsbereich {1,2} dargestellt werden, die 1 auf x und 2 auf y wirft, also mit $f(1) = x$ und $f(2) = y$.[69] Wir nennen diese Funktion ein *funktionales* $\{1, 2\}$*-Tupel*. Und um eine Reihenfolge zu simulieren, in der zuerst x, dann y, und dann z kommt, können wir statt des Tripels $\langle x, y, z\rangle$ auch die verallgemeinerte Funktion f mit Definitionsbereich {1,2,3} nehmen, die 1 auf x, 2 auf y und 3 auf z wirft, und nennen diese Funktion ein *funktionales* $\{1, 2, 3\}$*-Tupel*. Man braucht sich bei diesen funktionalen Tupeln nicht auf solche mit einer Menge der Form $\{1, 2, 3, ...\}$ als Definitionsbereich beschränken, sondern wir rechnen zu den funktionalen Tupeln auch (verallgemeinerte) Funktionen f mit einer *beliebigen* Klasse I als Index- bzw. Definitionsbereich; diese Funktionen nennen wir I-Tupel. Die Indizes i aus I betrachten wir dabei als „Ordnungselemente", auf die sich die Funktionswerte $f(i)$ verteilen, die dadurch geordnet werden. Als *funktionale Standard-Tupel* verwenden wir allerdings verallgemeinerte Funktionen f mit einem bestimmten Indexbereich, nämlich einem Indexbereich der Form $\{0,1,2, ...\}$. Denn in der Mengenlehre verwendet man als natürlichen Standard-Zahlen meist die sog. *von-Neumann-Zahlen*, die wie folgt als Mengen definiert werden:

---

69 Wenn x und y Individuen sind, ist diese Funktion die zweielementige Menge $\{\langle 1, x\rangle, \langle 2, y\rangle\}$. Ist z.B. x eine Unmenge und y ein Individuum, ist es die Unmenge $\{\langle 1, x_1\rangle, \langle 1, x_2\rangle, ..., \langle 2, y\rangle\}$, wobei x_1, x_2, ... sämtliche Elemente der Unmenge x sind.

$$0 := \emptyset,$$
$$1 := \{0\},$$
$$2 := \{0,1\},$$
$$3 := \{0,1,2\}$$

usw., so dass jede Zahl die Menge ihrer Vorgänger ist. Daher ist das funktionale 0-Tupel das ∅-Tupel, das ist die leere Menge; ein funktionales 1-Tupel ist ein {0}-Tupel, ein funktionales 2-Tupel (oder funktionales Paar) ein {0,1}-Tupel, ein funktionales 3-Tupel (oder funktionales Tripel) ein {0,1,2}-Tupel usw. Somit sind die funktionalen Standard-Tupel *f* die funktionalen 0-, 1-, 2-, 3-Tupel usw. Für das funktionale n-stellige Standard-Tupel *f* mit $f(0) = x_1$, $f(1) = x_2$, $f(2) = x_3, \ldots,$ $f(n-1) = x_n$ empfiehlt es sich, eine Kurzbezeichnung wie etwa

$$\langle x_1, x_2, x_3, \ldots, x_n \rangle$$

einzuführen, bei der die Gestalt der Klammern von den gewöhnlichen Tupelklammern ⟨ und ⟩ abweicht. Wir bezeichnen $f(0) = x_1$ als die *erste*, $f(1) = x_2$ als die *zweite*, $f(2) = x_3$ als die *dritte* Komponente des funktionalen Standard-Tupels $\langle x_1, x_2, x_3, \ldots, x_n \rangle$ usw. Damit haben wir erreicht, dass bei den funktionalen (Standard)-Tupel (im Gegensatz zu den gewöhnlichen Tupeln) ein Tupel stets *entweder* ein 0- *oder* ein 1- *oder* ein 2-Tupel *oder* ein 3-Tupel ist usw. ist, also die Stelligkeit und die Anzahl der Komponenten eine eindeutig bestimmte Zahl ist.

Mit funktionalen Tupeln kann man entsprechend *funktionale Relationen* und *funktionale Operationen* definieren, deren Stelligkeit eindeutig bestimmt ist: Eine n-stellige funktionale Relation ist eine Klasse, deren Elemente funktionale n-Tupel sind; eine n-stellige (funktionale) Operation ist eine Funktion, in deren Definitionsbereich ausschließlich funktionale n-Tupel liegen.

Man kann auch entsprechende funktionale Produktklassen einführen: Analog zur Kreuzproduktklasse $A_1 \times A_2 \times ... \times A_n$ für Klassen $A_1, ... A_n$, was die Klasse aller gewöhnlichen n-Tupel mit erster Komponente aus A_1, zweiter Komponente aus A_2, ..., und n-ter Komponente aus A_n ist, definiert man die *Produktklasse* $A_1 \sqcap A_2 \sqcap ... \sqcap A_n$ als Klasse aller funktionalen Standard-*n*-Tupel mit den entsprechenden Komponenten. Und wie für Klassen *A* und natürliche Zahlen *n* mit A^n die Klasse aller gewöhnlichen *n*-Tupel mit Komponenten aus A, bezeichnet wird, kann man mit ${}^nA$ [lies: *n-A* oder *hoch n A*] die Klasse aller funktionalen Standard-*n*-Tupel mit Komponenten aus *A* bezeichnen. Da die Zahl *n* als Von-Neumannsche Zahl auch eine Menge ist, ist dies ein Spezialfall der schon eingeführten Klasse ${}^IA$ für beliebige Mengen *I*.

Mengentheoretische Zeichenlehre. Eine wichtige Anwendung der funktionalen Tupel ist die Zeichenlehre. Wir hatten in Kap. 1.5.9 Zeichen und Zeichenreihen als abstrakte Schriftbilder beschrieben, mit vielen konkreten Exemplaren. Eine andere und sehr allgemeine Definition sieht in den «Zeichen», die im Alphabet einer Sprache festgelegt werden müssen, generell gewisse funktionale 1-Tupel $\langle x \rangle$, wobei *x* ein abstraktes Schriftbild, aber auch ein beliebiges anderes Objekt sein kann. Das hat den Vorteil, das man genügend potentielle Zeichen hat, um nötigenfalls jedem Objekt *x* ein eigenes Zeichen $\langle x \rangle$ zuzuweisen, auch wenn die betrachteten Objekte sehr viel mehr sind als es in der Ebene Zeichen gibt. Unter einer Zeichenreiche versteht man dann weiter ein beliebiges funktionales *n*-Tupel $\langle x_1, x_2, x_3, ..., x_n \rangle$, derart dass $\langle x_1 \rangle$, $\langle x_2 \rangle$, $\langle x_3 \rangle$, ..., $\langle x_n \rangle$ Zeichen sind; von diesen sagen wir dann, dass sie in der Zeichenreihe vorkommen. Ein Zeichen kann auch mehrfach in einer Zeichenreihe vorkommen, z.B. könnte ja $x_1 = x_2$ sein, dann ist auch $\langle x_1 \rangle = \langle x_2 \rangle$ und das Zeichen kommt doppelt vor,

einmal als erste und dann nochmals als zweite Komponente der Zeichenreihe; dazu sagen wir auch, dass das Zeichen als erstes und zweites Zeichen der Zeichenreihe vorkommt.
Da wir $n = 1$ und $n = 0$ zulassen, sind auch einzelne Zeichen wie $\langle x_1 \rangle$ nach dieser Definition Zeichenreihen, und die leere Menge $\langle \rangle$ ist ebenfalls eine solche: die leere Zeichenreihe Λ.
Wenn x_1 ein Individuum ist, verstehen wir unter dem n-ten *Exemplar* des Zeichens $\langle x_1 \rangle$ die Menge $\{(n, x_1)\}$, wobei n eine beliebige natürliche Zahl ist. Das 0-te Exemplar $\{(0, x_1)\}$ ist dann das Zeichen $\langle x_1 \rangle$ selbst.
Wenn aber x_1 eine Unmenge ist, verstehen wir unter dem n-ten *Exemplar* des Zeichens $\langle x_1 \rangle$ die Klasse aller (n, x) mit $x \in x_1$. Auch jetzt gilt, dass das 0-te Exemplar das Zeichen $\langle x_1 \rangle$ selbst ist.
Wann immer nun ein Zeichen $\langle x_1 \rangle$ mindestens einmal in einer Zeichenreihe $\langle x_1, x_2, x_3, \ldots, x_n \rangle$, vorkommt, muss offenbar mindestens ein Exemplar von $\langle x_1 \rangle$ Teilklasse der Zeichenreihe sein, und wenn es m mal in der Zeichenreihe vorkommt, und zwar als n_1-tes, n_2-tes, ..., und n_m-tes Zeichen, ist sowohl das n_1-te, als auch das n_2-te, ..., als auch das n_m-te Exemplar des Zeichens eine Teilklasse der Zeichenreihe. – So kann die Zeichenlehre weitgehend ohne Bezug zu abstrakten und konkreten Schreibfiguren behandelt werden, obwohl man diese Schreibfiguren natürlich braucht, wenn man Zeichenreihen konkret auf dem Papier repräsentieren will.

Logische Relationen und Operationen. Die bisher betrachteten Relationen und Operationen mit einer Stelligkeit größer oder gleich 2 sind als Klassen bestimmter Art definiert. Das hat den Vorteil der Vereinheitlichung, aber es hat auch einen gravierenden Nachteil: Elemente von Klassen können nur Individuen sein, und so können diese Relationen und Operationen nur Individuen miteinander verknüpfen. Doch möchte man auch Relationen und Operationen haben, die beliebige Objekte (auch Unmengen) miteinander in Beziehung setzen und verknüpfen können. So möchte man die Elementbeziehung $\in$ als 2-stellige Relation ansehen, die Individuen mit beliebigen Klassen (auch Unmengen) in Beziehung setzt; dasselbe gilt für die Teilklassenbeziehung $\subseteq$, die zwischen beliebigen Klassen bestehen kann, ganz zu schweigen von der Gleichheitsbeziehung $=$, die jedes beliebige Objekt mit sich selbst in Beziehung setzt. Zudem würde man auch gern die Vereinigungs- und Schnittklassenbildung $\cap$ und $\cup$ als 2–stellige Operationen sehen, in die Unmengen involviert sein können. Aber es gibt es kein entsprechendes mengentheoretisches Objekt. So bleibt nur übrig, hier auf den mengen- bzw. klassentheoretischen Relations- und Operationsbegriff ganz zu verzichten, und einen rein „logisch-pragmatischen" Relations- und Operationsbegriff zu verwenden, wonach Relationen und Operationen einfach gewisse „Vorschriften" sind, gemäß denen beliebige Objekte behandelt werden. Soweit es sinnvoll ist, übernimmt man für diese Relationen und Operationen die Notationen und Begriffe, die wir für klassentheoretische Relationen und Operationen eingeführt haben. Genauer kann man sich eine n-stellige Operation o als einen Automaten mit n nummerierten Eingangs-Schlitzen E_1, ..., E_n und einem Ausgangs-Schlitz A vorstellen, der so programmiert ist, dass wenn man bestimmte Objekte $x_1, ..., x_n$ in die Eingangsschlitze $E_1, ..., E_n$ einwirft, das dadurch festgelegtes Ergebnis $o(x_1, ..., x_n)$ aus dem Ausgangs-Schlitz herauskommt. Analog stellt man sich auch eine n-stellige Relation als Automaten mit Eingangs-Schlitzen $E_1, ..., E_n$ und einem Ausgangs-Schlitz vor, der so programmiert ist, dass wenn man Objekte $x_1, ..., x_n$ in die Eingangsschlitze $E_1, ..., E_n$ einwirft, im Fall, dass $R x_1 ..., x_n$ gilt, aus dem Ausgangs-Schlitz ein Zettel mit der Aufschrift *wahr* herauskommt; und sonst ein Zettel mit der Aufschrift *falsch*.

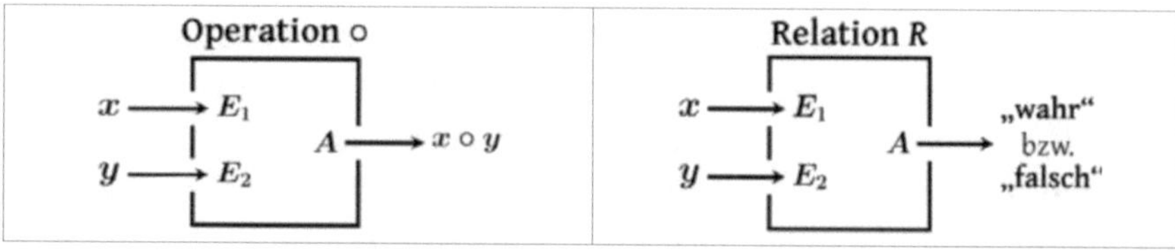

Aus dieser Vorstellung resultieren auch die Begriffe der 0-stelligen Relation und der 0-stelligen Operation: Eine *0-stellige Operation* ist ein beliebiges Objekt, das ohne Eingabe ausgeworfen wird; und eine *0-stellige Relation* ist ein Wahrheitswert, der ohne Eingabe ausgegeben wird; so dass die 0-stellige Operationen einfach sämtliche Objekte sind, und die 0-stelligen Relationen die beiden Wahrheitswerte.
Im Folgenden, besonders in Kap. 6 über Prädikatenlogik (wo Relationen und Operationen für die Klärung der Semantik benötigt werden) sollen die Begriffe „Relation“ und „Operation“ in diesem logisch-pragmatischen Sinn verstanden werden.

4. Syllogistik

Jedes logische Argument ist im weiteren Sinne ein sog. *Syllogismus.*[70] Im engeren Sinn bezeichnet man als *Syllogismus* die hier beschriebenen, auf Aristoteles zurückgehenden deduktiven Argumente. Die *Syllogistik*, die Lehre von diesen Syllogismen, ist das Herzstück der Logik der ersten und zweiten Epoche der Logikgeschichte; in der dritten Epoche ist sie durch die *Prädikatenlogik* und die moderne *Modallogik* ersetzt, verfeinert und erweitert worden. Obgleich man in einer erweiterten Syllogistik durchaus auch kompliziertere Urteile behandelte (z.B. hypothetische, disjunktive und modale Urteile), geht es im klassischen Kernstück der Syllogistik (das hier ausschließlich dargestellt werden soll) nur um elementare, kategorisch-assertorische Urteilen der folgenden Form, die man als *syllogistische Urteile* (im engeren Sinn) bezeichnet:

> «*alle/einige S sind P*» oder «*alle*/einige *S* sind nicht *P*».

Je nachdem, ob über «*alle*» bzw. «*einige*» *S* geurteilt wird, heißt das Urteil *universal* bzw. *partikulär*, und dies ist seine sog. *Quantität*; je nachdem ob *S* und *P* durch «*sind*» oder «*sind nicht*» verbunden werden, heißt es *affirmativ* oder *negativ*, und dies ist die *Qualität* des Urteils.

Es ergeben sich durch Kombination von Quantität und Qualität vier Arten syllogistischer Urteile, denen man die Vokale a, i, e, o zuordnet, die in den Worten ***a**ff**i**rmo* (ich bejahe) und *n**e**g**o*** (ich verneine) vorkommen: Man bezeichnet als

a-Urteile die affirmativ-universalen (**a**ffirmo: *alle S sind P*,
kurz **SaP**),

---

[70] Das griechische Wort „Syllogismus“ bedeutet wörtlich eine „Zusammenstellung von Überlegungen“, eine „Überlegungsverknüpfung“.

i-Urteile die affirmativ-partikulären (aff**i**rmo: *einige S sind P*,
kurz **SiP**),
e-Urteile die negativ-universalen (n**e**go: *alle S sind nicht P/kein S ist P*,
kurz **SeP**),
o-Urteile die negativ-partikulären (neg**o**: *einige S sind nicht P*,
kurz **SoP**).

So ergibt sich die folgende Übersicht:

	universal	partikulär
positiv	**a**	**i**
negativ	**e**	**o**

Als Merkspruch eignet sich der folgende Knittelvers:
„Das **a** bejahet allgemein, das **e**, das sagt zu allem: nein!
das **i** sagt ja, doch nicht zu allem, so lässt auch **o** das nein erschallen."

Außer *universalen* Urteilen (z.B. «*alle Hunde sind Tiere*») und *partikulären* Urteilen (z.B. «*einige Menschen sind klug*») gibt es sog. *singuläre* Urteile (z.B. «*Sokrates ist ein Mensch*»), bei denen das Subjekt ein Individuum ist. Diese werden in der Syllogistik aber wie universale Urteile behandelt, d.h. «*Sokrates*» versteht man im Sinne von «*alles, was Sokrates ist*», und so werden die singulären Urteile unter die universalen Urteile subsumiert und nicht als eigene Kategorie behandelt. Kant hat dagegen in seiner Kategorienlehre Wert auf die Dreiteilung der Quantität wie auch der Qualität bestanden (siehe Abschnitt 1.6.2). Seine dritte Qualität neben Affirmation und Negation (die Limitation) ist jedoch das am meisten obsolete und kritisierte Stück seiner Urteilslehre, das wohl mit Recht keine größere Beachtung gefunden hat.

In der Syllogistik gelten folgende *generelle Voraussetzungen:*

(1) «*einige* S» ist stets im Sinne von *mindestens ein* S gemeint.

(2) Alle Terme stehen für *nichtleere Begriffe:* Es wird immer vorausgesetzt, dass es mindestens ein *S* und auch mindestens ein *P* gibt.

Die klassische Syllogistik betrachtete intensiv die vier logischen Verhältnisse oder „Gegensätze" der Kontradiktion, Kontrarietät, Subkontrarietät, Subalternation (siehe Kap. 1.5.2). Diese machte man sich mit Hilfe des folgenden sog. „logischen Quadrates der Syllogistik" klar:

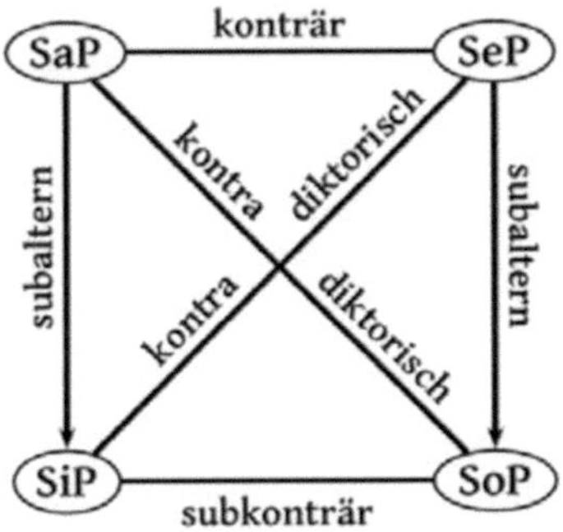

1. *Subalternation:* Wenn *SaP* wahr ist, so auch das im Quadrat darunter stehende SiP (SaP impliziert Sip) und wenn SeP wahr ist, so auch das im Quadrat darunter stehende SoP (SeP impliziert SoP), weil aus dem Allgemeinen „durch Abschwächung" das Partikuläre folgt, da das Partikuläre dem Allgemeinen „untergeordnet" ist: Gilt *für alle S*, dass oder dass nicht *P*, gilt dasselbe auch *für einige S* – wenn man die obigen generellen Voraussetzungen beachtet. Somit ist das Verhältnis von SiP zu SaP bzw. von SoP zu SeP ist das der *Subalternation* (Unterordnung).

2. *Kontradiktion:* SaP und das schräg darunter stehende SoP sind zueinander *kontradiktorisch* (*gegenwertig*, *kontravalent*), d.h. diese Aussagen haben stets verschiedene Wahrheitswerte (wenn «*alle S sind P*» falsch

ist, muss «*es gibt mindestens ein S, das nicht P ist*» wahr sein); entsprechend sind auch SeP und SiP kontradiktorisch (kontravalent).

3. *Kontrarietät und Subkontrarietät:* SaP und SeP sind zueinander konträr, SiP und SoP subkonträr (siehe Kap. 1.5.2).

Ein (kategorisch-assertorischer) Syllogismus im engeren Sinn ist nun ein Argument, bestehend aus drei untereinander geschriebenen Urteilen – die zwei ersten heißen *Prämissen* (Vordersätze), das dritte heißt die *Konklusion* (der Schlusssatz) –, derart dass gilt:

(1) die beiden Prämissen und auch die Konklusion sind syllogistische Urteile (a-,i-,e- oder o-Urteile),

(2) und jeder Begriffsterm kommt genau zweimal vor, und zwar in zwei verschiedenen Urteilen.

Forderung (2) bedeutet: Sind *S* und *P* der Subjekts- und Prädikatsbegriff der Konklusion (man nennt dieses *S* den *Unterbegriff* und P den *Oberbegriff* des Syllogismus), so muss der Oberbegriff P auch in genau einer der beiden Prämissen vorkommen: Diese Prämisse heißt der *Obersatz* (*praemissa maior*) und ist in der gewöhnlichen Schreibweise die erste (oberste) Zeile des Syllogismus. Die andere Prämisse heißt *Untersatz* (*praemissa minor*); sie enthält wegen (2) den Unterbegriff *S*.[71] Nun muss der Oberbegriff außer *P* noch einen weiteren Begriff *M* enthalten, ebenso der Unterbegriff außer S noch einen weiteren Begriff *M'*; dabei sind *M* und *M'* wegen (2) ein und derselbe Begriff: Diesen nennt man den *Mittelbegriff.*

[71] Denn *S* muss gemäß (2) außer in der Konklusion noch in genau einer der beiden der Prämissen vorkommen, kann aber im Obersatz nicht enthalten sein, weil sonst im Obersatz genau wie in der Konklusion *S* und *P* vorkämen, so dass der Untersatz nur noch von *S* und *P* verschiedene Begriffe enthalten dürfte. Diese Begriffe aber kämen dann nur einmal in dem Syllogismus vor, im Widerspruch zu (2).

Schematisch hat also ein Syllogismus die folgende Form:

Erste Prämisse (Obersatz):
ein Urteil, in dem Oberbegriff *P* und Mittelbegriff *M* vorkommen.
Zweite Prämisse (Untersatz):
ein Urteil, in dem Unterbegriff *S* und Mittelbegriff *M* vorkommen.
Konklusion:
ein Urteil über *S* und *P* in der Form SaP, SiP, SeP oder SoP.

Oft lässt man eine als selbstverständlich empfundene Prämisse weg oder deutet sie nur an; ebenso lässt man die Konklusion weg und oder deutet sie nur an, etwa durch „ergo“. Ein solcher unvollständiger, vom Leser zu ergänzender Syllogismus heißt ein *Enthymem* (griech. Gedankenanstoß, Einfall, Erwägung). Beispiel: *Alle Katzen mögen Milch, Miezi ist eine Katze, ergo.* (Weglassen der Konklusion). Oder: *„Katzen mögen Milch. Also auch Miezi.* (Weglassen der zweiten Prämisse).

Je nach der Stellung des Mittelbegriffs in den zwei Prämissen unterscheidet man vier sog. Schlussfiguren:

erste Figur:	zweite Figur:	dritte Figur:	vierte Figur:
M □ *P*	*P* □ ***M***	***M*** □ *P*	*P* □ ***M***
S □ ***M***	*S* □ ***M***	***M*** □ *S*	***M*** □ *S*
———	———	———	———
S □ *P*	*S* □ *P*	*S* □ *P*	*S* □ *P*

In der ersten und vierten Figur bilden die beiden *M* eine Diagonale, in der zweiten und dritten stehen sie untereinander. Um sich die Figuren zu merken, merke man sich die vier Striche des Buchstabens W in der Form \||/: Diese symbolisieren die Lage der Mittelbegriffe in der ersten, zweiten, dritten und vierten Figur.

Da man in jeder der vier Figuren vier Möglichkeiten (*a,i,e,o*) für den Obersatz, vier für den Untersatz und vier für die Konklusion hat, gibt es 4 × 4 × 4 × 4 = 256 Syllogismen (bzw. syllogistische *Schlussweisen* oder *Modi*). Aber nicht alle sind korrekte Schlüsse; korrekt sind nur 24 (sechs Modi in jeder Figur). Von diesen sind fünf sog. *abgeschwächte* oder *subalterne* Modi: Ein subalterner Modus *M* ist ein solcher, zu dem es einen anderen Modus mit denselben Prämissen gibt, derart dass die Konklusion von *M* aus der Konklusion dieses anderen Modus folgt, und zwar durch Übergang von *a* zu *i* oder von *e* zu *o*. Diesen logischen Übergang nennt man den Schluss vom Allgemeinen zum Besonderen oder das *dictum de omni et nullo* (dabei steht *de omni* für den Schluss von der allgemeinen Bejahung *a* zur partikulären Bejahung *i*, und *de nullo* für denjenigen von der allgemeinen Verneinung *e* zur partikulären Verneinung *o*).[72] Zählt man die fünf subalternen Modi nicht mit, bleiben 19 korrekte Syllogismen übrig, die im Gegensatz zu den subalternen *starke* oder *reguläre Modi* heißen (4 gehören zur ersten, 4 zur zweiten, 6 zur dritten und 5 zur vierten Figur). Da Aristoteles die vierte Figur nicht mit einbezog (sie galt als *unnatürliche Nebenform* der ersten Figur), beschrieb er ursprünglich nur 14 korrekte Syllogismen. Die erste Figur galt als *perfekt*, die übrigen galten als *imperfekt* und mehr oder weniger unnatürlich. Die gültigen Syllogismen oder gültigen Modi der Syllogismen wurden erstmals um 1240 von Scholastikern (etwa zeitgleich von *Petrus Hispanus*, der wahrscheinlich mit dem späteren *Papst Johannes XXI.* identisch ist, und *William of Sherwood* – die Priorität ist umstritten) durch ein spezielles Bezeichnungs- und Codierungssystem beschrieben:

[72] Die lateinische Form des «dictum» lautet: «*Quidquid de omnibus valet, valet etiam de quibusdam et singulis; quidquid de nullo valet, nec de quibusdam et singulis valet.*»

I. Figur:

Barbara	Celarent	Darii	Ferio
M a P S a M ——— S a P	M e P S a M ——— S e P	M a P S i M ——— S i P	M e P S i M ——— S o P
Barbari (subaltern)	Celaront (subaltern)		
M a P S a M ——— S i P	M e P S a M ——— S o P		

II. Figur:

Baroco	Camestres	Cesare	Festino
P a M S o M ——— S o P	P a M S e M ——— S e P	P e M S a M ——— S e P	P e M S i M ——— S o P
	Camestrop (subaltern)	Cesaro (subaltern)	
	P a M S e M ——— S o P	P e M S a M ——— S o P	

III. Figur:

Bocardo	Darapti	Datisi	Disamis	Felapton	Ferison
M o P	M a P	M a P	M i P	M e P	M e P
M a S	M a S	M i S	M a S	M a S	M i S
——	——	——	——	——	——
S o P	S i P	S i P	S i P	S o P	S o P

IV. Figur:

Bamalip	Calemes	Dimatis	Fesapo	Fresison
P a M	P a M	P i M	P e M	P e M
M a S	M e S	M a S	M a S	M i S
——	——	——	——	——
S i P	S e P	S i P	S o P	S o P
	Calemop (subaltern)			
	P a M			
	M e S			
	——			
	S o P			

Die Namen der Modi weichen in den Quellen voneinander ab; wird die vierte Figur nur als Nebenfigur der ersten angesehen (man vertauscht dann die Prämissen, so dass der Mittelbegriff wie in der ersten Figur angeordnet ist, und hat dann abweichend von den anderen Syllogismen den Subjektsterm im Ober- und den Prädikatsterm im Untersatz), so heißen die Modi statt Bamalip, Calemes, Dimatis, Fesapo und Fresison meist Baralipton, Celantes, Dabitis, Fapesmo, Frisesomorum.

Als Vokale kommen in den Merkwörtern nur *a,i,e,o* vor; der erste bzw. zweite Vokal im Merkwort bezieht sich auf die erste bzw. zweite Prämisse, der dritte Vokal auf die Konklusion. Am Wort *Barbara* erkennt man somit, dass bei dieser Schlussweise nur a-Urteile vorkommen.

Die *Korrektheit* der regulären Modi der ersten Figur macht man sich leicht anhand von Mengendiagrammen klar. Die subalternen Modi folgen aus den entsprechenden starken Modi mittels des *dictum de omni et nullo* (siehe Fußnote 72: was für alle gilt – *de omni* – gilt auch von einigen und jedem einzelnen; was für keinen gilt – *de nullo* – gilt auch nicht von einigen).

Was die übrigen Modi (also die regulären Modi der zweiten, dritten und vierten Figur) betrifft, so kann man sie aus den vier starken Modi der ersten Figur logisch ableiten. Wie man das macht, zeigen die Konsonanten in den Bezeichnungen dieser Modi:

- Der Anfangskonsonant gibt an, auf welchen Modus der ersten Figur der Modus rückführbar (bzw. von welchem er ableitbar) ist, so ist Baroco rückführbar auf *Barbara*, Cesare und Camestres auf *Celarent* usw.
- Der Buchstabe *s* nach einem Vokal gibt an, dass bei der logischen Rückführung eine *conversio **s**implex* (einfache Vertauschung) von Subjekt und Prädikat zu erfolgen hat: Dies führt nur bei *i*- und *e*-Urteilen (Merkhilfe: *s**i**mpl**e**x*) zu einer äquivalenten Aussage,[73] und wird daher nur in solchen Urteilen angewendet.
- Der Buchstabe *p* nach einem Vokal gibt an, dass bei der Rückführung eine *conversio **p**er accidens* erfolgt, d.h. eine Vertauschung von Subjekt und Prädikat, wobei zugleich *a* zu *i* und *e* zu *o* wird (also das allgemeinere *a*/*e* durch das speziellere *i*/*o* zu ersetzen ist); so wird z.B.

---

[73] Gilt SiP («einige S sind P»), so offensichtlich auch PiS («einige P sind S»); und gilt SeP («kein S ist P»), so auch PeS («kein P ist S»).

aus *MaS* ein *SiM*, und aus *SeP* ein *PoS*,[74] was offenbar eine korrekte Schlussfolgerung ist (die aber *nicht* umkehrbar ist).

- Der Buchstabe m steht für ***m**utatio praemissarum* oder ***m**etathesis praemissarum*, d.h. für die Anweisung, die Prämissen zu vertauschen. Das führt offensichtlich zu einem äquivalenten Schluss.
- Der Buchstabe *c* steht für ***c**ontradictio* oder ***c**onversio syllogismi*. Er deutet an, dass ein Widerspruchsbeweis zum Ziel führt: Man zeigt mit eines Modus der 1. Figur, dass aus der negierten Konklusion und einer der Prämissen die Negation der anderen Prämisse folgt.
- Die übrigen Konsonanten der Merkwörter (*d,l,n,r,t*) dienen lediglich der klanglichen Abrundung.

Es folgen nun Beispiele für eine „Rückführung" auf einen (bzw. für eine Ableitung aus einem) Modus der ersten Figur.

Beispiel 1. Der *Modus Cesare* (2. Figur) wird (wegen des Anfangsbuchstabens *C*) auf den *Modus Celarent* der 1. Figur zurückgeführt, und zwar durch *conversio **s**implex* des Obersatzes (wegen *Ce**s**-are*). Das geht so:

Cesare:		*Celarent:*
PeM	*Wir vertauschen im Obersatz P und M*	MeP
SaM	*(conversio simplex):*	SaM
——		——
SeP		SeP

[74] Diese Regel lässt sich in zwei Schritten bewiesen: Im ersten Schritt erfolgt *Spezialisierung* (d.h. durch den Schluss vom Allgemeinen zum Besonderen = das *dictum es omni et nullo*), im zweiten Schritt eine *conversio simplex*. Konkret wird aus *MaS* durch Spezialisierung *MiS*, und daraus durch conversio simplex *SiM*. Ebenso wird aus *SeP* durch conversio simplex *PeS*, daraus durch Spezialisierung *PoS*.

Beispiel 2. Der *Modus Disamis* (3. Figur) wird (wegen des Anfangsbuchstabens *D*) auf den *Modus Darii* der 1. Figur zurückgeführt, und zwar durch folgende Schritte: Zuerst *conversio **s**implex* des Obersatzes (wegen *Di**s**-am-is*), dann ***m**etathesis praemissarum* (wegen *Dis-a**m**-is*) und am Ende wieder *conversio **s**implex* der Konklusion (wegen *Dis-am-i**s***):

Disamis:						*Darii:*
MiP	*erster*	PiM	*zweiter*	MaS	*dritter*	MaS
MaS	*Schritt:*	MaS	*Schritt:*	PiM	*Schritt:*	PiM
——		——		——		——
SiP		SiP		SiP		PiS

Von der Struktur her steht in der letzten Spalte wirklich *Darii*, nur mit anderen Buchstaben als gewöhnlich: *S* für das Prädikat, *P* für das Subjekt.

Beispiel 3. Der *Modus Bamalip* (4. Figur) wird (wegen des Anfangsbuchstabens *B*) auf *Barbara* zurückgeführt: Zuerst erfolgt (wegen *Ba**m**-al-ip*) eine ***m**etathesis praemissarum*, dann (wegen *Bam-al-i**p***) eine *conversio **p**er accidens* in der Konklusion:

Bamalip:				*Barbara:*
PaM	erster	MaS	zweiter	MaS
MaS	Schritt:	PaM	Schritt:	PaM
——		——		——
SiP		SiP		PaS

Anfänger wenden oft ein, man habe im zweiten Schritt aus *SiP* ein *PaS* gemacht, obwohl aus der Regel der conversio per accidens nur umgekehrt aus *PaS* gefolgert werden darf, dass *SiP* gilt. Aber wer dies bemängelt, hat die Beweisstruktur nicht verstanden: Wir setzen die *Bamalip*-

Prämissen *PaM* und *MaS* voraus und wollen zeigen, dass *SiP* gilt. Aus *PaM* und *MaS* folgt *MaS* und PaM (1. Schritt = mutatio). Aber aus *MaS* und *PaM* folgt per Modus Barbara *PaS*. Und von *PaS* her gelangen wir durch conversio per accidens zu *SiP*, der Konklusion von *Bamalip*, was den Beweis abschließt. – Indem wir im zweiten Schritt *SiP* durch *PaS* ersetzt haben, und so *Barbara* erhielten, sind wir also nicht *in Richtung der logischen Folgerung* marschiert, sondern in die *Gegenrichtung*. Das ist aber richtig, da wir ja nicht ausgehend von *Bamalip* den *Modus Barbara* ableiten wollen, sondern umgekehrt von *Barbara* ausgehend *Bamalip*. Die *conversio per accidens* verläuft in Umkehrrichtung, wenn man sie *auf die Konklusion anwendet*. Wendet man sie auf die *Prämissen* an, verläuft sie in der normalen Richtung, wie folgendes Beispiel zeigt:

Beispiel 4. Der *Modus Felapton* (3. Figur) wird (wegen des Anfangsbuchstabens *F*) auf *Ferio* zurückgeführt. Dabei erfolgt (wegen *Fel-a**p**-ton*) in der zweiten Prämisse eine *conversio per accidens*:

Felapton:		*Ferio:*
MeP	*erster und einziger Schritt:*	MeP
MaS		SiM
——		——
SoP		SoP

Beispiel 5. Der für die Beweistechnik der *conversio syllogismi* stehende Buchstabe ***c*** im Wortinneren kommt nur bei *Baroco* (2. Figur) und *Bocardo* (3. Figur) vor. Diese Modi werden auf den Modus *Barbara* der 1. Figur zurückgeführt, und *c* deutet an, das hier ein sog. indirekter Beweis (Widerspruchsbeweis) zu führen ist.

Als Beispiel trachten wir den Beweis für *Bocardo*:

Bocardo: MoP MaS ——— SoP ═════ *Barbara:* SaP MaS ——— MaP	*Voraussetzung*: Die Bocardo-Prämissen *MoP* und *MaS* seien wahr. *Annahme:* Die *Bocardo*-Konklusio *SoP* ist falsch. Dann ist das kontradiktorische Gegenteil SaP wahr (siehe logisches Quadrat). Um nun *Barbara* anwenden zu können, müssen wir SaP mit einer der Prämissen MoP, MaS kombinieren. Dafür kommt nur MaS in Frage, denn ein o- Urteil kommt in Barbara nicht vor. Aus SaP und MaS folgt mit Barbara, dass MaP. Also ist das kontradiktorische Gegenteil MoP (siehe logisches Quadrat) falsch. Aber MoP ist eine der als wahr vorausgesetzten Prämissen: So ergibt sich ein *Widerspruch*. Dieser zwingt uns, die Annahme zu verwerfen, und somit ist SoP wahr.

Wie diese Beispiele zeigen, kann man mit den Rückführungsbeweisen die *Korrektheit* aller 24 Modi schnell einsehen. Viel mühseliger ist es, sich von der *Inkorrektheit* der übrigen 232 (= 256–24) Modi zu überzeugen, und somit einzusehen, dass die *Liste der korrekten Modi vollständig* ist. Die Scholastiker halfen sich hier (unter anderem!) mit den folgenden, relativ leicht (?) einsichtigen Regeln, welche die Anzahl der durch Sonderüberlegungen zu überprüfenden Modi etwas verringern:

a. Wenn beide Prämissen partikulär sind, ist der Schluss inkorrekt (*ex mere particularibus nihil sequitur*).
b. Wenn beide Prämissen negativ sind, ist der Schluss inkorrekt (*ex mere negativis nihil sequitur*).
c. Ist eine der Prämissen negativ bzw. partikulär, so bei einem korrekten Schluss auch die Konklusion. Man nannte Negation und Partikularität „schwächer“ als Affirmation und Universalität; daher lautet die Merkregel, dass die Konklusion dem „schwächeren“ Teil folgt (*conclusio sequitur peiorem partem*).

5. Aussagelogik

In der folgenden Einführung in die Sprache der Aussagelogik wird nacheinander ihre Syntax, Semantik und Pragmatik beschrieben.[75]

1. *Syntax.*

Das Alphabet (d.h. der Zeichenvorrat) einer formal-logischen Sprache besteht immer aus

(1) einer zulässigerweise leeren Klasse von *Hilfszeichen,*
(2) einer zulässigerweise leeren Klasse von *Variablen,*
(3) einer nichtleeren Klasse von sog. *logischen Konstanten*,
(4) einer nichtleeren Klasse von *nichtlogischen Konstanten:*

- Die Klasse (1) der Hilfszeichen, die zur Beseitigung von Mehrdeutigkeit dienen (siehe Kap. 1.5.8), ist in der Syllogistik leer. In der Aussagelogik kann man auch ohne Hilfszeichen auskommen, wenn man die polnische Syntax benutzt; andernfalls nimmt man als Hilfszeichen Klammern und/oder Trennzeichen. Meist wählt man als Hilfszeichen die linke und rechte Klammer: (,).

- Die Klasse (2) der Variablen ist in der Syllogistik leer, und auch in der Aussagelogik verzichtet man auf Variablen.

- Die Klasse (3) der logischen Konstanten besteht in der Syllogistik aus den Buchstaben *a,i,e,o*. In der Aussagelogik enthält diese Klasse die sog. *Junktoren*: Verbindungszeichen, die mit einer Reihe von *n* (für n=0, 1, 2, ...) Aussagen zusammengestellt eine neue komplexere Aussage erzeugen, welche *wahrheitsfunktional* ist, d.h. deren Wahrheitswert ausschließlich von den Wahrheitswerten der *n* mit dem

[75] Zu diesen drei Kategorien siehe oben S. 12.

Junktor zusammengestellten Aussagen abhängt. Man wählt als Junktoren für eine konkrete aussagelogische Sprache meist Zeichen aus der folgenden Liste aus: ¬, ∧, ∨, →, ↔, und oft fügt man noch ⊤, ⊥ hinzu, die üblichen Symbole für die Wahrheitswerte, die in der Aussagelogik jedoch für eine wahre bzw. falsche Standardaussage stehen (siehe auch Fußnote 78). Alle Zeichen der Klasse (3) haben eine feste logische Bedeutung (siehe unten), und für die Syntax ist es wichtig, dass man die Zeichen der Klassen (3) und (4) mit einer festgelegten Anzahl *n* von Ausdrücken (d.h. in der Aussagelogik: von Aussagen) zusammenstellen muss, damit ein neuer Ausdruck (in der Aussagelogik: eine neue Aussage) entsteht. Je nachdem spricht man von einem *n-stelligen Zeichen* (in der Aussagelogik: von einem *n-stelligen Junktor*). 0-stellige Junktoren sind ⊤, ⊥: Diese müssen mit null Ausdrücken zusammengestellt werden, damit eine Aussage entsteht, das bedeutet: Sie sind für sich genommen schon Aussagen. Zu den 1-stellige Junktoren gehört das Zeichen ¬, es wird also mit einem einzigen Ausdruck $\mathcal{A}$ zu einem neuen Ausdruck $\neg\mathcal{A}$ zusammengestellt. Zu den 2-stelligen Junktoren gehören ∧, ∨, →, ↔. Diese werden mit zwei Ausdrücken $\mathcal{A}$ und $\mathcal{B}$ zu einem neuen Ausdruck zusammengestellt. Dabei setzt man meist den Junktor zwischen die beiden Ausdrücke, schreibt also z.B. $\mathcal{A} \wedge \mathcal{B}$. In der polnischen Syntax erscheinen beide Ausdrücke dagegen rechts vom Junktor, man schreibt also $\wedge\ \mathcal{A}\ \mathcal{B}$. Bei mehr-als-2-stelligen Junktoren werden *alle* Ausdrücke rechts neben den Junktor gesetzt. Üblicherweise werden aber gar keine mehr-als-2-stelligen Junktoren benutzt, den man beschränkt sich sehr oft auf die Junktoren ¬, ∧, ∨, →, ↔.

- Die Klasse (4) der nichtlogischen Konstanten besteht in der Syllogistik aus den Buchstaben *P*, *S*, *M*. In der Aussagelogik wählt man eine nichtleere Klasse von Buchstaben, z.B. *A*, *B*, *C*, *D*.

Zusammenfassend haben wir also folgende Zeichen:

	Hilfs-zeichen	Variablen	logische Konstanten	nichtlogische Konstanten
Syllogistik	---	---	*a*, *i*, *e*, *o*	*S*, *P*, *M*
Aussagelogik	(,)	---	$\top$, $\bot$, $\neg$, $\wedge$, $\vee$, $\rightarrow$, $\leftrightarrow$, ...	*A*, *B*, *C*, *D*, ...

Zur Syntax einer formal-logischen Sprache gehört eine sog. *Ausdrucksableitung,* die festlegt, welche Zeichenreihen Ausdrücke sind und welche nicht. Eine Ausdrucksableitung ist eine Folge von Zeichenreihen, die als Zeilen untereinander stehen, und die man schrittweise hinschreiben kann, wenn man bestimmte Regeln beachtet. Dabei stellt jede regelgerecht gebildete Zeile der Folge einen Ausdruck dar. Für unsere Beispielsprache sind die Regeln die folgenden drei (wir benutzen hier und im Folgenden kalligraphische Buchstaben wie $\mathcal{A}$, $\mathcal{B}$ als metasprachliche Variablen für Zeichenreihen – während die Buchstaben im Normaldruck wie *A*, *B* nichtlogischen Konstanten sind):

(1) Jede Zeile darf die Gestalt ($\top$) oder ($\bot$) haben; sie darf ebenso eine eingeklammerte nichtlogische Konstante sein.

(2) Kommen *n* Zeichenreihen $\mathcal{A}_1, ..., \mathcal{A}_n$ als bereits geschriebene Zeilen vor, und ist *j* ein *n*-stelliger Junktor, darf man als nächsten Zeile ($j\, \mathcal{A}_1 \ldots \mathcal{A}_n$) schreiben; kommt also z.B. $\mathcal{A}$ als bereits geschriebene Zeile vor, darf man als nächste Zeile ($\neg\, \mathcal{A}$) schreiben.

(3) Kommen $\mathcal{A}$ und $\mathcal{B}$ als bereits geschriebene Zeilen vor, und ist j ein 2-stelliger Junktor, darf man als nächste Zeile ($\mathcal{A}$ j $\mathcal{B}$) schreiben, also z. B. ($\mathcal{A} \wedge \mathcal{B}$), ($\mathcal{A} \vee \mathcal{B}$), ($\mathcal{A} \rightarrow \mathcal{B}$) oder ($\mathcal{A} \leftrightarrow \mathcal{B}$).

Eine Zeichenreihe $\mathcal{Z}$ ist genau dann ein Ausdruck, wenn es eine Ausdrucksableitung gibt, in der $\mathcal{Z}$ als letzte Zeile vorkommt (eine solche Ausdrucksableitung heißt auch eine *Ausdrucksableitung für* $\mathcal{Z}$.

Da die oberste Zeile einer Ausdrucksableitung nur nach Regel (1) gebildet werden kann, muss man als oberste Zeile (A), (B), (C), (D), $(\top)$ oder $(\bot)$ hinschreiben; in jedem folgenden Schritt kann man dies ebenfalls tun, aber auch gemäß (2) oder (3) einen Ausdruck bilden. Ein konkretes Beispiel für eine Ausdrucksableitung ist:

$$(A)$$
$$(\neg\ (A))$$
$$((\neg\ (A)) \vee (A))$$

Die letzte Zeile $((\neg\ (A)) \vee (A))$ ist hier also der abgeleitete Ausdruck. Auch die vorhergehenden Zeilen $(\neg\ (A))$ und (A) sind Ausdrücke, da man nach jeder Zeile $\mathcal{Z}$ aufhören kann und dann eine Ausdrucksableitung für $\mathcal{Z}$ hat.

Regeln für das Einsparen von Klammern: Bei der Ausdrucksableitung nach obigen Regeln entstehen viele Klammern, die den Sinn haben, Mehrdeutigkeit zu vermeiden, von denen man am Ende aber wieder einige weglassen darf, wenn kein Missverständnis möglich ist. Lässt man Klammern weg, erhält man allerdings Zeichenreihen, die streng genommen keine Ausdrücke mehr sind; es sind dann *Namen für Ausdrücke*, die man üblicherweise anstelle der eigentlichen Ausdrücke verwendet. Es gibt in der Aussagelogik folgende Regeln zur Einsparung von Klammern:

1. Die äußeren Klammern und die Klammern um Konstanten und 0-stellige Junktoren können immer weggelassen werden. Z.B. schreibt man für $((\neg\ (A)) \vee (A))$ einfach $(\neg\ A) \vee A$.

2. Kommt $\wedge$ oder $\vee$ mehrfach hintereinander vor, lässt man oft die Klammern weg und vereinbart, dass der klammerlose Ausdruck für den *durch sukzessive Klammerung von links nach rechts* entstehenden Aus-

druck steht: So ist z.B. $A \wedge B \wedge C \wedge D$ ein Name für $((A \wedge B) \wedge C) \wedge D$. Genau genommen ist $((A \wedge B) \wedge C) \wedge D$ ebenfalls ein Name; um den Ausdruck zu bekommen, für den er steht, müssen wir nach Regel 1 noch die äußeren und inneren Klammern setzen; vollständig ausgeschrieben lautet also der benannte Ausdruck $((((A) \wedge (B)) \wedge (C)) \wedge (D))$.

3. Man vereinbart eine bestimmte Bindungskraft für die logischen Zeichen (vgl. Abschnitt 1.5.8), und zwar gilt,

a) dass die stärksten Junktoren die einstelligen sind (zu denen $\neg$ gehört), wobei diese untereinander gleich stark sind,

b) dass auf der nächst schwächeren Kraftstufe die „hütchenartigen" Junktoren stehen, vor allem $\wedge$ und $\vee$, wobei die Hütchen in normaler Stellung (wie $\wedge$) gleich stark, aber stärker als die verkehrt herum stehenden (wie $\vee$) sind, die untereinander wieder gleich stark sind,

c) und dass auf der nächst schwächeren Kraftstufe die „pfeilartigen" Junktoren kommen (wie $\rightarrow$ und $\leftrightarrow$); die Pfeilzeichen sind gleich stark mit Ausnahme des Doppelpfeils $\leftrightarrow$, der das schwächste Zeichen ist.

Nach dieser Kräftevereinbarung ist z.B. $A \wedge \neg B \rightarrow C \leftrightarrow D$ ein Name für $((A \wedge (\neg B)) \rightarrow C) \leftrightarrow D$. Genau genommen ist auch dies nur ein Name; den damit benannten Ausdruck erhalten wir, indem wir noch die äußeren und inneren Klammern dazusetzen. Vollständig ausgeschrieben wäre das $((((A) \wedge (\neg (B))) \rightarrow (C)) \leftrightarrow (D))$.

Als alternative Lösung des Eindeutigkeitsproblems ist die von Anfang an klammerfreie polnische Syntax anzusehen. Wenn wir uns hierfür entscheiden, müssen wir die Regeln in unserer Ausdrucksableitung durch die folgenden ersetzen:

(1p) Jede Zeile darf ⊤ ⊥ oder eine nichtlogische Konstante sein.
(2p) Liegen bereits *n* Zeichenreihen $\mathcal{A}_1, ..., \mathcal{A}_n$ als Zeilen vor, und ist *j* ein *n*-stelliger Junktor, darf man als nächsten Zeile $j\,\mathcal{A}_1 ... \mathcal{A}_n$ schreiben; liegen z.B. bereits $\mathcal{A}$ und $\mathcal{B}$ als Zeilen vor, darf man als nächste Zeile $\wedge\,\mathcal{AB}$, $\vee\,\mathcal{AB}$, $\rightarrow\mathcal{AB}$ oder $\leftrightarrow\mathcal{AB}$ schreiben.[76]

Unter der *Länge* eines Ausdrucks versteht man die Anzahl der in ihm vorkommenden (Exemplare von) mehr-als-0-stelligen Junktoren. Z.B. haben die Ausdrücke (*A*) und (⊤) die Länge 0, der Ausdruck (¬ (*B*)) hat die Länge 1, der Ausdruck ((¬ (*A*)) ∨ (*A*)) hat die Länge 2. Jeder Ausdruck der Länge 0 heißt *elementar* oder *atomar*, und jeder Ausdruck mit einer Länge größer als Null heißt *zusammengesetzt*.

Jeder zusammengesetzte Ausdruck, der in gewöhnlicher Syntax vorliegt, besitzt einen sog. *Hauptjunktor*. Denn er hat entweder die Form $(j\,\mathcal{A}_1 ... \mathcal{A}_n)$ mit Ausdrücken $\mathcal{A}_1, ..., \mathcal{A}_n$ und einem *n*-stelligen Junktor *j*, oder die Form $(\mathcal{A}\,j\,\mathcal{B})$ mit Ausdrücken $\mathcal{A}$, $\mathcal{B}$ und einem 2-stelligen Junktor *j*, denn im ersten Fall ist das zweite Zeichen *j*, im zweiten Fall aber ist das zweite Zeichen eine Klammer (die linke Klammer des angeführten Exemplars von $\mathcal{A}_1$). Im ersten Fall sind außerdem die Unterausdrücke $\mathcal{A}_1, ..., \mathcal{A}_n$ und im zweiten Fall die Unterausdrücke $\mathcal{A}$ und $\mathcal{B}$ aufgrund der Klammerstruktur der Ausdrücke eindeutig bestimmt.[77]

[76] In der ursprünglichen, von Jan Łukasiewicz (1878–1956) erfundenen polnischen Syntax werden für die Junktoren Großbuchstaben benutzt, und zwar N für ¬, K für ∧, A für ∨, C für → und E für ↔.

[77] Denn offenbar hat jede linke bzw. rechte Klammer in dem Ausdruck eine sog. rechte bzw. linke Partnerklammer, die man findet, indem man die Klammern zu in sich geschlossenen Rahmen ausmalt, ohne dass sich zwei Rahmenlinien kreuzen. Im ersten Fall ist nun $\mathcal{A}_1$ eindeutig bestimmt als der Ausdruck, dessen angeführtes Exemplar in $(j\,\mathcal{A}_1 ... \mathcal{A}_n)$ mit der zweiten Klammer von links beginnt und mit deren rechter Partnerklammer endet; $\mathcal{A}_2$ ist der Ausdruck, dessen

Im ersten Fall legen wir fest, dass das als zweites Zeichen erscheinende *j* der Hauptjunktor sein soll; im zweiten Fall soll es der 2-stellige Junktor *j* sein, der zwischen den Teilausdrücken $\mathcal{A}$ und $\mathcal{B}$ vorkommt. Außerdem nennen wir $\mathcal{A}_1, ..., \mathcal{A}_n$ bzw. $\mathcal{A}$ und $\mathcal{B}$ die *Haupt-Unterausdrücke* des Ausdrucks.

Liegt nun eine Zeichenreihe $\mathcal{Z}$ vor, in der mehr-als-0-stellige Junktoren vorkommen, und will man prüfen, ob $\mathcal{Z}$ ein Ausdruck ist, kann man offensichtlich wie folgt vorgehen:

1. Man prüft, ob das zweite Zeichen ein Junktor *j* oder eine linke Klammer ist. Wenn nicht, liegt kein Ausdruck vor.
2. Ist das zweite Zeichen ein Junktor j, muss dies im Fall, dass ein Ausdruck vorliegt, der Hauptjunktor sein, und der Ausdruck muss, wenn *n* die Stelligkeit des Junktors ist, die Form $(j\,\mathcal{A}_1 ... \mathcal{A}_n)$ haben, wobei $\mathcal{A}_1 ... \mathcal{A}_n$ Ausdrücke sind. Man prüft, ob die Zeichenreihe die Form $(j\,\mathcal{A}_1 ... \mathcal{A}_n)$, wobei $\mathcal{A}_1, ..., \mathcal{A}_n$ Zeichenreihen sind, die jeweils mit einer linken Klammer anfangen und einer rechten enden, die der Partner der linken Klammer ist. Wenn nicht, liegt kein Ausdruck vor. Wenn ja, ist zu prüfen, ob $\mathcal{A}_1, ..., \mathcal{A}_n$ Ausdrücke sind, und $\mathcal{Z}$ ist genau dann ein Ausdruck, wenn dies Ausdrücke sind.
3. Ist das zweite Zeichen eine linke Klammer (, so prüft man, ob die Zeichenreihe die Form $(\mathcal{A}\,j\,\mathcal{B})$ hat, wobei $\mathcal{A}$ und $\mathcal{B}$ mit einer linken Klammer anfangen und mit einer rechten Klammer aufhören, welche der Partner der Anfangsklammer ist, und *j* ein 2-stelliger

angeführtes Exemplar mit der Klammer links von der gerade genannten rechten Klammer beginnt und mit deren Partnerklammer endet usw. Im zweiten Fall ist $\mathcal{A}$ [bzw. $\mathcal{B}$] der Ausdruck, dessen angeführtes Exemplar in $(j\,\mathcal{A}_1 ... \mathcal{A}_n)$ mit der zweiten Klammer von links [bzw. von rechts] beginnt und mit deren rechter [bzw. linker] Partnerklammer endet.

> Junktor ist. Wenn nicht, liegt kein Ausdruck vor. Wenn ja, muss im Fall, dass ein Ausdruck vorliegt, *j* der Hauptjunktor sein und man muss im nächsten Schritt prüfen, ob $\mathcal{A}$ und $\mathcal{B}$ Ausdrücke sind; $\mathcal{Z}$ ist nun genau dann ein Ausdruck, wenn dies für $\mathcal{A}$ und $\mathcal{B}$ gilt.

Dieses Verfahren endet also entweder mit der Feststellung, dass kein Ausdruck vorliegt, oder damit, dass gewisse Unterzeichenreihen $\mathcal{A}_1$, ..., $\mathcal{A}_n$ bzw. $\mathcal{A}$ und $\mathcal{B}$ (nach demselben Verfahren) daraufhin geprüft werden müssen, ob sie Ausdrücke sind. Da die zu prüfenden Unterzeichenreihen weniger Junktoren haben (insbesondere weniger mehr-als-0-stellige Junktoren) als die ursprüngliche Zeichenreihe $\mathcal{Z}$, gelangt man nach endlich vielen Verfahrensschritten (wenn das Verfahren nicht mit der Feststellung endet, das kein Ausdruck vorliegt) zur Untersuchung von Zeichenreihen, in denen *gar keine* mehr-als-0-stelligen Junktoren vorkommen. Bei diesen kann man aber sofort erkennen, ob es Ausdrücke sind oder nicht, denn es kann sich dann nur noch um elementare Ausdrücke handeln.

2. Semantik.

Ein *semantisches Modell* (alias eine Struktur) *für die Syllogistik* ist eine Funktion σ, die den nichtlogischen Konstanten S, P, M jeweils einen Begriff zuordnet, z.B. «Schäferhund», «bissig» und «Hund» so dass *MaP* die Bedeutung *«alle Hunde sind bissig»*, *SaM* die Bedeutung *«alle Schäferhunde sind Hunde»* und *SaP* die Bedeutung *«alle Schäferhunde sind bissig»* bekommt. Entsprechend ist ein Modell bzw. eine Struktur *für die Aussagelogik* eine Funktion σ, die jeder nichtlogischen Konstante einen Wahrheitswert zuordnet, etwa $\sigma(A) = \text{w}$, $\sigma(B) = \text{f}$, $\sigma(C) = \text{w}$, $\sigma(D) = \text{w}$.

Das Modell legt also die Bedeutung der *nichtlogischen* Konstanten fest (die, obwohl Konstanten, in verschiedenen Modellen verschiedene Bedeutung haben können) und man spricht von der jeweiligen Bedeutung «in» einem Modell. Dagegen ist die Bedeutung der *logischen* Konstanten für alle Modelle dieselbe; sie wird im Folgenden sowohl mit Worten beschrieben als auch durch sog. *Wahrheitswertetabellen* angegeben werden. Diese Tabellen dürften auch ohne genauere Erläuterung (die erst auf S. 167 anhand eines Beispiels erfolgt) verständlich sein.

Bedeutung der 0-stelligen Funktoren $\top$ (*Verifikator*), $\bot$ (*Falsifikator*):[78]
- $\top$ (die 0-*stellige Tautologie*, lies: *das Verum ist wahr*) ist stets wahr;[79]
- $\bot$ (die 0-*stellige Antilogie*, lies: *das Falsum ist wahr*) ist stets falsch.[80]

---

[78] Diese Zeichen heißen *Verum* und *Falsum*, wenn sie als Namen der Wahrheitswerte benutzt werden; das ist in der Aussagelogik aber nie der Fall, hier stehen $\top$ und $\bot$ für *Formeln*, die *Verifikator* und *Falsifikator* heißen. Es wäre sinnvoll, verschiedene Zeichen zu verwenden: für Verum und Falsum $\top$ und $\bot$, und für Verifikator und Falsifikator $\top_0$ und $\bot_0$. So machen wir es in der Prädikatenlogik, siehe S. 187.

[79] Das Zeichen $\top$ soll an die Worte «Tautologie», «True» und «Top» erinnern. Die Formel $\top$ heißt auch 0-stellige *Einsformel*.

[80] Das Zeichen $\bot$ ist ein umgedrehtes („ins Gegenteil verkehrtes“) Verum-

Wahrheitswertetabellen:

$\top$
w

$\bot$
f

Bedeutung der 1-stelligen Junktoren $\neg$ (*Negator*), $-$ (*Affirmator*), $\top_1$ (1-*stelliger Verifikator*), $\bot_1$ (1-*stelliger Falsifikator*): Ist $\mathcal{A}$ eine Aussage, so ist

- $-\mathcal{A}$ (die *Affirmation* von $\mathcal{A}$, lies: *es ist der Fall, dass* $\mathcal{A}$) genau dann wahr, wenn $\mathcal{A}$ wahr ist,[81] und
- $\neg\mathcal{A}$ (die *Negation* von $\mathcal{A}$, lies: *nicht* $\mathcal{A}$), genau dann, wenn $\mathcal{A}$ falsch ist.[82]
- $\top_1\mathcal{A}$ (die 1-*stellige Tautologie*, lies: *das Verum ist wahr, unabhängig von* $\mathcal{A}$) ist stets wahr,[83] und
- $\bot_1\mathcal{A}$ (die 1-*stellige Antilogie*, lies: *das Falsum ist wahr, unabhängig von* $\mathcal{A}$) ist stets falsch.[84]

Wahrheitswertetabellen:

$\mathcal{A}$	$-\mathcal{A}$
w	w
f	f

$\mathcal{A}$	$\neg\mathcal{A}$
w	f
f	w

$\mathcal{A}$	$\top_1\mathcal{A}$
w	w
f	w

$\mathcal{A}$	$\bot_1\mathcal{A}$
w	f
f	f

Zeichen. Diese Formel heißt auch 0-stellige *Nullformel* oder *0-stellige Kontradiktion.*

[81] Der auf auf Frege zurückgehende Strich heißt *Fregescher Waagerechter.* Alternative Schreibweisen sind $\vdash\mathcal{A}$ und $\checkmark\mathcal{A}$. Der Affirmator spielt in einer anspruchsvollen Variante der Prädikatenlogik (der Ausdruckslogik) eine wichtige Rolle, siehe S. 203. Weitere Lesarten für $-\mathcal{A}$ sind: *bejaht wird* A; A *ist wahr*; *waagerecht* $\mathcal{A}$.

[82] Das Zeichen $\neg$ ist ein nach unten abgebogener („negierter") Affirmator. Alternativ schreibt man für $\neg\mathcal{A}$ auch $\vdash\mathcal{A}$ oder $\sim\mathcal{A}$ oder $\overline{\mathcal{A}}$, weitere Lesarten sind: $\mathcal{A}$ *ist nicht wahr*; *negiert wird* $\mathcal{A}$.

[83] Eine alternative Schreibweise für $\top_1\mathcal{A}$ ist $\top\mathcal{A}$ (ohne Index), eine alternative Bezeichnung ist 1-*stellige Einsformel.*

[84] Eine alternative Schreibweise für $\bot_1\mathcal{A}$ ist $\bot\mathcal{A}$ (ohne Index), eine alternative Bezeichnung ist 1-stellige *Nullformel.*

Die Affirmation ist in der Aussagelogik praktisch überflüssig, denn statt $-\mathcal{A}$ kann man einfach $\mathcal{A}$ schreiben. Ebenso uninteressant sind die Aussagen $\top_1 \mathcal{A}$ und $\bot_1 \mathcal{A}$, da deren Wahrheitswerte nicht von $\mathcal{A}$ abh ängen.

Bedeutung der 2-stelligen Junktoren: Es gibt sechzehn 2-stellige Junktoren, da es 16 Möglichkeiten gibt, in Abhängigkeit von den Wahrheitswerten zweier Aussagen den Wahrheitswert einer dritten festzulegen. Ihre üblichen Bezeichnungen sind $\wedge$ (*Konjunktor*), $\vee$ (*Adjunktor* oder *inklusiver Disjunktor*), $\dot{\vee}$ (*exklusiver Disjunktor*), $\uparrow$ (*Nand-Junktor*), $\downarrow$ (*Nor-Junktor*), $\rightarrow$ (*Subjunktor*), $\leftarrow$ (*Replikator*), $\leftrightarrow$ (*Bijunktor* oder *Äquijunktor*), $\nrightarrow$ (*Postsektor*), $\nleftarrow$ (*Präsektor*), ↲ (*Präpendenzzeichen*), ↳ (*Postpendenzzeichen*), ↰ (*Pränonpendenzzeichen*), ↱ (*Postnonpendenzzeichen*), $\top_2$ (*2-stelliger Verifikator*) und $\bot_2$ (*2-stelliger Falsifikator*). Sind $\mathcal{A}$ und $\mathcal{B}$ Formeln, so sind die im Folgenden genannten zusammengesetzten Ausdrücke dann und nur dann wahr, wenn die angegebene Bedingung erfüllt ist:

- $\mathcal{A} \wedge \mathcal{B}$ (die *Konjunktion von $\mathcal{A}$ und $\mathcal{B}$*, lies: *$\mathcal{A}$ und $\mathcal{B}$*), wenn beide Ausdrücke wahr sind;[85]
- $\mathcal{A} \vee \mathcal{B}$ (die *Adjunktion* oder *inklusive Disjunktion* von $\mathcal{A}$ und $\mathcal{B}$, lies: *$\mathcal{A}$ oder $\mathcal{B}$*), wenn mindestens einer der Ausdrücke wahr ist;[86]
- $\mathcal{A} \dot{\vee} \mathcal{B}$ (die *Alternative* oder *exklusive Disjunktion von $\mathcal{A}$ und $\mathcal{B}$,* lies: *entweder $\mathcal{A}$ oder $\mathcal{B}$*), wenn $\mathcal{A}$, $\mathcal{B}$ verschiedene Wahrheitswerte haben;[87]

---

[85] Das Zeichen symbolisiert die Synthese von $\mathcal{A}$ und $\mathcal{B}$ zu einer „höheren" Einheit aus beiden. Alternative Schreibweisen für $\mathcal{A} \wedge \mathcal{B}$ sind $\mathcal{A} \,\&\, \mathcal{B}$, $\mathcal{A} \bullet \mathcal{B}$ und $\mathcal{AB}$. Die Stoiker nannten die Konjunktion auch das *sympeplegmenon*. Weitere Lesarten sind: *$\mathcal{A}$ und auch $\mathcal{B}$; $\mathcal{A}$ und zugleich $\mathcal{B}$; sowohl $\mathcal{A}$ als auch $\mathcal{B}$.*

[86] Das Zeichen erinnert an den Anfangsbuchstaben *v* des lateinischen Wortes *vel* für das einschließende *oder*. Eine alternative Schreibweise für $\mathcal{A} \vee \mathcal{B}$ ist $\mathcal{A} + \mathcal{B}$. Weitere Bezeichnungen für die Adjunktion sind *einschließende Oder-Aussage* und *Vel-Verknüpfung*. Weitere Lesarten sind: *$\mathcal{A}$ oder auch $\mathcal{B}$*; und im Lateinischen *$\mathcal{A}$ vel $\mathcal{B}$.*

[87] Der eine Punkt über den Oder-Zeichen symbolisiert, dass nur eine Alternative wahr ist. Andere Schreibweisen für $\mathcal{A} \dot{\vee} \mathcal{B}$ sind $\mathcal{A} \veebar \mathcal{B}$, $\mathcal{A} \mathbin{\underline{\vee}} \mathcal{B}$, $\mathcal{A} \nabla \mathcal{B}$, $\mathcal{A} \sqcup \mathcal{B}$, $\mathcal{A} \rightarrowtail\!\!\!\!\leftarrowtail \mathcal{B}$,

- $\mathcal{A} \uparrow \mathcal{B}$ (die *Exklusion*, lies: $\mathcal{A}$ *exkludiert* $\mathcal{B}$), wenn $\mathcal{A} \wedge \mathcal{B}$ falsch ist, d.h. nicht beide Ausdrücke wahr sind;[88]
- $\mathcal{A} \downarrow \mathcal{B}$ (die *Rejektion*, lies: *weder* $\mathcal{A}$ *noch* $\mathcal{B}$), wenn $\mathcal{A} \vee \mathcal{B}$ falsch ist, d.h. beide Ausdrücke falsch sind;[89]
- $\mathcal{A} \rightarrow \mathcal{B}$ (die *Subjunktion* von $\mathcal{A}$ und $\mathcal{B}$, lies: *aus* $\mathcal{A}$ *folgt* $\mathcal{B}$, oder *wenn* $\mathcal{A}$ *dann* $\mathcal{B}$), wenn $\mathcal{A}$ falsch ist oder $\mathcal{A}$ und $\mathcal{B}$ wahr sind;[90]
- $\mathcal{A} \leftarrow \mathcal{B}$ (die *Replikation* von $\mathcal{A}$ und $\mathcal{B}$, lies: $\mathcal{A}$ *folgt aus* $\mathcal{B}$ oder $\mathcal{A}$ *dann*

$\mathcal{A} \nleftrightarrow \mathcal{B}$, $\mathcal{A} \times \mathcal{B}$ und $\mathcal{A} \oplus \mathcal{B}$. Die Stoiker nannten die exklusive Disjunktion das *diëzeugmenon*. Weitere Bezeichnungen sind *ausschließende Oder-Aussage*, *materiale Kontravalenz*, *materiale Antivalenz*, *Aut-Verknüpfung* oder *Xor-Verknüpfung*, weitere Lesarten sind $\mathcal{A}$ *oder aber* $\mathcal{B}$; $\mathcal{A}$ *subkonträr zu* B; im Lateinischen $\mathcal{A}$ *aut* $\mathcal{B}$ und im Englischen $\mathcal{A}$ *xor* $\mathcal{B}$, wobei das Kunstwort xor aus e*x*clusive *or* gebildet wurde.

[88] $\mathcal{A} \uparrow \mathcal{B}$ bedeutet die Negation der Konjunktion, daher lässt sich das Symbol $\uparrow$ als durchgestrichener Konjunktor $\wedge$ deuten, der als Pfeilspitze erscheint. Alternative Schreibweisen für $\mathcal{A} \uparrow \mathcal{B}$ sind $\mathcal{A} \overline{\wedge} \mathcal{B}$ und $\mathcal{A} \mid \mathcal{B}$, wobei der senkrechte Strich | in dieser Bedeutung *Sheffer'scher Strich* heißt. Weitere Bezeichnungen hierfür sind *Konjunktionsnegation*, *Nand-Verknüpfung* oder *Sheffer-Verknüpfung*. Weitere Lesarten sind $\mathcal{A}$ *schließt* $\mathcal{B}$ *aus*; A *konträr zu* B; $\mathcal{A}$ *nicht zugleich mit* $\mathcal{B}$; und engl. $\mathcal{A}$ *nand* $\mathcal{B}$, wobei *nand* ein Kunstwort aus not und *and* ist.

[89] $\mathcal{A} \downarrow \mathcal{B}$ bedeutet die Negation der Adjunktion, daher lässt sich das Symbol $\downarrow$ als durchgestrichener Adjunktor $\vee$ deuten, der als Pfeilspitze erscheint. Weitere Bezeichnungen für die Rejektion sind *Adjunktionsnegation*, *Nor-Verknüpfung* oder *Peirce-Funktion*, eine alternative Schreibweise für $\mathcal{A} \downarrow \mathcal{B}$ ist $\mathcal{A} \overline{\vee} \mathcal{B}$, eine weitere Lesart ist engl. $\mathcal{A}$ *nor* $\mathcal{B}$, wobei *nor* ein Kunstwort aus not und *and* ist.

[90] Eine alternative Schreibweise für $\mathcal{A} \rightarrow \mathcal{B}$ ist $\mathcal{A} \supset \mathcal{B}$, weitere Bezeichnungen dafür sind das *Konditional* oder die *materiale (aktive) Implikation* (die so heißt, weil sie im Gegensatz zur damit verwandten *formalen* Implikation $\Rightarrow$ aus Kap. 1.5.2, die der Metasprache angehört, Teil eines objektsprachlichen Ausdrucks ist). Die Stoiker sprachen vom *synêmmenon*. $\mathcal{A}$ heißt *Vordersatz*, *materiale Prämisse* und *Protasis* und $\mathcal{B}$ *Hintersatz*, *materiale Konklusion* und *Apodosis* der Subjunktion $\mathcal{A} \rightarrow \mathcal{B}$. Weitere Lesarten für $\mathcal{A} \rightarrow \mathcal{B}$ sind $\mathcal{A}$ *impliziert* $\mathcal{B}$; $\mathcal{A}$ *lässt* $\mathcal{B}$ *folgen; nicht, es sei denn auch* $\mathcal{B}$.

wenn $\mathcal{B}$), wenn $\mathcal{B} \longrightarrow \mathcal{A}$ gilt, d.h. $\mathcal{B}$ falsch ist oder $\mathcal{A}$ und $\mathcal{B}$ wahr sind;[91]

- $\mathcal{A} \leftrightarrow \mathcal{B}$ (die *Bijunktion* von $\mathcal{A}$ und $\mathcal{B}$, lies: $\mathcal{A}$ *genau dann wenn* $\mathcal{B}$), wenn beide Ausdrücke denselben Wahrheitswert haben, d.h. $\mathcal{A} \dot\vee \mathcal{B}$ falsch ist, und auch genau dann, wenn $\mathcal{A} \longrightarrow \mathcal{B}$ und $\mathcal{B} \longleftarrow \mathcal{A}$ gilt;[92]
- $\mathcal{A} \nrightarrow \mathcal{B}$ (die *Postsektion* von $\mathcal{A}$ und $\mathcal{B}$, lies: $\mathcal{A}$ *inhibiert* $\mathcal{B}$), wenn $\mathcal{A} \longrightarrow \mathcal{B}$ falsch ist, d.h. wenn $\mathcal{A}$ wahr und $\mathcal{B}$ falsch ist;[93]
- $\mathcal{A} \nleftarrow \mathcal{B}$ (die *Präsektion* von $\mathcal{A}$ und $\mathcal{B}$, lies: $\mathcal{A}$ *wird inhibiert durch* $\mathcal{B}$), wenn $\mathcal{A} \longleftarrow \mathcal{B}$ falsch ist, d.h. wenn $\mathcal{B}$ wahr und $\mathcal{A}$ falsch ist;[94]
- $\mathcal{A} \hookleftarrow \mathcal{B}$ (die *Präpendenz* von $\mathcal{A}$ und $\mathcal{B}$, lies: $\mathcal{A}$ *ist wahr unabhängig von* $\mathcal{B}$), wenn $\mathcal{A}$ wahr ist;[95]
- $\mathcal{A} \Lsh \mathcal{B}$ (die *Postpendenz* von $\mathcal{A}$ und $\mathcal{B}$, lies: *von* $\mathcal{A}$ *unabhängig ist* $\mathcal{B}$ *wahr*), wenn $\mathcal{B}$ wahr ist;[96]

---

[91] Eine alternative Schreibweise für $\mathcal{A} \longleftarrow \mathcal{B}$ ist $\mathcal{A} \subset \mathcal{B}$. Weitere Bezeichnungen hierfür sind die *passive Implikation* von $\mathcal{A}$ durch $\mathcal{B}$ und die *Konversion* von $\mathcal{A} \longrightarrow \mathcal{B}$, eine weitere Lesart ist $\mathcal{A}$ *wird impliziert durch* $\mathcal{B}$.

[92] Eine alternative Schreibweise für $\mathcal{A} \leftrightarrow \mathcal{B}$ ist $\mathcal{A} \equiv \mathcal{B}$, weitere Bezeichnungen sind *Bisubjunktion*, *Äquijunktion*, *Bikonditional*, *materiale Bi-Implikation* und *materiale Äquivalenz*, weitere Lesarten sind $\mathcal{A}$ *dann und nur dann wenn* $\mathcal{B}$, $\mathcal{A}$ *ist äquivalent mit* $\mathcal{B}$ oder einfach $\mathcal{A}$ *äquivalent* $\mathcal{B}$.

[93] Dies bedeutet die Negation der Implikation, eine alternative Schreibweise für $\mathcal{A} \nrightarrow \mathcal{B}$ ist $\mathcal{A} \succ \mathcal{B}$, weitere Bezeichnungen sind die *aktive Inhibition* von $\mathcal{A}$ in Bezug auf $\mathcal{B}$ und die *Subtraktion* $\mathcal{A}$ minus $\mathcal{B}$, weitere Lesarten sind $\mathcal{A}$ *ohne* $\mathcal{B}$, $\mathcal{A}$ *aber nicht* $\mathcal{B}$.

[94] Dies bedeutet die Negation der Replikation, eine alternative Schreibweise für $\mathcal{A} \nleftarrow \mathcal{B}$ ist $\mathcal{A} \prec \mathcal{B}$, eine weitere Bezeichnung ist die *passive Inhibition* von $\mathcal{A}$ durch $\mathcal{B}$, und eine alternative Lesart ist $\mathcal{A}$ *nicht - aber* $\mathcal{B}$.

[95] Der waagerechte Strich ist nach oben umgebogen zum Zeichen der Bejahung; der Pfeil zeigt auf den Ausdruck, der bejaht wird. Eine alternative Schreibweise für $\mathcal{A} \hookleftarrow \mathcal{B}$ ist $\mathcal{A} \lrcorner \mathcal{B}$, eine weitere Bezeichnung ist *erste Projektion* von $\mathcal{A}$ und $\mathcal{B}$, eine weitere Lesart $\mathcal{A}$ *statt* $\mathcal{B}$.

[96] Der waagerechte Strich ist nach oben umgebogen zum Zeichen der Bejahung; der Pfeil zeigt auf den Ausdruck, der bejaht wird. Eine alternative Schreibweise für $\mathcal{A} \Lsh \mathcal{B}$ ist $\mathcal{A} \llcorner \mathcal{B}$, eine weitere Bezeichnung ist *zweite Projektion* von $\mathcal{A}$ und $\mathcal{B}$.

- $\mathcal{A} \Lsh \mathcal{B}$ (die *Pränonpendenz* von $\mathcal{A}$ und $\mathcal{B}$, lies: $\mathcal{A}$ ist *nicht wahr, unabhängig von* $\mathcal{B}$), wenn $\mathcal{A}$ falsch ist;[97]
- $\mathcal{A} \Rsh \mathcal{B}$ (die *Postnonpendenz* von $\mathcal{A}$ und $\mathcal{B}$, lies: *von* $\mathcal{A}$ *unabhängig ist* $\mathcal{B}$ *nicht wahr*), wenn $\mathcal{B}$ falsch ist.[98]

Ferner gilt:

- $\mathcal{A} \top_2 \mathcal{B}$ (die 2-*stellige Tautologie*, lies: *das Verum ist wahr unabhängig von* $\mathcal{A}$ *und* $\mathcal{B}$) ist stets wahr;[99]
- $\mathcal{A} \bot_2 \mathcal{B}$ (die 2-*stellige Antilogie*, lies: *das Falsum ist wahr unabhängig von* $\mathcal{A}$ *und* $\mathcal{B}$) ist stets falsch.[100]

Die folgenden Wahrheitswertetabellen für die 2-stelligen Junktoren können als präzise Definition jedes Junktors aufgefasst werden:

$\mathcal{A}$	$\mathcal{B}$	$\mathcal{A} \wedge \mathcal{B}$	$\mathcal{A} \vee \mathcal{B}$	$\mathcal{A} \dot\vee \mathcal{B}$	$\mathcal{A} \uparrow \mathcal{B}$	$\mathcal{A} \downarrow \mathcal{B}$	$\mathcal{A} \rightarrow \mathcal{B}$	$\mathcal{A} \leftarrow \mathcal{B}$
w	w	w	w	f	f	f	w	w
w	f	f	w	w	w	f	f	w
f	w	f	w	w	w	f	w	f
f	f	f	f	f	w	w	w	w

[97] Der waagerechte Strich ist nach unten umgebogen zum Zeichen der Verneinung; der Pfeil zeigt auf den Ausdruck, der verneint wird. Eine alternative Schreibweise für $\mathcal{A} \Lsh \mathcal{B}$ ist $\mathcal{A} \urcorner \mathcal{B}$.

[98] Der waagerechte Strich ist nach oben umgebogen zum Zeichen der Verneinung: der Pfeil zeigt auf den Ausdruck, der verneint wird. Eine alternative Schreibweise für $\mathcal{A} \Rsh \mathcal{B}$ ist $\mathcal{A} \ulcorner \mathcal{B}$.

[99] Eine alternative Schreibweise für $\top_2 \mathcal{A}$ ist $\top \mathcal{A}$ (ohne Index), alternative Bezeichnungen sind 2-*stellige Einsformel* oder 2-*stellige Kontradiktion*.

[100] Weitere Bezeichnungen für diese Formel sind 2-*stellige Antilogie* oder *Nullformel*.

$\mathcal{A}$	$\mathcal{B}$	$\mathcal{A} \leftrightarrow \mathcal{B}$	$\mathcal{A} \nrightarrow \mathcal{B}$	$\mathcal{A} \nleftarrow \mathcal{B}$	$\mathcal{A}$ ↲ $\mathcal{B}$	$\mathcal{A}$ ↳ $\mathcal{B}$	$\mathcal{A} \Lsh \mathcal{B}$	$\mathcal{A} \Rsh \mathcal{B}$
w	w	w	f	f	w	w	f	f
w	f	f	w	f	w	f	f	w
f	w	f	f	w	f	w	w	f
f	f	w	f	f	f	f	w	w

$\mathcal{A}$	$\mathcal{B}$	$\mathcal{A} \top_2 \mathcal{B}$	$\mathcal{A} \perp_2 \mathcal{B}$
w	w	w	f
w	f	w	f
f	w	w	f
f	f	w	f

Anfänger haben erfahrungsgemäß besonders Schwierigkeiten dem Verständnis der *Subjunktion* alias *materialen Implikation* $\rightarrow$, die auch „*philosophische Implikation*“ genannt worden ist, weil der Philosoph *Philon von Megara* (ca. 300 v. Chr.) sie einführte und die stoischen Philosophen heftig darüber stritten. Nach Definition ist $\mathcal{A} \rightarrow \mathcal{B}$ (zu lesen als: *aus* $\mathcal{A}$ *folgt* $\mathcal{B}$ oder *wenn* $\mathcal{A}$ *dann* $\mathcal{B}$ oder $\mathcal{A}$ *impliziert* $\mathcal{B}$) immer wahr, wenn die Voraussetzung $\mathcal{A}$ falsch ist (*ex falso quodlibet*). Demnach ist «*Wenn der Mond ein grüner Käse ist, ist* $2+2=5$» eine wahre Aussage. Alltagssprachlich würde man eher sagen, dass bei falscher Voraussetzung die Aussage *gar keinen* Wahrheitswert hat. Aufgrund der Wahrheitswert-Definitheit muss man jedoch in jedem Fall einen Wahrheitswert zuordnen, und dann erscheint die Bewertung als *wahr* immer noch angemessener als die Bewertung als *falsch*, die den unerwünschten Effekt hätte, dass $\rightarrow$ dieselbe Bedeutung wie $\wedge$ hätte, und dass die Aussagen $\mathcal{A} \rightarrow \mathcal{B}$ und $\mathcal{B} \rightarrow \mathcal{A}$ immer denselben Wahrheitswert hätten, also äquivalent wären. Die Bewertung mit *wahr* hat dagegen den erwünschten Effekt, dass $\mathcal{A} \rightarrow \mathcal{B} \wedge \mathcal{B} \rightarrow \mathcal{A}$ äquivalent mit $\mathcal{A} \leftrightarrow \mathcal{B}$ ist. So ist die übliche Definition von $\mathcal{A} \rightarrow \mathcal{B}$ in diesem Kontext die einzig richtige. Eine sinngemäß passende alltagssprachliche Lesart von $\mathcal{A} \rightarrow \mathcal{B}$ im definierten Sinn wäre: *$\mathcal{A}$ gilt nicht, außer es gilt auch $\mathcal{B}$.*

Die *materiale* Implikation $\rightarrow$ ist zu unterscheiden

(1) von der *logischen* oder *formalen* Implikation $\Rightarrow$ (siehe unten) und

(2) von nicht-wahrheitswertdefiniten Implikationen, in denen man für die Wahrheit von $\mathcal{A}$ *impliziert* $\mathcal{B}$ etwa verlangt, dass $\mathcal{A}$ die Wahrheit von $\mathcal{B}$ verursacht oder erzwingt (so z.B. die *strikte* Implikation, die *Diodoros Kronos* eingeführt hat).

Höhere semantische Begriffe. Der Wahrheitswert einer Formel hängt, wie es in den Wahrheitswertetabellen festgehalten wird, von den Wahrheitswerten der elementaren Formeln ab, aus denen die Formel zusammengesetzt ist; und die Wahrheitswerte der elementaren Formeln werden durch das vorausgesetzte semantische Modell σ bestimmt. So hängen die Wahrheitswerte letztlich vom konkreten semantischen Modell σ ab. Man kann also Formeln unabhängig vom Modell im Allgemeinen keinen Wahrheitswert zuordnen. Aber man kann prüfen, ob sie *allgemeingültig*, *erfüllbar* oder *unerfüllbar* sind; ferner kann man gewisse Formeln als zueinander *äquivalent*, *kontravalent*, *konträr* oder *subkonträr* bezeichnen und kann sie auf Implikationsverhältnisse hin untersuchen (vgl. zum Folgenden auch Kap. 1.5.2):

Ist eine Formel $\mathcal{A}$ in einem Modell σ wahr bzw. falsch, sagen wir auch, dass sie dort *gilt* oder *erfüllt ist* bzw. *nicht gilt* oder *nicht erfüllt* ist. Im Anschluss an diese Sprechweise definiert man:

- $\mathcal{A}$ heißt *allgemeingültig* oder eine *Tautologie*, wenn sie in *jedem* semantischen Modell σ wahr ist (d.h. dort gilt). Ist dies der Fall, schreiben wir $\models \mathcal{A}$ oder $\models\!\!\!\Rightarrow \mathcal{A}$. Zum Beispiel gilt $\models \mathcal{A} \vee \neg \mathcal{A}$.
- Eine Formel $\mathcal{A}$ heißt *unerfüllbar* (eine *Antilogie* oder *Kontradiktion*),

wenn sie in *keinem* semantischen Modell σ wahr (erfüllt) ist. Dies ist genau dann der Fall, wenn die Negation $\neg\mathcal{A}$ allgemeingültig ist. Wir können also für $\mathcal{A}$ *ist unerfüllbar* schreiben: $\models\neg\mathcal{A}$. Für jede Formel $\mathcal{A}$ ist zum Beispiel die Formel $\mathcal{A}\wedge\neg\mathcal{A}$ unerfüllbar.

- Eine Formel $\mathcal{A}$ heißt *erfüllbar,* wenn sie in *mindestens einem* Modell σ wahr ist (d.h. dort erfüllt ist). Da dies genau dann gilt, wenn $\mathcal{A}$ nicht unerfüllbar ist, schreibt man dafür $=\!\!\!\neg\models\neg\mathcal{A}$, wobei $=\!\!\!\neg$ für die metasprachliche Verneinung steht (gemäß der Regel, dass die Verdopplung mindestens einer Linie eines Zeichens der Objektsprache das Zeichen in die Metasprache „transponiert“). Beispielsweise ist jede elementare Formel ebenso wie ihre Negation erfüllbar.

Des Weiteren betrachtet man oft die folgenden Formelbeziehungen:

- Formeln $\mathcal{A}$ und $\mathcal{B}$ heißen *äquivalent,* wenn sie in jedem Modell σ denselben Wahrheitswert haben. Man schreibt dann $\mathcal{A}\Leftrightarrow\mathcal{B}$. Zum Beispiel gilt $\mathcal{A}\Leftrightarrow\neg\neg\mathcal{A}$ (das sog. Gesetz der doppelten Negation) und $\mathcal{A}\wedge\mathcal{B}\Leftrightarrow\mathcal{B}\wedge\mathcal{A}$. Der logische Äquivalenzjunktor $\Leftrightarrow$ ist nicht mit der Äquijunktion (dem Bijunktor oder materialen Äquivalenzjunktor) $\leftrightarrow$ zu verwechseln, obgleich $\mathcal{A}\leftrightarrow\mathcal{B}$ genau dann wahr ist, wenn $\mathcal{A}\Leftrightarrow\mathcal{B}$ wahr ist. Der Unterschied besteht darin, dass $\Leftrightarrow$ eine metasprachliche *Beziehung zwischen zwei Formeln* ausdrückt, während $\leftrightarrow$ Bestandteil einer einzigen objektsprachlichen Formel ist.
- Eine Formel $\mathcal{A}$ *impliziert* eine Formel $\mathcal{B}$ (und heißt dann *subaltern* zu ihr) wenn es kein Modell σ gibt, in dem $\mathcal{A}$ wahr, aber $\mathcal{B}$ falsch ist. Man schreibt dann $\mathcal{A}\Rightarrow\mathcal{B}$ [lies: $\mathcal{A}$ *impliziert* $\mathcal{B}$] oder $\mathcal{B}\Leftarrow\mathcal{A}$ (lies: $\mathcal{B}$ *wird impliziert von* $\mathcal{A}$]. Für Formeln $\mathcal{C},\mathcal{D}$ gilt z.B. $\mathcal{C}\wedge\mathcal{D}\Rightarrow\mathcal{D}$. Die *logische* (alias *formale*) *Implikation* $\Rightarrow$ steht zur materialen Implikation $\rightarrow$ [bzw. die *logische Replikation* $\Leftarrow$ zur materialen Replikation

$\leftarrow$] in einem analogen Verhältnis wie die logische Äquivalenz $\Leftrightarrow$ zur materialen Äquivalenz $\leftrightarrow$.

- Zusatz: Eine Formelklasse $\{\mathcal{A},\mathcal{B},\mathcal{C},...\}$ *impliziert* eine Formel $\mathcal{F}$, wenn es kein Modell σ gibt, in dem jede Formel aus $\{\mathcal{A},\mathcal{B},\mathcal{C},...\}$ wahr und $\mathcal{F}$ falsch ist. Wir schreiben dann $\{\mathcal{A},\mathcal{B},\mathcal{C},...\} \vDash \mathcal{F}$ oder $\{\mathcal{A},\mathcal{B},\mathcal{C},...\} \models\!\!\Rightarrow \mathcal{F}$. Enthält die Klasse endlich viele Formeln $\mathcal{A}_1,...\mathcal{A}_n$, gilt $\{\mathcal{A}_1,...,\mathcal{A}_n\} \models\!\!\Rightarrow \mathcal{F}$ genau dann, wenn $\mathcal{A}_1 \wedge ... \wedge \mathcal{A}_n \rightarrow \mathcal{F}$ allgemeingültig ist, oder anders geschrieben: genau dann, wenn $\vDash \mathcal{A}_1 \wedge ... \wedge \mathcal{A}_n \rightarrow \mathcal{F}$.
- Zwei Formeln $\mathcal{A}$ und B heißen *logisch kontravalent, gegenwertig* oder *antivalent* oder zueinander *kontradiktorisch*, und man sagt, dass sie *im kontradiktorischen Gegensatz zueinander* stehen, wenn sie in jedem Modell σ verschiedene Wahrheitswerte haben. Man schreibt dann $\mathcal{A} \rangle\!=\!\langle\, \mathcal{B}$. Beispiel: $\mathcal{A} \rangle\!=\!\langle\, \neg \mathcal{A}$. Die logische Kontravalenz $\rangle\!=\!\langle$ steht zur *materialen Kontravalenz* $\rangle\!-\!\langle$ (alias exklusive Disjunktion $\dot\vee$) in einem analogen Verhältnis wie $\Leftrightarrow$ zu $\leftrightarrow$, $\Rightarrow$ zu $\rightarrow$ und $\Leftarrow$ zu $\leftarrow$.
- Formeln $\mathcal{A}$ und $\mathcal{B}$ heißen *konträr* bzw. *subkonträr*, wenn es kein Modell σ gibt, in dem sie zugleich wahr bzw. zugleich falsch sind. Man schreibt dann $\mathcal{A} \Uparrow \mathcal{B}$ bzw. $\mathcal{A} \veebar \mathcal{B}$. Es steht $\Uparrow$ bzw. $\veebar$ in einem analogen Verhältnis zur Exklusion $\uparrow$ bzw. Adjunktion $\vee$ wie $\Leftrightarrow$ zu $\leftrightarrow$, $\Rightarrow$ zu $\rightarrow$, $\Leftarrow$ zu $\leftarrow$, $\rangle\!=\!\langle$ zu $\rangle\!-\!\langle$ und $\neg\!\!\neg$ zu $\neg$.[101]

Wie in der Syllogistik stellt man auch in der Aussagelogik gewisse Aussage-Typen zu einem logischen Quadrat zusammen:

[101] Allgemein bildet man das metasprachliche Analogon zu einem objektsprachlichen logischen Zeichen ja durch Verdopplung mindestens eines seiner Striche.

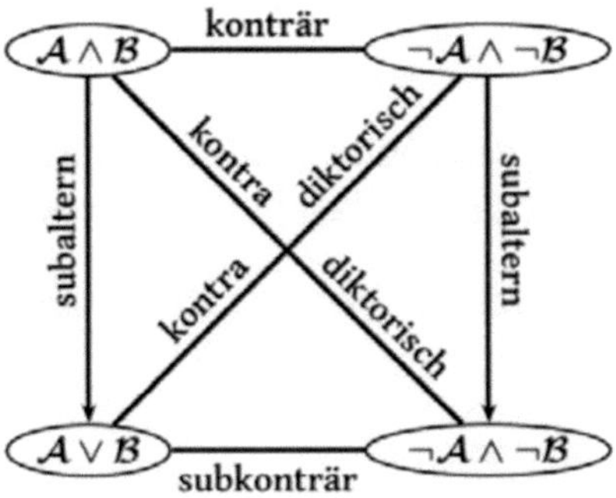

$\mathcal{A} \wedge \mathcal{B}$
konträr
$\neg\mathcal{A} \wedge \neg\mathcal{B}$
subaltern
kontra diktorisch
kontra diktorisch
subaltern
$\mathcal{A} \vee \mathcal{B}$
subkonträr
$\neg\mathcal{A} \wedge \neg\mathcal{B}$

3. *Pragmatik.*

Der praktische Umgang des Logikers mit den Ausdrücken einer formalen Sprache zentriert sich auf folgende Tätigkeiten:

(1) die Tätigkeit des *Definierens*, um die formal-logische Sprache zweckmäßig auszubauen, und

(2) die Tätigkeit des *Beweisens*, wobei

(2a) einerseits vorgelegte Formeln semantisch analysiert werden, um ihren Wahrheitswert oder andere logische Qualitäten und Verhältnisse (wie z.B. Allgemeingültigkeit, Äquivalenz etc.) zu ermitteln, und

(2b) andererseits allgemeingültige (oder aus vorausgesetzten Formeln logisch folgende) Formeln *abgeleitet* (*deduziert*) werden.

Wie dies in der Aussagelogik geschieht, zeigen die folgenden Absätze.

Definitionstätigkeit: *Mehr und weniger Junktoren.* Wir haben sämtliche 0-, 1- und 2-stellige Junktoren beschrieben. Man kann nun noch weitere Junktoren (mehr-als-2-stellige) definieren, wofür man die schon eingeführten Junktoren benutzen kann. So möchte man z.B. einen den 3-*stelligen Konjunktor* $\wedge_3$ einführen, derart dass der neue Ausdruck $\wedge_3 \mathcal{ABC}$ (für beliebige Formeln $\mathcal{A},\mathcal{B},\mathcal{C}$) genau dann wahr sein soll, wenn alle drei Formeln wahr sind; entsprechend soll für den 3-*stelligen Adjunktor* $\vee_3$ [bzw. den 3-*stelligen exklusiven Disjunktor* $\dot{\vee}_3$] der Ausdruck $\wedge_3 \mathcal{ABC}$ [bzw. $\dot{\vee}_3 \mathcal{ABC}$] genau dann wahr sein, wenn mindestens eine [bzw. genau eine] der drei Formeln wahr ist. Man kann diese 3-stelligen Junktoren mittels der schon eingeführten 2-stelligen Junktoren definieren, z.B.

$$\wedge_3 \mathcal{ABC} \;:\Leftrightarrow\; (\mathcal{A} \wedge \mathcal{B}) \wedge \mathcal{C}.$$

Mit dieser Definitionen ist festgelegt, dass die neue Formel $\wedge_3 \mathcal{ABC}$ per

Definition äquivalent mit der Formel $(\mathcal{A} \wedge \mathcal{B}) \wedge \mathcal{C}$ sein soll, also in jedem Modell denselben Wahrheitswert haben soll wie diese. Damit hat sie genau die beabsichtigte Bedeutung. Ebenso kann man $\vee_3 \mathcal{ABC}$ formal durch die Definition

$$\vee_3 \mathcal{ABC} :\Leftrightarrow (\mathcal{A} \wedge \mathcal{B}) \wedge \mathcal{C}$$

einführen. Leider hätte aber die entsprechende Definition

$$\dot{\vee}_3 \mathcal{ABC} :\Leftrightarrow (\mathcal{A} \dot{\vee} \mathcal{B}) \dot{\vee} \mathcal{C}\#$$

nicht den beabsichtigten Sinn, denn die so definierte Formel $\dot{\vee}_3 \mathcal{ABC}$ wäre *nicht* gleichbedeutend mit «*einer der drei Ausdrücke ist wahr*», wie man sich anhand einer Wahrheitswertetabelle klar machen kann. Dennoch kann man auch $\dot{\vee}_3 \mathcal{ABC}$ im beabsichtigten Sinn mittels 1- und 2-stelliger Junktoren definieren, wie wir im Folgenden sehen werden.

Man kann ganz allgemein die Frage stellen, ob es nicht eine übersichtliche Menge weniger Junktoren gibt, mit der man *alle* übrigen theoretisch denkbaren Junktoren definieren kann. Eine solche Menge nennt man, falls es sie gibt, eine (*Junktoren-*)*Basis*, und eine „sparsame" aussagelogische Sprache mit möglichst wenig Zeichen, die aber trotzdem möglichst viel zum Ausdruck bringen können soll, wäre dann eine solche, die nur die Junktoren einer möglichst kleinen Junktorenbasis besitzt, so dass man im Rahmen dieser Sprache alle anderen Junktoren bei Bedarf durch eine formale Definition einführen kann.

Zunächst ist klar, dass jeder mehr-als-0-stellige Junktor durch eine Wahrheitswertetabelle beschrieben werden kann, in der jede Zeile einer möglichen Verteilung der Wahrheitswerte auf die mit dem Junktor zusammengestellten Ausdrücke entspricht. Diese Tabelle für den Junktor kann man aber alltagssprachlich immer dadurch kennzeichnen, dass man die Zeilen der Tabelle, in denen für den Junktorausdruck ein w erscheint, mit den Verbindungsworten *und, oder* und *nicht* beschreibt. Ist z.B. ein mit einer Wahrheitswertetabelle neu definierter Junktor J 3-stellig, und hat er in folgenden Spalten ein w:

(1) in der Zeile, die für den Fall $\mathcal{A}$ wahr, $\mathcal{B}$ falsch und $\mathcal{C}$ wahr steht,
(2) in der Zeile, die für den Fall $\mathcal{A}$ falsch, $\mathcal{B}$ wahr und $\mathcal{C}$ falsch steht,
(3) in der Zeile, die für den Fall $\mathcal{A}$ falsch, $\mathcal{B}$ falsch und $\mathcal{C}$ wahr steht,

so lässt sich seine Bedeutung offenbar wie folgt beschreiben:

J $\mathcal{ABC}$ ist genau dann wahr, wenn
(1) $\mathcal{A}$ gilt *und* $\mathcal{B}$ *nicht* gilt *und* $\mathcal{C}$ gilt
oder (2) $\mathcal{A}$ *nicht* gilt *und* $\mathcal{B}$ gilt *und* $\mathcal{C}$ *nicht* gilt
oder (3) $\mathcal{A}$ *nicht* gilt *und* $\mathcal{B}$ *nicht* gilt *und* $\mathcal{C}$ gilt.

Eine solche Beschreibung lässt sich also formal allein mit den Junktoren $\wedge$, $\vee$ und $\neg$ durchführen, und so kann man den neuen Junktor allein mit Hilfe dieser drei Junktoren definieren:

$$J\mathcal{ABC} :\Leftrightarrow (\mathcal{A} \wedge \neg\mathcal{B} \wedge \mathcal{C}) \vee (\neg\mathcal{A} \wedge \mathcal{B} \wedge \neg\mathcal{C}) \vee (\neg\mathcal{A} \wedge \neg\mathcal{B} \wedge \mathcal{C}).$$

Das Gesagte gilt zunächst nur für mehr-als-0-stellige Junktoren; was aber die beiden 0-stelligen Junktoren betrifft, könnte man $\top$ als Abkürzung für eine beliebige mit $\wedge$, $\vee$ und $\neg$ darstellbare Tautologie und $\bot$ als Abkürzung für eine beliebige mit denselben Junktoren darstellbare Kontradiktion definieren, zum Beispiel so:

$\top :\Leftrightarrow \mathcal{A} \vee \neg\mathcal{A}$ und $\bot :\Leftrightarrow \mathcal{A} \wedge \neg\mathcal{A}$,
wobei $\mathcal{A}$ irgend eine konkret gewählte, junktorfreie Aussage sei.

So kann man alle (auch die 0-stelligen) Junktoren mittels der Junktoren $\wedge$, $\vee$ und $\neg$ definieren, und wir haben daher das Ergebnis, dass die 3-elementige Menge $\{\wedge, \vee, \neg\}$ eine Junktorenbasis ist: die sog. *Boole-Basis*.

Weiter gilt nun aber (was man sich semantisch leicht klar machen, aber auch durch Wahrheitswertetabellen verifizieren kann), dass $\mathcal{A}$

$\wedge \mathcal{B} \Leftrightarrow \neg(\neg \mathcal{A} \vee \neg \mathcal{B})$, und dies bedeutet, dass man den Junktor $\wedge$ seinerseits mittels der Junktoren $\neg$ und $\vee$ definieren kann:

$$\mathcal{A} \wedge \mathcal{B} :\Leftrightarrow \neg(\neg \mathcal{A} \vee \neg \mathcal{B}).$$

So ist bereits die 2-elementige Menge $\{\neg, \vee\}$ eine Junktorenbasis. Analog gilt $\mathcal{A} \vee \mathcal{B} \Leftrightarrow \neg(\neg \mathcal{A} \wedge \neg \mathcal{B})$, so dass man alternativ auch den Junktor $\vee$ mittels $\neg$ und $\wedge$ definieren kann, also ist auch $\{\neg, \wedge\}$ eine Junktorenbasis. Die beiden genannten Äquivalenzen

$$\mathcal{A} \wedge \mathcal{B} \Leftrightarrow \neg(\neg \mathcal{A} \vee \neg \mathcal{B}) \text{ sowie } \mathcal{A} \vee \mathcal{B} \Leftrightarrow \neg(\neg \mathcal{A} \wedge \neg \mathcal{B}),$$

sind für die Aussagelogik fundamental; durch Negation der Formeln recht uns links vom Äquivalenzzeichen (und da die doppelte Negation sich aufhebt) ergibt sich aus ihnen, dass auch

$$\neg(\mathcal{A} \wedge \mathcal{B}) \Leftrightarrow \neg \mathcal{A} \vee \neg \mathcal{B} \text{ und } \neg(\mathcal{A} \vee \mathcal{B}) \Leftrightarrow \neg \mathcal{A} \wedge \neg \mathcal{B}$$

gilt. Diese vier Äquivalenzen nennt man die *Gesetze von De Morgan*, und sie bilden die Grundlage des sog. P*rinzips der Dualität* zwischen $\wedge$ *und* $\vee$.[102] Zwei ähnlich wichtige Äquivalenzen sind

$$\mathcal{A} \leftrightarrow \mathcal{B} \Leftrightarrow (\mathcal{A} \rightarrow \mathcal{B}) \wedge (\mathcal{B} \rightarrow \mathcal{A}) \text{ und } \mathcal{A} \rightarrow \mathcal{B} \Leftrightarrow (\neg \mathcal{A}) \vee \mathcal{B},$$

---

[102] Unter einem *Literal* fasst man die *atomaren Formeln* (solche ohne mehr-als-0-stellige Junktoren) und ihre Negationen zusammen: Erstere heißen *positive*, letztere *negative Literale*. Man sagt nun, dass ein Ausdruck eine *disjunktive Normalform* (DNF) ist, wenn er die Form einer Disjunktion $\mathcal{A}_1 \vee ... \vee \mathcal{A}_n$ hat, wobei jedes $\mathcal{A}_i$ die Form einer Konjunktion von Literalen hat. Hat der Ausdruck dagegen die Form einer Konjunktion $\mathcal{A}_1 \wedge ... \wedge \mathcal{A}_n$, wobei jedes $\mathcal{A}_i$ die Form einer Disjunktion von Literalen hat, so ist der Ausdruck eine *konjunktive Normalform* (KNF). Aus dem Vorhergehenden ist klar, dass es zu jeden aussagelogischen Ausdruck sowohl eine äquivalente KNF als auch durch eine äquivalente DNF gibt. Dies ist eine tiefliegende Konsequenz der Dualität von $\vee$ und $\wedge$.

womit man eine Bijunktion auf die Konjunktion zweier Subjunktionen zurückführt, und eine Subjunktionen allein mit $\neg$ und $\vee$ ausdrückt.

Erstaunlicherweise gibt es sogar 1-elementige Junktorbasen, so dass man mit Hilfe eines einzigen Junktors alle übrigen (unendlich vielen!) Junktoren[103] definieren kann. Und zwar gibt es zwei solche Basen. Zum einen die sog. *Nand-Basis* $\{\uparrow\}$, da man die Junktoren $\neg$ und $\wedge$ der Basis $\{\neg, \wedge\}$ mit Hilfe der Exklusion $\uparrow$ (alias Sheffer'scher Strich |) definieren kann. Denn es ist offenbar $\neg\mathcal{A}$ äquivalent mit $\mathcal{A}\uparrow\mathcal{A}$, und $\mathcal{A}\wedge\mathcal{B}$ ist äquivalent mit $\neg(\mathcal{A}\uparrow\mathcal{B})$, d.h. mit $(\mathcal{A}\uparrow\mathcal{B})\uparrow(\mathcal{A}\uparrow\mathcal{B})$. Eine andere 1-elementige Junktorenbasis ist die sog. *Nor-Basis* $\{\downarrow\}$, da man mit $\downarrow$ die Junktoren der Basis $\{\neg, \vee\}$ definieren kann: denn $\neg\mathcal{A}$ ist äquivalent mit $\mathcal{A}\downarrow\mathcal{A}$, und $\mathcal{A}\vee\mathcal{B}$ mit $\neg(\mathcal{A}\downarrow\mathcal{B})$, d.h. mit $(\mathcal{A}\downarrow\mathcal{B})\downarrow(\mathcal{A}\downarrow\mathcal{B})$. Man könnte also alle aussagelogischen Ausdrücke gleichwertig durch solche ersetzen, in denen nur $\uparrow$ oder nur noch $\downarrow$ als Junktor vorkommt. Das ist theoretisch interessant, führt in der Praxis jedoch zu Unübersichtlichkeit. Die Faustregel ist daher: Für die Theorie sind möglichst wenige, für die Praxis dagegen möglichst viele Junktoren von Vorteil.

Semantische Analyse von Formeln. In der Aussagelogik kann man sich einen Überblick über die möglichen Bewertungen einer Formel machen, indem man eine Wahrheitswertetabelle aufstellt, wo in den ersten Spalten alle möglichen Kombinationen für die Wahrheitswerte der in der Formel vorkommenden atomaren Unterformeln aufgelistet sind (von denen der Wahrheitswert der Gesamtformel abhängt), in den weiteren Spalten die einer jeden Kombination entsprechenden

---

[103] Für jede natürliche Zahl *n* beträgt die Anzahl der *n*-stelligen Junktoren stets 2 hoch (2 hoch *n*). Es gibt also 2^1 (d.h. 2) nullstellige Junktoren, 2^2 (d.h. 4) einstellige, 2^4 (d.h. 16) zweistellige, 2^8 (d.h. 256) dreistellige, 2^{16} (d.h. 65.536) vierstellige, 2^{32} (d.h. ca. 4 Milliarden!) fünfstellige Junktoren usw.

Wahrheitswerte der komplexeren Unterformeln erscheinen, und in der letzten Spalte die Wahrheitswerte der Gesamtformel zu sehen.

Beispiel: Die zu untersuchende Formel sei $(\neg A \vee B) \leftrightarrow (A \rightarrow B)$, wobei A und B hier konkrete Konstanten der Aussagelogik sein sollen. Man stellt dann folgende Wahrheitswertetabelle auf:

A	B	$\neg A$	$\neg A \vee B$	$A \rightarrow B$	$(\neg A \vee B) \leftrightarrow (A \rightarrow B)$
w	w	f	w	w	w
w	f	f	f	f	w
f	w	w	w	w	w
f	f	w	w	w	w

Eine Wahrheitswertetabelle eines mehr-als-0-stelligen Ausdrucks $\mathcal{A}$ hat zwei Bereiche, die durch einen vertikalen Doppelstrich getrennt sind: Den *Eingangsbereich* links und den *Ausgangsbereich* rechts davon. In den Spalten im Eingangsbereich (die sog. *Eingangsspalten*) erscheint in der obersten Zeile jeweils ein atomarer Ausdruck, wobei alle atomaren Unterausdrücke von $\mathcal{A}$ vorkommen müssen; jede Spalte ist dem jeweiligen atomaren Ausdruck gewidmet, d.h. die unter ihm stehenden Wahrheitswerte beziehen sich auf ihn. In unserem Fall erscheinen hier die beiden Unterausdrücke A und B des Ausdrucks $\mathcal{A} := (\neg A \vee B) \leftrightarrow (A \rightarrow B)$. Im Bereich unter diesen atomaren Ausdrücken stehen in der Tabelle alle möglichen Kombinationen der Wahrheitswerte dieser Ausdrücke (hier: ww, wf, fw, ff).[104] Die Spalten im Ausgangsbereich (die *Ausgangsspalten*) haben in der obersten Zeile Namen der von den atomaren Unterausdrücke verschiedenen Unterausdrücke des Ausdrucks $\mathcal{A}$, und ganz links erscheint dieser Gesamt-

---

[104] Gäbe es *drei* atomare Unterformeln A,B und C, so hätte man drei Eingangsspalten, die mit A,B,C überschrieben wären, und man hätte darunter acht mögliche Kombinationen www, wwf, wfw, wff sowie fww, fwf, ffw, fff.

ausdruck selbst. In der obersten Zeile der Tabelle (der *Ausdruckszeile*) stehen somit Namen von Ausdrücken, und die Zeilen darunter enthalten die entsprechenden Wahrheitswerte des jeweiligen Ausdrucks über ihnen, und zwar steht in jeder Zeile derjenige Wahrheitswert des über ihm stehenden Ausdrucks, den der Ausdruck in dem Fall hat, dass die links in derselben Zeile beschriebene Verteilung der Wahrheitswerte auf die atomaren Unterformeln die zutreffende ist.
In der vierten und fünften Spalte der obigen Tabelle erkennen wir also z.B., dass die Unterformeln $\neg A \vee B$ und $A \rightarrow B$ stets denselben Wahrheitswert haben, also äquivalent sind, und die letzte Spalte zeigt, dass unsere Gesamtformel, hier also $(\neg A \vee B) \leftrightarrow (A \rightarrow \mathrm{B})$ in jedem Fall wahr ist, also *allgemeingültig* bzw. eine *Tautologie* ist. Erscheint in der letzten Spalte der Wahrheitswertetabelle einer Formel dagegen nur der Wahrheitswert f, ist sie *unerfüllbar* bzw. eine *Kontradiktion.* Und erscheint dort mindestens einmal w, ist sie *erfüllbar.*

Will man die Verhältnisse zweier Formeln $\mathcal{A}$ und $\mathcal{B}$ ermitteln, erstellt man eine gemeinsame Wahrheitswertetabelle für beide Formeln; ihr Eingangsbereich enthält sämtliche Unterausdrücke beider Formeln, und ihr Ausgangsbereich die anderen Unterausdrücke und schließlich die Formeln $\mathcal{A}$ und $\mathcal{B}$ selbst. Gilt dann für jede Zeile, dass unterhalb von $\mathcal{A}$ und $\mathcal{B}$ derselbe Wahrheitswert [bzw. nicht derselbe Wahrheitswert] steht, so sind die Formeln *äquivalent* [bzw. *kontradiktorisch*]. Gilt für keine Zeile, dass in dieser Zeile unterhalb $\mathcal{A}$ und unterhalb von $\mathcal{B}$ der Wahrheitswert w [bzw. f] auftaucht, sind die Formeln *konträr* [bzw. *subkonträr*]. Gilt für keine Zeile, dass in dieser Zeile unterhalb von $\mathcal{A}$ der Wahrheitswert w, aber unterhalb von $\mathcal{B}$ der Wahrheitswert f steht, so gilt $\mathcal{A} \Rightarrow \mathcal{B}$ (d.h. B ist *subaltern* zu A). Mithin kann man alle semantischen Beziehungen mit Wahrheitswertetabellen prüfen. Ein alternatives Verfahren zur Prüfung der Allgemeingültigkeit einer Formel ist folgendes: Man zerlegt die Formel, also in unserem Beispiel $(\neg A \vee B) \leftrightarrow (A \rightarrow B)$, schrittweise in ihre Unterformeln und stellt dann folgende Überlegung an (man könnte dies formal in einem sog. *Baumdiagramm* nachzeichnen, worauf wir hier verzichten wollen):

(1) Der Hauptjunktor ist $\leftrightarrow$, also ist die Formel genau dann wahr, wenn $\neg A \vee B$ und $A \rightarrow B$ denselben Wahrheitswert haben.
(2) Der Hauptjunktor von $\neg A \vee B$ ist $\vee$; also ist $\neg A \vee B$ genau dann wahr, wenn die Formeln $\neg A$ und B nicht beide falsch sind.
(3) $\neg A$ ist genau dann falsch, wenn A wahr ist.
(4) Wegen (3) lässt sich (2) so umformulieren: $\neg A \vee B$ ist genau dann wahr, wenn nicht A wahr und B falsch ist.
(5) $A \rightarrow B$ ist genau dann wahr, wenn nicht A wahr und B falsch ist.
(6) Wegen (4) und (5) haben $\neg A \vee B$ und $A \rightarrow B$ denselben Wahrheitswert.
(7) Wegen (1) und (6) ist die Gesamtformel stets wahr (allgemeingültig).

Beweistätigkeit bzw. formale Ableitung (Deduktion). Ein *axiomatischer Beweiskalkül* ist ein Tupel $\mathcal{K} = \{\mathbb{L}, R_1, ..., R_n\}$, wobei $\mathbb{L}$ eine Klasse von Formeln ist (diese heißen die *logischen Axiome* des Kalküls) und $R_1, ..., R_n$ Relationen sind, die Klassen von Formeln eine Formel zuordnen (diese Relationen heißen *Regeln* des Kalküls). Ordnet die Regel R_i einer Formelklasse, z.B. $\{\mathcal{A}, \mathcal{B}, \mathcal{C}\}$, eine Formel $\mathcal{D}$ zu, sagen wir, dass die Regel R_i von der Formelklasse (oder von ihren Elementen, die in diesem Zusammenhang *Prämissen* heißen, in unserem Beispiel also von den Prämissen $\mathcal{A}, \mathcal{B}, \mathcal{C}$) zur *Schlussfolgerung* $\mathcal{D}$ führt, oder dass die Regel den *Schluss* von der Formelklasse (bzw. von ihren Elementen $\mathcal{A}, \mathcal{B}, \mathcal{C}$) auf $\mathcal{D}$ *erlaubt*. Schematisch schreiben wir diese Regel auch in der Form

$$\frac{\begin{array}{c}\mathcal{A}\\ \mathcal{B}\\ \mathcal{C}\end{array}}{\mathcal{D}}$$

auf (wie in der Syllogistik), nennen $\mathcal{A},\mathcal{B},\mathcal{C}$ die *Prämissen* und $\mathcal{D}$ die diesen Prämissen von der Regel zugewiesene *Konklusion* oder *Schlussfolgerung.* Eine Regel heißt *korrekt*, wenn sie von wahren Prämissen immer nur zu wahren Schlussfolgerungen führt. Wenn die oben genannte Regel korrekt ist, gilt also $\{\mathcal{A}, \mathcal{B}, \mathcal{C}, ...\} \models \mathcal{D}$ und das heißt: $\mathcal{A} \wedge \mathcal{B} \wedge \mathcal{C} \rightarrow \mathcal{D}$ ist allgemeingültig. Der ganze Kalkül $\mathcal{K}$ heißt *korrekt*, wenn (1) alle seine logischen Axiome (die Formeln aus $\mathbb{L}$) allgemeingültige Formeln sind, und (2) alle seine Regeln korrekt sind.

Sei nun $\mathbb{A}$ eine beliebige Klasse von Formeln, die wir (nichtlogische) *Axiome* nennen; diese müssen nicht allgemeingültig sein – es können z.B. die empirisch ermittelten Gesetze einer physikalischen Theorie sein. Dann versteht man unter einer *formalen Ableitung oder Deduktion aus* $\mathbb{A}$ mittels eines Kalküls $\mathcal{K}$ (oder unter einem mit $\mathcal{K}$ vollzogenen von $\mathbb{A}$ ausgehenden *formalen Beweis*) eine Folge von zeilenweise untereinander geschriebenen Ausdrücken mit der Eigenschaft, dass für jede Formel $\mathcal{A}$ der Folge gilt:

(1) $\mathcal{A}$ ist ein logisches Axiom des Kalküls $\mathcal{K}$ (d.h. eine Tautologie aus der Klasse $\mathbb{L}$ des Kalküls) oder ein Axiom aus $\mathbb{A}$, oder

(2) es gibt eine Regel R von $\mathcal{K}$ und eine Formelklasse $\mathbb{F}$, deren Formeln der Formel $\mathcal{A}$ in der Folge vorausgehen, so dass $\mathcal{A}$ die Schlussfolgerung ist, zu der die Regel die Formeln dieser Klasse führt.

Ist die Formel $\mathcal{F}$ die letzte Formel einer Ableitung aus $\mathbb{A}$ mittels des Kalküls $\mathcal{K}$, so heißt diese Ableitung eine *Ableitung* oder *Deduktion* der Formel $\mathcal{F}$ (oder ein formaler Beweis für $\mathcal{F}$) aus dem Axiomensystem $\mathbb{A}$ mit dem Kalküls $\mathcal{K}$. Existiert zu einer Formel $\mathcal{F}$ eine solche formale Ableitung, so heißt $\mathcal{F}$ (aus $\mathbb{A}$ mittels $\mathcal{K}$) *ableitbar* und wir schreiben

$\mathbb{A} \vdash_{\mathcal{K}} \mathcal{F}$ oder kurz $\mathbb{A} \vdash \mathcal{F}$ [lies: aus $\mathbb{A}$ ist $\mathcal{F}$ ableitbar].

Ist das Axiomensystem $\mathbb{A}$ die leere Menge, heißt $\mathcal{F}$ (schlechthin) mit $\mathcal{K}$ ableitbar (alias deduzierbar alias beweisbar) und wir schreiben

$\vdash_K \mathcal{F}$ oder kurz $\vdash \mathcal{F}$ [lies: $\mathcal{F}$ ist ableitbar].

Ist $\mathcal{K}$ ein korrekter Kalkül, folgt aus der Ableitbarkeit von $\mathcal{F}$ aus $\mathbb{A}$, dass in jedem semantischen Modell, in dem die Axiome aus $\mathbb{A}$ gelten, auch $\mathcal{F}$ gilt. Und aus der Ableitbarkeit von $\mathcal{F}$ folgt, dass $\mathcal{F}$ allgemeingültig ist:

Aus $\mathbb{A} \vdash \mathcal{F}$ (Ableitbarkeit von $\mathcal{F}$ aus $\mathbb{A}$)
folgt $\mathbb{A} \models \mathcal{F}$ (Implikation von $\mathcal{F}$ durch $\mathbb{A}$),
und insbesondere:
Aus $\vdash \mathcal{F}$ (Beweisbarkeit von $\mathcal{F}$)
folgt $\models \mathcal{F}$ (Allgemeingültigkeit von $\mathcal{F}$).

Ein brauchbares Axiomensystem $\mathbb{A}$ sollte *widerspruchsfrei* sein: Es sollte mindestens ein Modell geben, in dem alle Axiome erfüllt sind. Ein ideales Axiomensystem sollte darüber hinaus *minimal* sein: Seine Axiome sollten voneinander *unabhängig* sein, d.h. kein Axiom sollte aus den übrigen ableitbar sein, denn ein ableitbares Axiom wäre als Axiom überflüssig. Idealerweise sollte das Axiomensystem außerdem bezüglich einer bestimmten Theorie *vollständig* sein, d.h. alle wahren Sätze der Theorie, die man damit beschreiben will, sollten aus den Axiomen ableitbar sein (siehe jedoch die Bemerkungen zu Gödels Unvollständigkeitssatz in Kap. 6).

Hat man mit einem korrekten Kalkül $\mathcal{K}$ eine Formel $\mathcal{F}$ bewiesen, ist sie allgemeingültig, und folglich kann man sie zu den logischen Axiomen des Kalküls hinzutun: Man erhält dann einen erweiterten korrekten Kalkül $\mathcal{K}'$, in dem die Menge $\mathbb{L}$ der logischen Axiome größer ist als in $\mathcal{K}$. Man kann einen korrekten Kalkül $\mathcal{K}$ auch noch auf eine zweite Art erweitern: Man leitet mit $\mathcal{K}$ aus einer beliebigen Formelklasse $\mathbb{A}$ eine

Formel $\mathcal{F}$ ab. Dann muss, wenn die Formeln aus $\mathbb{A}$ wahr sind, auch $\mathcal{F}$ wahr sein. Folglich kann man zu den Regeln $R_1, ..., R_n$ des Kalküls eine neue Regel R_{n+1} hinzufügen, gemäß der von $\mathbb{A}$ auf $\mathcal{F}$ geschlossen werden darf. So erhält man einen erweiterten korrekten Kalkül $\mathcal{K}' = \{\mathbb{L}, R_1, ..., R_n, R_{n+1}\}$. Auf diese Weise kann man immer komplexere und effizientere Kalküle für praktische Anwendungen gewinnen, ähnlich wie man auch die Sprache durch Definitionen immer mehr erweitern kann.

Für theoretische Zwecke ist es hingegen vorteilhaft, die Regeln und Axiome eines Kalküls auf ein Minimum zu reduzieren. Wenn man also bestimmte in $\mathbb{L}$ vorhandene logische Axiome aus den übrigen dortigen Axiomen ableiten kann, heißen diese *eliminierbar*, und man kann sie streichen. Und wenn man bestimmte Regeln aus den übrigen ableiten kann, heißen auch diese *eliminierbar* und können gestrichen werden.[105]

Ein korrekter Kalkül $\mathcal{K}$ heißt nun (bzgl. einer logischen Sprache) *vollständig*, wenn mit den Regeln von $\mathcal{K}$ *sämtliche* (in dieser Sprache formulierbaren) Tautologien bewiesen und auch *sämtliche* aus einem beliebig vorgegebenen Axiomensystem logisch folgenden Formeln abgeleitet werden können. Ist der Kalkül $\mathcal{K}$ korrekt *und* vollständig, gilt also für jedes beliebige Axiomensystem $\mathbb{A}$:

$\mathbb{A} \vdash \mathcal{F}$ gilt genau dann wenn $\mathbb{A} \models \mathcal{F}$,
und $\vdash \mathcal{F}$ gilt genau dann wenn $\models \mathcal{F}$.

Ein solcher Kalkül ist offenbar optimal. Kurt Gödel hat 1929 in seiner Dissertation (siehe Literaturverzeichnis) bewiesen, dass es für die

[105] Nebenbei bemerkt: Offenbar kann man die 24 gültigen Modi der Syllogistik als korrekte Kalkül-Regeln der Syllogistik ansehen. Die durch die Buchstaben s,p,m,c kodierten Operationen der syllogistischen Rückführungsbeweise und das *dictum de omni et nullo* können als kalkülartige Regeln angesehen werden, die es erlauben, alle Modi auf die 4 regulären Modi der ersten Figur zu reduzieren.

Aussagelogik (und sogar für die Prädikatenlogik erster Stufe) einen korrekten und vollständigen Kalkül gibt (sog. *Vollständigkeitssatz*). Dieser Vollständigkeitssatz offenbart die erstaunliche Tatsache, dass man die *semantisch eingeführten Begriffe* der logischen Folgerung und Allgemeingültigkeit (symbolisiert durch $\models$) ohne Verluste durch die *rein syntaktisch eingeführten Begriffe* der formalen Ableitbarkeit (symbolisiert durch $\vdash$) ersetzen kann. Ein Beispiel für einen vollständigen und korrekten axiomatischen Beweiskalkül der Aussagelogik ist der folgende (der im Wesentlichen eine Vereinfachung des von Gödel für die Prädikatenlogik aufgestellten Kalküls ist):[106]

Die *Axiome des Kalküls* sind für jede Formel $\mathcal{A}$

(A1) $((\mathcal{A} \vee \mathcal{A}) \rightarrow \mathcal{A})$ (Tautologieprinzip),
(A2) $(\mathcal{A} \rightarrow (\mathcal{A} \vee \mathcal{B}))$ (Additionsprinzip),
(A3) $((\mathcal{A} \rightarrow \mathcal{B}) \rightarrow ((\mathcal{C} \vee \mathcal{A}) \rightarrow (\mathcal{B} \vee \mathcal{C})))$ (Summationsprinzip).

Dazu kommt als einzige *Kalkül-Regel* der sog. **Modus Ponens** (kurz **MP**):

$$\frac{\begin{array}{c}(\mathcal{A} \rightarrow \mathcal{B})\\ \mathcal{A}\end{array}}{\mathcal{B}}$$

Vorausgesetzt ist noch, dass $\neg$ und $\vee$ die einzigen ursprünglichen Junktoren sind; $\wedge, \rightarrow$ und $\leftrightarrow$) werden wie folgt definiert (siehe oben S. 165)

(D1) $(\mathcal{A} \wedge \mathcal{B}) \quad :\Leftrightarrow \quad (\neg((\neg \mathcal{A}) \vee (\neg \mathcal{B})))$,
(D2) $(\mathcal{A} \leftrightarrow \mathcal{B}) \quad :\Leftrightarrow \quad ((\mathcal{A} \rightarrow \mathcal{B}) \wedge (\mathcal{B} \rightarrow \mathcal{A}))$,
(D3) $(\mathcal{A} \rightarrow \mathcal{B}) \quad :\Leftrightarrow \quad ((\neg \mathcal{A}) \vee \mathcal{B})$.

Jede Definition entspricht einer weiteren Kalkülregel: Jeder Formel $\mathcal{A}$, in der das Definiens bzw. Definiendum vorkommt, darf jede Formel

[106] Das Kalkül ist zu finden bei A. H. Lightstone, *Mathematical Logic*, London 1978.

folgen, die aus $\mathcal{A}$ durch Ersetzung eines Exemplars des Definiens bzw. Definiendums durch das Definiendum bzw. Definiens entsteht.

Um zu demonstrieren, wie man mit diesem Kalkül arbeitet, beweisen wir mit ihm schrittweise die bekannte Tautologie $(\mathcal{A} \vee (\neg \mathcal{A}))$, wobei man für $\mathcal{A}$ eine beliebige Formel eingesetzt denken darf:

(1) $((\mathcal{A} \vee \mathcal{A}) \rightarrow \mathcal{A})$
(Axiom (A1))

(2) $(((\mathcal{A} \vee \mathcal{A}) \rightarrow \mathcal{A}) \rightarrow (((\neg \mathcal{A}) \vee (\mathcal{A} \vee \mathcal{A})) \rightarrow (\mathcal{A} \vee (\neg \mathcal{A}))))$
(Axiom (A3))

(3) $(((\neg \mathcal{A}) \vee (\mathcal{A} \vee \mathcal{A})) \rightarrow (\mathcal{A} \vee (\neg \mathcal{A})))$
(MP, angewendet auf Zeilen (2) und (1))

(4) $((\mathcal{A} \rightarrow (\mathcal{A} \vee \mathcal{A})) \rightarrow (\mathcal{A} \vee (\neg \mathcal{A})))$
(definitorische Regel (D3), angewendet auf Zeile (3))

(5) $(\mathcal{A} \rightarrow (\mathcal{A} \vee \mathcal{B}))$
(Axiom (A2)

(6) $(\mathcal{A} \vee (\neg \mathcal{A}))$
(MP, angewendet auf Zeilen (4) und (5)), q.e.d.[107]

Für die Praxis wichtig sind neben axiomatischen Beweiskalkülen die sog. „*Kalküle des natürlichen Schließens*".[108] Dabei handelt es sich wie bei den axiomatischen Beweiskalkülen um Regelsysteme zum Ableiten, nur mit dem Unterschied, dass die „Kalküle des natürlichen Schließens"

---

[107] Die Ur-Tautologie $(\mathcal{A} \vee (\neg \mathcal{A}))$ ist hier also aus anderen Tautologien abgeleitet worden. Aber das bedeutet nicht, dass jene anderen – im Aufbau komplizierteren – Tautologien (die Axiome (A1) bis (A3)) ontologisch fundamentaler wären als sie.

[108] Vgl. Essler, Wilhelm u.a., Grundzüge der Logik I. Das logische Schließen, Frankfurt am Main: Vittorio Klostermann, 5. Auflage 2001, S. 72–114 und 179–216.

keine logischen Axiome haben, dass im Rahmen dieser Kalküle statt dessen *alle bekannten Tautologien und Äquivalenzen* verwendet und darüber hinaus sog. *Annahmen gesetzt werden* dürfen und sog. *indirekte Beweise* erlaubt sind (was weiter unten erklärt werden wird), und dass schließlich viele intuitiv einleuchtende Schlussregeln aufgestellt werden, nach denen man in der Praxis tatsächlich schlussfolgert. Diese Kalküle sind dem tatsächlichen Argumentieren viel besser angepasst als die axiomatischen Kalküle. Während die axiomatischen Kalküle *für die Theorie wichtig* sind (man will mit ihnen zeigen, dass und wie logisches Schlussfolgern auf möglichst geschickt gewählten, sehr wenigen Axiomen und Regeln aufgebaut werden kann), sind die Kalküle des natürlichen Schließens *für die Praxis wichtig* (man möchte möglichst viele Regeln etablieren, mit denen man in praktischen Beweisen möglichst schnell vorankommt). Die folgende Liste bietet die wichtigsten in diesen Kalkülen verwendeten Schlussregeln, von denen einige schon in der Antike aufgestellt wurden (etwa von den Stoikern die sog. *fünf hypothetischen Syllogismen*: *Modus ponendo ponens*, *tollendo tollens*, *ponendo tollens*, *tollendo ponens* und der *konjunktive Syllogismus*):

MP oder **MPP** (Modus ponendo ponens, kurz Modus ponens)	**MT** oder **MTT** (Modus tollendo tollens, kurz Modus tollens)
$\mathcal{A} \rightarrow \mathcal{B}$ $\mathcal{A}$ *ponendo: durch Setzen* ――― $\mathcal{B}$ *ponens: setzend*	$\mathcal{A} \rightarrow \mathcal{B}$ $\neg \mathcal{B}$ *tollendo: durch Aufheben* ――― $\neg \mathcal{A}$ *tollens: aufgebend*

Die Worte *ponendo* und *ponens* beziehen sich auf das «Setzen» (Bejahen) von $\mathcal{A}$ und $\mathcal{B}$; während *tollendo* und *tollens* das «Aufheben» (Verneinen) von $\mathcal{A}$ und $\mathcal{B}$ anspricht. Ein Fehlschluss ist der *falsche Modus tollens*, der aus $\mathcal{A} \rightarrow \mathcal{B}$ und $\neg \mathcal{A}$ auf $\neg \mathcal{B}$ schließt (= *Fallacia consequentis* in Kap. 1.4).

MPT (Modus ponendo tollens)	**MTP** (Modus tollendo ponens)
$\mathcal{A} \dot{\vee} \mathcal{B}$ $\mathcal{A}$ bzw. $\mathcal{B}$ *ponendo: durch Setzen* ――――― $\neg \mathcal{B}$ bzw. $\neg \mathcal{A}$ *tollens: aufhebend*	$\mathcal{A} \dot{\vee} \mathcal{B}$ $\neg \mathcal{A}$ bzw. $\neg \mathcal{B}$ *tollendo: durch Aufheben* ――――― $\mathcal{B}$ bzw. $\mathcal{A}$ *ponens: setzend*

Zusatz: Beim MTP darf das ausschließende Oder ($\dot{\vee}$) auch durch das gewöhnliche einschließende Oder ($\vee$)ersetzt werden.

KonjS (Konjunktiver Syllogismus)	**HKS** (Hypothetischer Kettenschluss)
$\neg(\mathcal{A} \wedge \mathcal{B})$ $\mathcal{A}$ bzw. $\mathcal{B}$ ――――― $\neg \mathcal{B}$ bzw. $\neg \mathcal{A}$ oder $\mathcal{A} \uparrow \mathcal{B}$ $\mathcal{A}$ bzw. $\mathcal{B}$ ――――― $\neg \mathcal{B}$ bzw. $\neg \mathcal{A}$	$\mathcal{A} \rightarrow \mathcal{B}$ $\mathcal{B} \rightarrow \mathcal{C}$ ――――― $\mathcal{A} \rightarrow \mathcal{C}$

KonjE (Konjunktionseinführung)	**KonjB** (Konjunktionsbeseitigung)
$\mathcal{A}$ $\mathcal{B}$ ――――― $\mathcal{A} \wedge \mathcal{B}$	$\mathcal{A} \wedge \mathcal{B}$ ――――― $\mathcal{A}$ oder $\mathcal{A} \wedge \mathcal{B}$ ――――― $\mathcal{B}$

AdjE (Adjunktionseinführung)	**KonstrD** (konstruktives Dilemma)
$\mathcal{A}$ ――――― $\mathcal{A} \vee \mathcal{B}$ oder $\mathcal{B}$ ――――― $\mathcal{A} \vee \mathcal{B}$	$(\mathcal{A} \rightarrow \mathcal{B}) \wedge (\mathcal{C} \rightarrow \mathcal{D})$ $\mathcal{A} \vee \mathcal{C}$ ――――― $\mathcal{B} \vee \mathcal{D}$

DestrD (destruktives Dilemma)	**KlassD** (klassisches Dilemma)	**TautE** (Tautologie-Einführung)
$(\mathcal{A} \to \mathcal{B}) \wedge (\mathcal{C} \to \mathcal{D})$ $\neg\mathcal{B} \vee \neg\mathcal{D}$ ——— $\neg\mathcal{A} \vee \neg\mathcal{C}$	$\mathcal{A} \to \mathcal{C}$ $\mathcal{B} \to \mathcal{C}$ $\mathcal{A} \vee \mathcal{B}$ ——— $\mathcal{C}$	für Tautologien $\mathcal{A}$: ——— $\mathcal{A}$

Die Tautologie-Einführung ist die einzige Regel ohne Prämisse.

Zu diesen Regeln kommt noch die **generelle Äquivalenzregel**: Hat man eine Äquivalenz $\mathcal{F}_1 \Leftrightarrow \mathcal{F}_2$ etabliert, darf man jedes Exemplar von $\mathcal{F}_1$ bzw. $\mathcal{F}_2$ durch ein solches von $\mathcal{F}_2$ bzw. $\mathcal{F}_1$ ersetzen. D.h. man darf von einer Formel $\mathcal{A}$ auf eine Formel $\mathcal{B}$ schließen, die dadurch aus $\mathcal{A}$ hervorgeht, dass man ein in $\mathcal{A}$ befindliches Exemplar einer Teilformel von $\mathcal{A}$ (die auch ganz $\mathcal{A}$ sein kann) durch ein Exemplar einer dazu äquivalenten Formel ersetzt. Die folgende Liste enthält die wichtigsten Standardäquivalenzen, die man leicht unmittelbar als gültig erkennen und im genannten Sinn benutzen kann. Für Formeln $\mathcal{A}$,$\mathcal{B}$ $\mathcal{C}$ gilt:

1. **NN** (Negation der Negation)[109]	$\neg\neg\mathcal{A} \Leftrightarrow \mathcal{A}$
2. **Kontrap** (Kontraposition)	$\mathcal{A} \to \mathrm{B} \Leftrightarrow (\neg\mathcal{B}) \to (\neg\mathcal{A})$
3. **Export** (Exportationsgesetz)	$(\mathcal{A} \wedge \mathcal{B}) \to \mathcal{C} \Leftrightarrow \mathcal{A} \to (\mathcal{B} \to \mathcal{C})$
4. **Komm** (Kommutativgesetze)	$\mathcal{A} \wedge \mathcal{B} \Leftrightarrow \mathcal{B} \wedge \mathcal{A}$
	$\mathcal{A} \vee \mathcal{B} \Leftrightarrow \mathcal{B} \vee \mathcal{A}$
5. **Ass** (Assoziativgesetze)	$(\mathcal{A} \wedge \mathcal{B}) \wedge \mathcal{C} \Leftrightarrow (\mathcal{A} \wedge \mathcal{B}) \wedge \mathcal{C}$,
	$(\mathcal{A} \vee \mathcal{B}) \vee \mathcal{C} \Leftrightarrow (\mathcal{A} \vee \mathcal{B}) \vee \mathcal{C}$
6. **Distr** (Distributivgesetze)	$\mathcal{A} \wedge (\mathcal{B} \vee \mathcal{C}) \Leftrightarrow (\mathcal{A} \wedge \mathcal{B}) \vee (\mathcal{A} \wedge \mathcal{C})$,
	$\mathcal{A} \vee (\mathcal{B} \wedge \mathcal{C}) \Leftrightarrow (\mathcal{A} \vee \mathcal{B}) \wedge (\mathcal{A} \vee \mathcal{C})$
7. **Idemp** (Idempotenzgesetze)	$\mathcal{A} \wedge \mathcal{A} \Leftrightarrow \mathcal{A}$
	$\mathcal{A} \vee \mathcal{A} \Leftrightarrow \mathcal{A}$

[109] Die hier auftauchende *doppelte Negation* wurde von den Stoikern als *Hypernegation* bezeichnet und als Unterart der Negation betrachtet, in der die Negation wieder negiert wird, wobei wieder die ursprüngliche Aussage herauskommt.

8. **Abs** (Absorptionsgesetze) $\mathcal{A} \wedge (\mathcal{A} \vee \mathcal{B}) \Leftrightarrow \mathcal{A}$
$\mathcal{A} \vee (\mathcal{A} \wedge \mathcal{B}) \Leftrightarrow \mathcal{A}$
$\mathcal{A} \rightarrow (\mathcal{A} \rightarrow \mathcal{B}) \Leftrightarrow \mathcal{A} \rightarrow \mathcal{B}$
9. **DeM** (DeMorgans Gesetze)[110] $\mathcal{A} \wedge \mathcal{B} \Leftrightarrow \neg(\neg \mathcal{A} \vee \neg \mathcal{B})$,
$\mathcal{A} \vee \mathcal{B} \Leftrightarrow \neg(\neg \mathcal{A} \wedge \neg \mathcal{B})$,
$\neg(\mathcal{A} \wedge \mathcal{B}) \Leftrightarrow \neg \mathcal{A} \vee \neg \mathcal{B}$
$\neg(\mathcal{A} \vee \mathcal{B}) \Leftrightarrow \neg \mathcal{A} \wedge \neg \mathcal{B}$
10. **Subj** (Def. der Subjunktion) $\mathcal{A} \rightarrow \mathcal{B} \Leftrightarrow (\neg \mathcal{A}) \vee \mathcal{B}$
11. **Bij** (Def. der Bijunktion) $\mathcal{A} \leftrightarrow \mathcal{B} \Leftrightarrow (\mathcal{A} \rightarrow \mathcal{B}) \wedge (\mathcal{A} \rightarrow \mathcal{B})$,
$\mathcal{A} \leftrightarrow \mathcal{B} \Leftrightarrow (\mathcal{A} \wedge \mathcal{B}) \vee (\neg \mathcal{A} \wedge \neg \mathcal{B})$,
12. **Alt** (Def. der Alternative) $\mathcal{A} \dot{\vee} \mathcal{B} \Leftrightarrow (\mathcal{A} \vee \mathcal{B}) \wedge \neg(\mathcal{A} \wedge \mathcal{B})$
13. **Nand** (Def. der Exklusion) $\mathcal{A} \uparrow \mathcal{B} \Leftrightarrow \neg(\mathcal{A} \wedge \mathcal{B})$
14. **Nor** (Def. der Rejektion) $\mathcal{A} \downarrow \mathcal{B} \Leftrightarrow \neg(\mathcal{A} \vee \mathcal{B})$
15. **Repl** (Def. der Replikation) $\mathcal{A} \leftarrow \mathcal{B} \Leftrightarrow \mathcal{A} \rightarrow \mathcal{B}$
16. **Aff** (Def. der Affirmation) $- \mathcal{A} \Leftrightarrow \mathcal{A}$
17. **Eins** (Def der Einsformel) $\top \Leftrightarrow \mathcal{A} \vee \neg \mathcal{A}$
18. **Null** (Def der Nullformel) $\bot \Leftrightarrow \mathcal{A} \wedge \neg \mathcal{A}$.

Mit diesem Regelwerk kann man bequem deduzieren. Bei der Deduktion nummeriert man die Zeilen und vermerkt am Rand die benutzte Regel und auf welche Zeilen die Anwendung sich bezieht. Die ersten Zeilen sind die Prämissen, nach der letzten Prämisse vermerkt man die gewünschte Konklusion, wobei man das metasprachliche Zeichen $\therefore$ verwenden kann (es bedeutet *daher, aus all dem folgt*).[111] Am Ende der Ableitung notiert man q.e.d.

Man betrachte folgendes Beispiel:[112] Man möchte verifizieren, dass aus $\neg(\mathcal{A} \wedge \mathcal{B})$, $\neg \mathcal{B} \rightarrow \neg \mathcal{C}$ und $\mathcal{C}$ folgt, dass $\neg \mathcal{A}$. Das geht z.B. so:

---

[110] Siehe hierzu S. 165.

[111] Das Zeichen $\therefore$ ist wie $\Rightarrow$ ein metasprachliches Analogon zu $\rightarrow$; entsprechend ist $\because$ (*weil*) wie $\Leftarrow$ ein metasprachliches Analogon zu $\leftarrow$.

[112] Dieses Beispiel und andere lehrreiche Beispiele sind zu finden bei Löffler, Winfried, *Einführung in die Logik*, Stuttgart 2008, S. 108–113.

(1)	$\neg(\mathcal{A} \wedge \mathcal{B})$	Prämisse
(2)	$\neg\mathcal{B} \rightarrow \neg\mathcal{C}$	Prämisse
(3)	$\mathcal{C}$	Prämisse, $\therefore \neg\mathcal{A}$
(4)	$\mathcal{C} \rightarrow \mathcal{B}$	(2) Kontrap
(5)	$\mathcal{B}$	(4,3) MP[113]
(6)	$\neg\mathcal{A} \vee \neg\mathcal{B}$	(1) DeM
(7)	$\neg\mathcal{B} \vee \neg\mathcal{A}$	(6) Komm
(8)	$\neg\neg\mathcal{B}$	(5) NN
(9)	$\neg\mathcal{A}$	(6,8) MTP, q.e.d.

Eine Besonderheit bei Kalkülen des natürlichen Schließens ist die *konditionale Deduktion*: Man darf sog. *Annahmen* in Deduktionen einbringen, d.h. man darf in einer beliebigen Zeile eine beliebigen Ausdruck $\mathcal{A}$ einfügen. Diesen kennzeichnet man als „*Annahme*". Alle weiteren Schritte gelten dann nur *unter der Annahme, dass A wahr ist*; sie werden daher eingerückt und/oder mit einem Stern * versehen. Gelangt man dann zu einer Folgerung $\mathcal{B}$, darf man in der nächsten Zeile ohne Stern bzw. ohne Einrückung $\mathcal{A} \rightarrow \mathcal{B}$ schreiben und „*Annahmebeseitigung*" an den Rand schreiben. Die Formel $\mathcal{A} \rightarrow \mathcal{B}$ gilt dann nämlich absolut (denn man hat ja gezeigt, dass $\mathcal{B}$ aus $\mathcal{A}$ folgt). Beispiel:

(1)	$(\mathcal{A} \vee \mathcal{B}) \rightarrow \mathcal{C}$	Prämisse, $\therefore \mathcal{B} \rightarrow \mathcal{C}$
(2)	$\quad * \mathcal{B}$	Annahme
(3)	$\quad * \mathcal{A} \vee \mathcal{B}$	(2) AdjE
(4)	$\quad * \mathcal{C}$	(1,3) MP
(5)	$\mathrm{B} \rightarrow \mathcal{C}$	(2,4) Annahmebeseitigung, q.e.d.

[113] (4,3) MP bedeutet: *Modus Ponens, angewendet auf Zeilen (4) und (3)*. Hier ist die Reihenfolge wichtig: Der MP hat ja zwei Prämissen, und hier fungiert Zeile (4) als *erste* und Zeile (3) als *zweite* Prämisse von MP.

Man kann in dem Beweisteil, der unter einer Annahme gilt, eine weitere Annahme machen, die dann zwei Sterne erhält und/oder noch weiter eingerückt wird usw. Wichtig ist, dass alle Annahmen wieder beseitigt werden müssen, entweder simultan oder in umgekehrter Reihenfolge, wie sie eingeführt wurden. Beispiel:

(1)	$\mathcal{A} \rightarrow (\mathcal{B} \vee \mathcal{C})$	Prämisse
(2)	$\mathcal{C} \rightarrow \mathcal{D}$	Prämisse, $\therefore (\mathcal{A} \wedge \neg \mathcal{D}) \rightarrow \mathcal{B}$
(3)	* $\mathcal{A}$	Annahme 1
(4)	* $\mathcal{B} \vee \mathcal{C}$	(1,3) MP
(5)	** $\neg \mathcal{D}$	(Unter-)Annahme 2
(6)	** $\neg \mathcal{C}$	(2,5) MT
(7)	** $\mathcal{C} \vee \mathcal{B}$	(4) Komm
(8)	** $\mathcal{B}$	(7,6) MTP
(9)	* $\neg \mathcal{D} \rightarrow \mathcal{B}$	(5,8) Beseitigung von (Unter-)Annahme 2
(10)	$\mathcal{A} \rightarrow (\neg \mathcal{D} \rightarrow \mathcal{B})$	(3,9) Beseitigung von Annahme 1
(11)	$(\mathcal{A} \wedge \neg \mathcal{D}) \rightarrow \mathcal{B}$	(10) Export, q.e.d.

Sind $\mathcal{A}_1, \ldots, \mathcal{A}_n$ sukzessiv gemachte Annahmen und gelangt man vor ihrer Beseitigung zum Ausdruck $\mathcal{B}$, kann man in der nächsten Zeile schreiben: $(\mathcal{A}_1 \wedge \ldots \wedge \mathcal{A}_n) \rightarrow \mathcal{B}$ und alle Sterne löschen: Das nennt sich *simultane Annahmebeseitigung*, wodurch man schneller zum Ziel kommen kann. In unserem Beispiel könnte man also anstelle der Zeilen (9) bis (11) auf die Zeile (8) sofort folgen lassen:

(9) $(\mathcal{A} \wedge \neg \mathcal{D}) \rightarrow \mathcal{B}$ (3,5) simultane Annahmebeseitigung, q.e.d.

Das Arbeiten mit Annahmen empfiehlt sich, wenn man eine Subjunktion $\mathcal{A} \rightarrow$ B beweisen will. – Eine weitere Technik des natürlichen Schließens ist die *indirekte Deduktion*. Dabei setzt man als *Annahme* das *Gegenteil der gewünschten Folgerung* (d.h. ihre Negation oder eine dazu äquivalente Formel). Daraus leitet man (mittels eingerückter und/oder mit Sternen gekennzeichneter Zeilen) eine bekannte Kontradiktion wie $\mathcal{A} \wedge \neg \mathcal{A}$ ab, und vermerkt z.B. durch das Blitzzeichen ↯, dass es eine Kontradiktion ist. Dann erfolgt eine Annahmebeseitigung, aber nicht durch eine Subjunktion, sondern durch die Negation der Annahme (die dann zur gewünschten Folgerung äquivalent ist). Statt *Annahmebeseitigung* schreibt man *indirekte Deduktion* an den Rand. Das Verfahren ist korrekt: Denn wenn die Prämissen alle wahr sind (was wir ja voraussetzen), kann sich aus diesen (wenn unsere Regeln korrekt sind) keine widersprüchliche Aussage ergeben; für die hergeleitete Kontradiktion ist daher allein die hinzugesetzte Annahme verantwortlich. Diese muss daher falsch sein und also die gewünschte Folgerung wahr. Eine indirekte Deduktion empfiehlt sich, wenn die Konklusion negativ ist. Beispiel:

(1)	$(\mathcal{A} \rightarrow \mathcal{B}) \wedge (\mathcal{C} \rightarrow \mathcal{D})$	Prämisse
(2)	$\mathcal{B} \vee \mathcal{D} \rightarrow \mathcal{E}$	Prämisse
(3)	$\neg \mathcal{E}$	Prämisse, $\therefore \neg(\mathcal{A} \vee \mathcal{C})$
(4)	* $\mathcal{A} \vee \mathcal{C}$	<u>Annahme des Gegenteils</u>
(5)	* $\mathcal{B} \vee \mathcal{D}$	(1,4) KonstrD
(6)	* $\mathcal{E}$	(2,5) MP
(7)	* $\mathcal{E} \wedge \neg \mathcal{E}$	(6,3) KonjE, ↯
(8)	$\neg(\mathcal{A} \vee \mathcal{C})$	(4,7) <u>indirekte Deduktion</u>, q.e.d.

6. Prädikatenlogik

Die Aussagelogik hat gegenüber der Syllogistik den Vorteil, dass man in ihr durch Verknüpfung von Aussagen mit Junktoren beliebig komplexe Satzgefüge bilden kann. Doch hat sie zugleich den Nachteil, dass in ihr die elementaren Aussagen nur als unteilbare Einheiten verwendet werden: Eine elementare Aussage wird durch ein einziges Zeichen, nämlich eine Konstante (etwa *A*) wiedergegeben. Die Syllogistik hatte dagegen ihre elementaren Aussagen immerhin durch drei Zeichen wiedergegeben (*SaP*, *SiP*, *SeP*, *SoP*), also als dreigliedrig aufgefasst, bestehend aus Subjekt *S*, Prädikat *P* und logischer Konstante (*a*, *i*, *e*, *o*).

Die Prädikatenlogik vereinigt in sich die Vorteile beider Logiken: Man hat in ihr alle Junktoren der Aussagelogik, und behandelt elementare Aussagen als komplexe Einheiten. Hier geht die Prädikatenlogik aber über die Syllogistik noch hinaus: Erstens kann man in einem Satz verschiedene Quantitäten miteinander verbinden (z.B. «*alle* Menschen haben *einige* Vorfahren»). Zweitens werden nicht alle Prädikate mit nur einem einzigen Subjekt verbunden, vielmehr gibt es zu jeder beliebigen Anzahl *n* sog. *n*-stellige Prädikate. So ist z.B. *ausruhen* 1-stellig, *schlagen* 2-stellig und *jemanden etwas geben* 3-stellig, d.h. es wird mit einem bzw. zwei bzw. drei Subjekten verbunden: «*a ruht sich aus*» (formal etwa: *Aa*), «*a schlägt b*» (formal etwa: S*ab*), «*a gibt b ein c*» (formal etwa: *Gabc*).
Derartige Zusammenhänge lassen sich in der Prädikatenlogik mit beliebig-stelligen Formelfunktoren ausdrücken. Die syllogistischen Formeln werden in der Prädikatenlogik mit Hilfe der Variablen und Quantoren $\forall$ (*für alle ...*) und $\exists$ (*es gibt ein ...*) dargestellt. In einer ausdrucksstarken Form der Prädikatenlogik werden zusätzlich zu $\forall$ und $\exists$ noch weitere sog. Operatoren eingeführt, die mit Variablen verbunden werden: z.B. der Kennzeichnungsoperator ι («*dasjenige ...*») und

der Klassenoperator κ («*die Klasse aller ...*»). Nicht nur die elementaren Aussagen, sondern auch die darin benutzten Begriffe sind manchmal komplex, wie z.B. der Begriff «*König von England*». Dementsprechend kann man in der Prädikatenlogik neben komplexen Formeln auch komplexe Terme bilden. Diese werden mit beliebig-stelligen Termfunktoren ausgedrückt. Z.B. ist «*König von ...*» 1-stellig, und «*Tochter von ... und ...*» ist 2-stellig, denn man sagt ja «*König von a*» (formal etwa: *Ka*), aber «*Tochter von a und b*» (formal etwa: *Tab*). So lassen sich in der Prädikatenlogik komplexe Aussagen wie «d*ie Tochter von a und b schlägt den König von c*» angemessen und präzise darstellen (formal: *STabKc*). Eine solche prädikatenlogische Aussage könnte in der Aussagelogik nur durch einen einzigen Buchstaben dargestellt werden (wodurch viel Information verloren geht), während sie in der elementaren Syllogistik überhaupt nicht angemessen dargestellt werden kann. So ist die Prädikatenlogik eindeutig die ausdrucksstärkste der bisher betrachteten Sprachen. Allerdings hat auch sie ihre *Grenzen*. So können Sätze wie «*möglicherweise* gilt *P*» und «*S glaubt*, dass *P*» in der Prädikatenlogik nicht ohne Informationsverlust dargestellt werden. Hierfür benötigt man moderne Erweiterungen der Prädikatenlogik (Modallogik, epistemische Logik etc.).

Analog zur Darstellung der Aussagelogik wird auch hier nacheinander die Syntax, Semantik und Pragmatik behandelt.

1. Syntax.

Zum *Alphabet* der Prädikatenlogik gehören folgende Zeichen:

1. *Hilfszeichen.* Als Hilfszeichen zur Herstellung von Eindeutigkeit wählt man wie in der Aussagelogik meist die Klammern „(“ und „)“, oder man benutzt auch hier die klammerfreie polnische Syntax.
2. *Variablen.* Im Gegensatz zur Aussagelogik und Syllogistik verwendet die Prädikatenlogik unendlich viele Zeichen als Variablen. Gewöhnlich nimmt man hierfür die Buchstaben x,y,z mit und ohne Indizes. Zu den Variablen gehören also $x, x', x'', ..., y, y', y'', ..., z, z', z'', ...$.
3. *Konstanten.* Alle von den Hilfszeichen und Variablen verschiedenen prädikatenlogischen Zeichen nennt man Konstanten. Man teilt diese ein in (a) *logische Konstanten*, deren Bedeutung in der logischen Kunstsprache diskursübergreifend fest steht, und (b) *nichtlogische Konstanten*, deren Bedeutung nur im Rahmen desselben Diskurses konstant ist, in verschiedenen Diskursen aber verschieden sein kann. Demgegenüber können Variablen auch im Rahmen ein und desselben Diskurses Verschiedenes bezeichnen. Nach steigender „Festigkeit“ geordnet folgen also den Variablen die nichtlogischen Konstanten, und diesen die logische Konstanten. Die Konstanten werden auch eingeteilt in *Funktoren* und *Operatoren*, derart dass jede Konstante entweder ein Funktor oder ein Operator ist. Wir haben also folgende Gesamteinteilung der prädikatenlogischen Zeichen:

<table>
<tr><td rowspan="3">Hilfszeichen</td><td rowspan="3">Variablen</td><td colspan="2">Konstanten</td></tr>
<tr><td>logische Funktoren</td><td>nichtlogische Funktoren</td></tr>
<tr><td>logische Operatoren</td><td>nichtlogische Operatoren</td></tr>
</table>

Ein *Funktor* ist eine Konstante, der man eine natürliche Zahl n als *Stellenzahl* zuordnet. Ein Funktor f mit Stellenzahl n heißt *n-stellig*. Die Stellenzahl n zeigt an, dass dann und nur dann, wenn der Funktor mit genau n Ausdrücken $\mathcal{A}_1, ..., \mathcal{A}_n$ zu einer Zeichenreihe $f\mathcal{A}_1, ..., \mathcal{A}_n$ zusammengestellt wird, ein neuer Ausdruck entstehen soll. Wir können demnach die Funktoren in 0-stellige, 1-stellige, 2-stellige usw. einteilen. Die 0-stelligen sind diejenigen, die schon allein für sich (also *ohne* dass sie mit anderen Zeichen zusammengestellt werden) ein Ausdruck der Sprache sind: Sie heißen auch *Namen*. Außer der Stellenzahl legen wir für Funktoren f noch eine *Kategorienzahl* fest, die 0 oder 1 ist, je nachdem ob die mit f zusammengestellten Ausdrücke $f\mathcal{A}_1, ..., \mathcal{A}_n$ als *Formeln* oder als *Terme* gelten sollen, und je nachdem sprechen wir von einem *Formelfunktor* oder *Termfunktor*. Ist k die Kategorien- und n die Stellenzahl eines Funktors, so heißt $\langle n,k \rangle$ seine *Signatur*. Besondere Formelfunktoren sind noch

(1) die *Prädikate*, das sind alle nichtlogischen Formelfunktoren; und

(2) die *Junktoren*, das sind diejenigen logischen Formelfunktoren, die *wahrheitsdefinit* sind, d.h. deren Wahrheitswert nur von den Wahrheitswerten der mit ihnen zusammengesetzten Ausdrücke abhängt.

Ein *Operator* ist eine Konstante, der man ein Zahlenpaar $\langle m,n \rangle$ zuordnet, wobei m die *Stellenzahl der Variablen* und n die *Stellenzahl der Ausdrücke heißt*: Der Operator heißt dann *m-n-stellig*, was bedeute, dass genau dann, wenn er mit m Variablen $v_1, ..., v_m$ und n Ausdrücken $\mathcal{A}_1, ..., \mathcal{A}_n$ zu einer Zeichenreihe $\mathcal{O}v_1, ..., v_m\,\mathcal{A}_1, ..., \mathcal{A}_n$ zusammengestellt wird, ein neuer Ausdruck entsteht. Jeder Operator erhält auch eine *Kategorienzahl* 0 oder 1, je nachdem, ob die mit ihm gebildeten Ausdrücke *Formeln* oder *Terme* sein sollen; wir sprechen dann von einem *Formel-* bzw. *Termoperator*.

Die Stellenzahlen *m, n* und die Kategorienzahl *k* fassen wir in dem Tripel ⟨*m*,*n*,*k*⟩ zusammen und nennen es die *Signatur* des Operators.

So hat also jede Konstante ihre *Signatur*, an der sich ablesen lässt, ob sie ein Termfunktor, ein Formelfunktor, ein Termoperator oder ein Formeloperator ist und mit wie vielen Ausdrücken (und eventuell Variablen sie zusammengesetzt werden muss, damit ein Ausdruck entsteht.

In der folgenden Tabelle sind für die wichtigsten *logischen Funktoren* Namen, Lesarten und Signaturen aufgelistet (die Lesart 1 gilt für die polnische Syntax, Lesart 2 bezieht sich auf die gewöhnliche Syntax):

	Name	Lesart 1	Lesart 2	Signatur
$\top$	Verum	das Verum	das Verum	⟨0,1⟩
$\bot$	Falsum	das Falsum	das Falsum	⟨0,1⟩
$\underline{\bot}$	Joker	der Joker	der Joker	⟨0,1⟩
$\top_0$	Verifikator	das Verum ist wahr	das Verum ist wahr	⟨0,0⟩
$\bot_0$	Falsifikator	das Falsum ist wahr	das Falsum ist wahr	⟨0,0⟩
$-$	Affirmator	wahr ist:	wahr ist:	⟨1,0⟩
$\neg$	Negator	nicht	nicht	⟨1,0⟩
$\wedge$	Konjunktor	beides:	und	⟨2,0⟩
$\vee$	inklusiver Disjunktor	mindestens eines von beiden:	oder	⟨2,0⟩
$\dot{\vee}$	exklusiver Disjunktor	genau eines von beiden:	entweder ... oder	⟨2,0⟩
$\uparrow$	Nand-Junktor	nicht beides:	exkludiert	⟨2,0⟩
$\downarrow$	Nor-Junktor	beides nicht:	weder ... noch	⟨2,0⟩
$\rightarrow$	Subjunktor	wenn das Erste, so das Zweite:	impliziert	⟨2,0⟩
$\leftarrow$	Replikator	wenn das Zweite, so das Erste:	wird impliziert von	⟨2,0⟩
$\leftrightarrow$	Bijunktor	äquivalent sind:	genau dann wenn	⟨2,0⟩
$\nrightarrow$	Postsektor	das Erste ist wahr ohne das Zweite:	ohne	⟨2,0⟩

↚	Präsektor	das Zweite ist wahr ohne das Erste:	nicht, aber	⟨2,0⟩
=	Gleichheits-zeichen	gleich sind:	(ist) gleich	⟨2,0⟩
∈	Element-zeichen	das Erste ist Element des Zweiten:	(ist) Element (von)	⟨2,0⟩

Eher selten gebräuchliche logische Funktoren sind noch die folgenden:

$\top_1$	1-stelliger Verifikator		(wie Lesart 1)	⟨1,0⟩
$\bot_1$	1-stelliger Falsifikator	das Falsum ist wahr unabhängig von:	(wie Lesart 1)	⟨1,0⟩
↲	Präpendenz-zeichen	das Erste ist wahr:	gilt unabhängig von	⟨2,0⟩
↳	Postpendenz-zeichen	das Zweite ist wahr:	von ... unabhängig gilt ...	⟨2,0⟩
↰	Pränonpen-denzzeichen	das Erste ist nicht wahr	gilt nicht, unabhängig von	⟨2,0⟩
↱	Postnonpen-denzzeichen	das Zweite ist nicht wahr:	von ... unabhängig gilt nicht ...	⟨2,0⟩
$\top_2$	2-stelliger Verifikator	das Verum ist wahr unabhängig von:	das Verum ist wahr unabhängig von	⟨2,0⟩
$\bot_2$	2-stelliger Falsifikator	das Falsum ist wahr unabhängig von:	das Falsum ist wahr unabhängig von	⟨2,0⟩

Die Signaturangabe bedeutet nach dem oben Gesagten:

1. ⊤, ⊥ und $\underline{\underline{\bot}}$ sind 0-stellige Termfunktoren, $\top_0$ und $\bot_0$ 0-stellige Formelfunktoren; diese Funktoren sind bereits Ausdrücke.
2. –, ¬, $\top_1$, $\bot_1$ sind 1-stellige Formelfunktoren.
3. ∧, ∨, ∨̇, ↑, ↓, →, ←, ↔, ↛, ↚, ↲, ↳, ↰, ↱, $\top_2$, $\bot_2$, =, ∈ sind 2-stellige Formelfunktoren.

Die wichtigsten *logischen* Operatoren sind die folgenden:

	Name	Syntax	Lesart	Signatur
$\forall$	Allquantor	$\forall v \mathcal{A}$	für alle v gilt: $\mathcal{A}$	⟨1,1,0⟩
$\exists$	(einfacher) Existenzquantor	$\exists v \mathcal{A}$	es gibt (min.) ein v, so dass gilt: $\mathcal{A}$	⟨1,1,0⟩
$\dot{\exists}$	exakter Existenzquantor[114]	$\dot{\exists} v \mathcal{A}$	es gibt genau ein *v*, so dass gilt: $\mathcal{A}$	⟨1,1,0⟩
ε	Selektor[115]	$\varepsilon v \mathcal{A}$	ein *v*, für das gilt: $\mathcal{A}$	⟨1,1,1⟩
ι	Deskriptor[116]	$\iota v \mathcal{A}$	das(jenige) *v*, für das gilt: $\mathcal{A}$	⟨1,1,1⟩
κ	Abstraktor[117]	$\kappa v \mathcal{A}$	Klasse aller *v*, für die gilt: $\mathcal{A}$	⟨1,1,1⟩

Die Wendungen «*so dass gilt*», «*für das gilt*» und «*für die gilt*» in den obigen Lesarten ersetzt man oft auch durch das Wörtchen «*mit*».

Diese Operatoren sind 1-1-stellig, d.h. wenn *v* Variable, $\mathcal{A}$ Ausdruck und $\mathcal{O}$ einer dieser Operatoren ist, ist $\mathcal{O} v \mathcal{A}$ ein Ausdruck. Die drei Quantoren sind Formeloperatoren, die übrigen Operatoren Termoperatoren.

Der Anwender kann all diesen logischen Funktoren und Operatoren beliebige weitere «nichtlogische» Funktoren und Operatoren hinzufügen. Ein Beispiel für einen dreistelligen Formelfunktor, den man in der Geometrie braucht ist, ist das sog. Zwischenzeichen ≬ mit der Signatur ⟨3,0⟩: Man schreibt ≬ABC für «der Punkt B liegt zwischen A und C». Ebenso ist $\triangle$ ist ein geometrischer dreistelliger Termfunktor mit Signa-

[114] Eine alternative Schreibweise hier für ist $\exists!$, also ein $\exists$ mit Ausrufezeichen.

[115] ε heißt auch *Epsilon-Operator* und *unbestimmter Artikel*, und eine andere Lesart für $\varepsilon v \mathcal{A}$ ist *das ausgewählte v, für das gilt: $\mathcal{A}$*. Dieser Operator erscheint bereits 1926 bei Hilbert in seinem Artikel *Über das Unendliche* (siehe Literaturverzeichnis)

[116] ι heißt auch *Iota-Operator, bestimmter Artikel* und *Kennzeichnungsoperator*. Er wurde 1905 unter der Bezeichnung *Iota-Operator* von Bertrand Russell in seinem Artikel *On Denoting* (siehe Literaturverzeichnis) eingeführt.

[117] κ heißt auch *Kappa-Operator und Klassenoperator.*

tur $\langle 3,1\rangle$: Man schreibt $\triangle$ABC für «Dreieck ABC», d.h. für «das Dreieck mit Eckpunkten A,B,C». Als Beispiel für einen nichtlogischen Termoperator sei auf den in der Arithmetik gebrauchten *Summenoperator* Σ mit der Signatur $\langle 3,1,1\rangle$ hingewiesen: Man schreibt

$$\sum_{v=m}^{n} \mathcal{A} \text{ [lies: \textit{Summe aller } } \mathcal{A} \text{ \textit{von} } v = m \text{ \textit{bis} } n\text{]}$$

für Variablen v und Zahlenterme $\mathcal{A}$, m, n (wobei m,n, ganze Zahlen bezeichnen), was als Name für die Zeichenreihe $\Sigma\, v\, m\, n\, \mathcal{A}$ aufzufassen ist; diese Zeichenreihe bezeichnet die Zahl, die sich ergibt, wenn man alle Zahlen addiert, die $\mathcal{A}$ bezeichnet, wenn man die Variable v nacheinander als Bezeichnung für die ganzen Zahlen von m bis n interpretiert.

Zur Syntax gehört neben der Festlegung des Alphabets noch die Festlegung einer *Ausdrucksableitung,* die bestimmt, welche aus den Zeichen des Alphabets zusammengesetzten Zeichenreihen *Ausdrücke* sein sollen. Eine Ausdrucksableitung ist eine Anweisung für das Aufschreiben von Zeilen nach bestimmten Regeln. Gewöhnlich lauten die Regeln für eine prädikatenlogischen Ausdrucksableitung wie folgt:

(1) Jede Zeile darf die Gestalt einer Variablen oder einer 0-stelligen eingeklammerten Konstanten haben.
Entscheidet man sich für die polnische Syntax, streicht man hier das Wort „eingeklammerten“.

(2) Ist f ein n-stelliger Funktor und kommen die Zeichenreihen $\mathcal{A}_1$ und $\mathcal{A}_1$ als bereits geschriebene Zeilen vor, darf man im Fall $n = 2$ als nächste Zeile $(\mathcal{A}_1\, f\, \mathcal{A}_2)$ schreiben, und im Fall $n \neq 2$ darf man als nächste Zeile $(f\, \mathcal{A}_1 \dots \mathcal{A}_n)$ schreiben.
Entscheidet man sich für die polnische Syntax, streicht man die Aussage über den Fall $n = 2$ *und ersetzt* $(f\, \mathcal{A}_1 \dots \mathcal{A}_n)$ *immer durch* $f\, \mathcal{A}_1 \dots \mathcal{A}_n$.

(3) Ist $\mathcal{O}$ ein *m-n*-stelliger Operator, sind $v_1, \dots, v_m$ paarweise voneinander verschiedene Variablen und kommen die Zeichenreihen $\mathcal{A}_1, \dots, \mathcal{A}_n$ als bereits geschriebene Zeilen vor, darf man als nächste Zeile ($\mathcal{O}v_1 \dots v_m \mathcal{A}_1 \dots \mathcal{A}_n$) schreiben.
Entscheidet man sich für die polnische Syntax, ersetzt man $(\mathcal{O} v_1 \dots v_m \mathcal{A}_1 \dots \mathcal{A}_n)$ *durch* $\mathcal{O} v_1 \dots v_m \mathcal{A}_1 \dots \mathcal{A}_n$.

Eine Zeichenreihe $\mathcal{Z}$ ist genau dann ein Ausdruck, wenn es eine Ausdrucksableitung gibt, in der $\mathcal{Z}$ als letzte Zeile vorkommt (eine solche Ausdrucksableitung heißt eine *Ausdrucksableitung für* $\mathcal{Z}$.

Verläuft der letzte Schritt der Ausdrucksableitung eines Ausdrucks $\mathcal{A}$ nach Regel (2) oder (3), so heißt das dort angeführte Zeichenexemplar f bzw. $\mathcal{O}$ die *Hauptkonstante* und heißen die Ausdrücke $\mathcal{A}_1, \dots, \mathcal{A}_n$ die *Haupt-Unterausdrücke* von $\mathcal{A}$.[118] Ist die Hauptkonstante eines Ausdrucks ein Formelfunktor oder Formeloperator, sprechen wir von einer *Formel.* Andernfalls ist die Hauptkonstante ein Termfunktor oder Termoperator oder der Ausdruck ist eine Variable, und (in all diesen Fällen) sprechen wir von einem *Term.* Ist die Hauptkonstante ein Funktor bzw. Operator, sprechen wir außerdem von einem Funktor- bzw. Operatorausdruck. Das Folgende ist ein Beispiel einer Ausdrucksableitung:

x
$(x = x)$
$(\forall x (x = x))$

Aufgrund dieser Ausdrucksableitung ist $(\forall x (x = x))$ ein prädikatenlogischer Ausdruck, und zwar eine Formel, da $\forall$ ein Formeloperator ist.

Verläuft der letzte Schritt der Ausdrucksableitung von $\mathcal{A}$ nach Regel (3), heißt die in $(\mathcal{O}\ v_1 \dots v_m\ \mathcal{A}_1 \dots \mathcal{A}_n)$ angeführte Reihe $\mathcal{A}_1 \dots \mathcal{A}_n$ von Aus-

[118] Dass diese Ausdrücke eindeutig bestimmt sind, zeigt man wie in Aussagelogik.

drucksexemplaren der *Skopus* des angeführten Operatorexemplars $\mathcal{O}$, und die Variablen $v_1, \ldots, v_m$ heißen die *Operatorvariablen* von $\mathcal{O}$, während die angeführte Reihe $v_1 \ldots v_m$ der Variablenexemplare, die zwischen $\mathcal{O}$ und dem Skopus von $\mathcal{O}$ liegen, der *Variablenbereich* von $\mathcal{O}$ heißt. Das aus Variablenbereich und Skopus zusammengesetzte Zeichenreihenexemplar $v_1 \ldots v_m\, \mathcal{A}_1 \ldots \mathcal{A}_n$ heißt der *Gesamtskopus* von $\mathcal{O}$.

Man sagt, dass ein in einem Ausdruck $\mathcal{A}$ stehendes Operatorexemplar $\mathcal{O}$ ein dort befindliches Variablenexemplar *e* (*an sich*) *bindet,* wenn

(1) *e* sich im Gesamtskopus von $\mathcal{O}$ befindet und der Typus von *e* eine Operatorvariable von $\mathcal{O}$ ist, *und*

(2) es zwischen $\mathcal{O}$ und *e* kein weiteres Operatorexemplar $\mathcal{O}'$ gibt, derart dass e sich auch im Gesamtskopus von $\mathcal{O}'$ befindet und der Typus von e auch eine Operatorvariable von $\mathcal{O}'$ ist.

Somit ist ein bestimmtes Variablenexemplar *e* in $\mathcal{A}$ genau dann durch ein Operatorexemplar gebunden, wenn links von *e* mindestens ein Operatorexemplar liegt, in dessen Gesamtskopus *e* liegt und zu dessen Operatorvariablen-Exemplaren *e* gehört; und gegebenenfalls ist *e* durch dasjenige dieser Operatorexemplare gebunden, das ihm am nächsten steht. Klar ist auch, dass $\mathcal{O}$ stets alle in seinem Variablenbereich liegenden Variablenexemplare an sich bindet, und dass Variablenexemplare durch höchstens *ein* Operatorexemplar gebunden werden. Wenn ein Variablenexemplar von $\mathcal{A}$ durch *kein* Operatorexemplar in $\mathcal{A}$ gebunden wird, heißt es in $\mathcal{A}$ *frei*, sonst in $\mathcal{A}$ gebunden. Man spricht auch von Freiheit und Gebundensein *von Variablen*: eine Variablen ist genau dann frei bzw. gebunden in $\mathcal{A}$, wenn mindestens ein Exemplar dieser Variablen in $\mathcal{A}$ frei bzw. gebunden ist. Folgende Beispiele illustrieren das Frei- und Gebundensein von Variablen(exemplaren):

Ausdruck	Feststellungen über Frei- und Gebundensein
x	x ist in diesem Ausdruck frei.
$(x = \mathrm{y})$	Die angeführten Exemplare von x und y sind frei.
$(x = \mathrm{x})$	Beide Exemplare von x sind frei.
$(\forall x\,(x = \mathrm{x}))$	Alle Exemplare von x sind gebunden durch $\forall$.
$(\forall x\,(x = \mathrm{x})) \wedge (x = \mathrm{y}))$	y und das letzte x-Exemplar sind frei, alle übrigen Variablenexemplare sind gebunden durch $\forall$.
$(\exists x\,(\forall x\,(x = \mathrm{x})) \wedge (x = \mathrm{y})))$	y ist frei, alle x-Exemplare gebunden: und zwar das erste und letzte durch $\exists$, die übrigen durch $\forall$.

Formeln bzw. Terme, in denen keine freien Variablenexemplare vorkommen, heißen *Aussagen* bzw. *Kennzeichnungen*; und solche mit freien Variablenexemplaren heißen *Aussageformen* bzw. *Kennzeichnungsformen.*

Unter der *Länge* eines Ausdrucks versteht man die Anzahl der in ihm vorkommenden Zeichenexemplare, ausgenommen die Exemplare von Hilfszeichen, Variablen und Namen (0-stelligen Funktoren); also die Anzahl der (Exemplare der) Operatoren und der mindestens 1-stelligen Funktoren. Variablen und Namen sind demnach Ausdrücke der Länge 0. Ausdrücke $\mathcal{A}$ der Länge n mit $n \geq 1$ haben entweder die Form $(f\mathcal{A}_1 \ldots \mathcal{A}_n)$, *für einen Funktor f* oder $(\mathcal{O}\mathrm{v}_1 \ldots \mathrm{v}_m\, \mathcal{A}_1 \ldots \mathcal{A}_n)$ für einen Operator $\mathcal{O}$.

Regeln für das Einsparen von Klammern: Ausdrücke in polnischer Syntax sind klammerfrei; bei gewöhnlicher Syntax gelten dieselben Klammer-Einsparungsregeln wie in der Aussagelogik. Die *Kräfte-Konvention* wird dadurch ergänzt, dass Operatoren stärker sind als Funktoren und Termkonstanten stärker als Formelkonstanten. Auch kürzt man Operator-Ketten wie $\forall \mathrm{x} \forall \mathrm{y} \forall \mathrm{z} \ldots$, $\exists \mathrm{x} \exists \mathrm{y} \exists \mathrm{z} \ldots$ und $\dot{\exists} \mathrm{x} \dot{\exists} \mathrm{y} \dot{\exists} \mathrm{z} \ldots$ durch $\forall \mathrm{x y z} \ldots$, $\exists \mathrm{x y z} \ldots$, und $\dot{\exists} \mathrm{x y z} \ldots$ ab.

Eine *alternative Schreibweisen* für $\forall$ x y z ..., $\exists$ x y z ... und $\dot{\exists}$ x y z ... sind $\bigwedge$ x y z ... bzw. $\bigvee$ x y z ... bzw. $\dot{\bigvee}$ x y z ..., wobei man die Variablen auch unter die Zeichen $\bigwedge$, $\bigvee$ und $\dot{\bigvee}$ schreibt, also

$$\bigwedge_{xyz} \text{ bzw. } \bigvee_{xyz} \text{ bzw. } \dot{\bigvee_{xyz}} .$$

Es ist kein Zufall, dass das Zeichen $\forall$ bzw. $\exists$ mit der Bedeutung «*für alle*» bzw. «*es gibt (mindestens) ein*» auch durch das Zeichen $\bigwedge$ bzw. $\bigvee$ repräsentiert wird, das eine große Version des Und- bzw. Oder-Zeichen ($\wedge$ bzw. $\vee$) ist. Denn wenn *x* für die Objekte x_1, x_2, x_3 ... stehen kann, so ist

«*für alle x gilt*» bzw. «*es gibt (mindestens) ein x, für das gilt*»

gleichbedeutend mit

«es gilt für x_1 *und* für x_2 *und* für x_3 *und ...*»
bzw. «es gilt für x_1 *oder* für x_2 *oder* für x_3 *oder ...*»

Für $\forall$ x y z ... schreiben manche (x y z ...), sie klammern also die Variablen einfach ein, ohne ein eigenes Operatorzeichen zu verwenden.

Arten der formalen Logik. Wir können an dieser Stelle die klassischen Arten der formalen Logik rein syntaktisch wie folgt unterscheiden:

a) Die *Aussagelogik* verwendet keine Operatoren.

b) Die *einfachste, rudimentäre Form der Prädikatenlogik* verwendet von den Operatoren nur die Quantoren. Sie verwendet außerdem nur Prädikate (= Formelfunktoren), also keine Termfunktoren, und sie verwendet standardmäßig weder die Gleichheitsbeziehung $=$ noch die Elementbeziehung $\in$ als logische Prädikate.

c) *Erweiterte Formen der Prädikatenlogik* verwenden zusätzlich weitere Operatoren wie z.B. den Deskriptor ι (sog. *Kennzeichnungslogik*), den Abstraktor κ (sog. *Klassenlogik*) und den Selektor ε (*Epsilon-Logik*).

d) Philosophisch interessant ist besonders die *Modallogik*, welche außerdem noch sog. Modaloperatoren □ («es ist notwendig») und ◇ («es ist möglich»verwendet; dazu kommen weitere *nichtklassische Logiken* mit noch weiteren Operatoren, die hier nicht weiter betrachtet werden können.

Eine andere Einteilung der logischen Sprache ist diejenigen nach *Stufen*: Man unterscheidet zwischen *Sprachen erster und höherer Stufe*. Die hier dargestellte Syntax ist die einer *Sprache erster Stufe*, und ihre Variablen und Funktoren heißen *Variablen erster Stufe* bzw. *Funktoren erster Stufe*. Bei *Sprachen der zweiten Stufe* kommen zu den Variablen erster Stufe sog. *Variablen zweiter Stufe* hinzu, das sind Variablen, die für *n*-stellige Funktoren erster Stufe stehen können; außerdem dürfen zu den gewöhnlichen Funktoren neuartige *Funktoren zweiter Stufe* hinzukommen, die sich mit Funktoren der ersten Stufe zu Ausdrücken zusammenstellen lassen, die selbst wieder als Funktoren erster Stufe fungieren. In Sprachen der dritten Stufe kommen *Variablen dritter Stufe* hinzu, die für Funktoren der zweiter Stufe stehen können; außerdem es dürfen *Funktoren dritter Stufe* hinzukommen, die sich mit Funktoren der zweiten Stufe zu Ausdrücken zusammenstellen lassen usw.[119]

Doch reicht für fast alle praktischen Sprachen die erste Stufe aus, mit der wir uns hier ausschließlich beschäftigen.

---

[119] Oft wird behauptet, dass nur in Sprachen höherer Stufen Variablen für Klassen stehen können. Dies können die Variablen auch auch schon in Sprachen der ersten Stufe, solange sie syntaktisch nicht als Funktoren verwendet werden. Denn der „Grundbereich“, über den eine Sprache der ersten Stufe redet, *ist ganz beliebig*, und so spricht nichts dagegen, seine Objekte als Klassen zu interpretieren.

2. *Semantik.*

Modelle. Ein semantisches Modell M ist ein Paar $\langle G,\sigma \rangle$, bestehend aus einer Klasse G (der sog. Grundbereich) und einer Funktion σ (*die* sog. *semantische Struktur*). Um ein Modell festzulegen, wählt man also zunächst eine Klasse G als *Grundbereich*, deren Elemente die Individuen sind, über die man in erster Linie reden will: Diese nennt man die *G-Individuen.* Unter den *G-Objekten* versteht man außer den Elementen auch noch die Teilklassen von G, und diejenigen Teilklassen von G, die nicht zugleich Elemente von G sind, heißen *G-Unmengen*: Im Falle $G = \mathbb{D}$ sind dies die realen Unmengen der Mengenlehre, in jedem Fall gehört zu den G-Unmengen die Klasse G selbst, die im Modell G die Rolle spielt, die in der in Kap. 3 dargestellten, «absoluten» Mengenlehre die Allklasse $\mathbb{D}$ spielt; daher wird G in der Sprache des Modells, die eine «relative», auf das Modell bezügliche Mengenlehre beschreibt, auch mit «$\mathbb{D}$» bezeichnet. Dieses Objekt, also G alias «$\mathbb{D}$», benutzen wir im Modell M als den Joker J. Zu den G-Individuen sollen mindestens die leere Menge $\emptyset$ und die einelementige Menge $\{\emptyset\}$ gehören, wie wir sowohl in der «absoluten» wie auch in der «relativen», modellbezogenen Mengenlehre mit den Zahlen 0 und 1 und auch mit den Wahrheitswerten w und f identifizieren.

Nach der Wahl von G wählt man als eine auf einem Grundbereich aufbauende *semantische Struktur* eine Funktion σ, die jedem nichtlogischen Funktor f ein Objekt zuordnet, für das wir – um den Bezug zu M deutlich zu machen – statt $\sigma(f)$ einfach f_M schreiben; dieses f_M ist für ein n-stelliges f stets eine n-stellige Operation, deren Eingabeobjekte und Ausgabeobjekte G-Objekte sind. Wie am Ende von Kap. 3 gezeigt wurde, sind 0-stellige Operationen einfach G-Objekte, während n-stellige Operationen (für $n > 0$) als Vorschriften aufgefasst werden, die jeder Reihe von n G-Objekten ein G-Objekt zuordnen. Genauer fordert man:

(a) Ist *f* ein 0-stelliger Termfunktor, so ist f_M ein beliebiges *G*-Objekt. Ist *f* ein 0-stelliger Formelfunktor, so ist f_M ein Wahrheitswert.

(b) Ist *f* ein *n*-stelliger *Term*funktor (mit $n > 0$), so ist f_M eine Vorschrift, *die jeder Reihe von n G-Objekten* $x_1, \ldots, x_n$ *ein G-Objekt x zuordnet,*[120] für das wir $f_M(x_1, \ldots, x_n)$ schreiben. Ist *f* ein *n*-stelliger *Formel*funktor, so ist das zugeordnete Objekt stets einen *Wahrheitswert.*[121]

Variablenbelegungen. Eine auf *einem Grundbereich G aufbauende Variablenbelegung* ist eine Funktion *B*, die jeder Variablen *v* ein *G*-Individuum zuordnet; statt $B(v)$ schreiben wir dafür kurz v_B. Man beachte, dass der Objektbereich unserer Variablen demnach auf G-Individuen beschränkt ist.[122] Ist *B* eine auf *G* aufbauende Belegung und sind $g_1, \ldots, g_n$ Elemente von *G*, so bezeichnet $B(v_1 \rightarrow g_1, \ldots, v_n \rightarrow g_n)$ die *abgeänderte Belegung*, die die Variable v_1 dem Individuum g_1 zuordnet und ... und die Variable v_n dem Individuum g_n, und jeder anderen (von $x_1, \ldots, x_n$ verschiedenen) Variablen dasselbe Element zuordnet wie *B*.

Basen. Ist nun $M = \langle G, \sigma \rangle$ ein semantisches Modell und *B* eine Belegung, so dass *B* eine auf dem Grundbereich *G* von *M* aufbauende Belegung ist, so heißt das Paar $\langle M,B \rangle = \langle \langle G,\sigma \rangle,B \rangle$ eine *semantische Bewertungsbasis* (kurz *Basis*) oder *Interpretation J* für die Prädikatenlogik. Eine solche Basis ist nun der vollständige interpretative Hintergrund, vor dem wir jedem prädikatenlogischen Ausdruck $\mathcal{A}$ eine Bedeutung verleihen, d.h.

---

[120] Formaler ausgedrückt ist dann f_M eine *n-stellige Operation.*

[121] Die *n*-stellige Operation, die man einem Formelfunktor *f* zuordnet, kann man dann als *n-stellige Relation* ansehen: eine Vorschrift, nach der für jede Reihe von *n* G-Objekten festgelegt ist, ob diese «in der Relation stehen» (was sie genau dann tut, wenn *f* als Operation betrachtet ihr den Wahrheitswert w zuordnet).

[122] Manche lassen die Variablen beliebige G-Objekte bezeichnen, aber das hat neben Vorteilen auch gewisse Nachteile (siehe Fußnote 124).

jedem $\mathcal{A}$ ein Objekt als *Denotat* (alias *Designat, Referent*) zuordnen, so dass $\mathcal{A}$ dann dieses Denotat «*in dieser Basis*» bezeichnet. Wir bezeichnen das Denotat von $\mathcal{A}$ in der Basis J metasprachlich kurz als $[\![\mathcal{A}]\!]_J$ oder wegen $J = \langle M,B \rangle$ auch als $[\![\mathcal{A}]\!]_{M,B}$. Und zwar legen wir das Denotat durch sog. *Rekursion über die Länge der Ausdrücke* fest. D.h. wir bestimmen in einem ersten Schritt nur für die Ausdrücke der Länge null (d.h. nur für Variablen und 0-stellige Funktoren = Namen) direkt, was ihre Denotate in jeder Basis sind. Danach definieren wir das Denotat der übrigen Ausdrücke auf indirekte Weise: indem wir bei der Definition auf die als schon festgelegt vorausgesetzten Denotate für Ausdrücke kürzerer Länge (in allen Basen) zurückgreifen. Genauer gesagt wird das Denotat eines Ausdrucks $\mathcal{A}$ mit den Haupt-Unterausdrücken $\mathcal{A}_1, ..., \mathcal{A}_n$ festgelegt in Abhängigkeit davon, welche Denotate die Ausdrücke $\mathcal{A}_1, ..., \mathcal{A}_n$ haben (deren Länge ja kleiner ist als die von $\mathcal{A}$).

Nach diesem sog. *Rekursionsprinzip*[123] haben wir auch in der Aussagelogik die Denotate (d.h. dort: die Wahrheitswerte) der Ausdrücke festgelegt: In der Aussagelogik legte die semantische Interpretation σ direkt den Wahrheitswert der nichtlogischen Konstanten fest, während die übrigen Ausdrücke der Länge null (die keine mehr-als-0-stelligen Junktoren involvieren) die beiden 0-stelligen Junktoren $\top$ und $\bot$ waren, deren Wahrheitswert wir ebenfalls direkt angegeben haben. Für alle übrigen Ausdrücke aber (die aus Unterausdrücken zusammengesetzt sind, die mit mehr-als-0-stelligen Junktoren verbunden werden) haben wir den Wahrheitswert unter Rückgriff auf die schon als definiert angesehenen Wahrheitswerte dieser Unterausdrücke angegeben.

In der Prädikatenlogik wird nun analog das Denotat $[\![\mathcal{A}]\!]_{M,B}$ im Fall, dass $\mathcal{A}$ ein Funktorausdruck $f\mathcal{A}_1, ..., \mathcal{A}_n$ ist, in Abhängigkeit von den n Deno-

[123] Vgl. die rekursiven Definitionen für natürlichen Zahlen (siehe Fußnote 41).

taten $[\![\mathcal{A}_1]\!]_{M,B}, \ldots, [\![\mathcal{A}_n]\!]_{M,B}$ der Ausdrücke $\mathcal{A}_1, \ldots, \mathcal{A}_n$ *in derselben Basis* $\langle M,B\rangle$ festgelegt, in der man das Denotat von $\mathcal{A}$ festlegen will. Falls aber $\mathcal{A}$ ein Operatorausdruck $\mathcal{O} v_1 \ldots v_m \mathcal{A}_1 \ldots \mathcal{A}_n$ ist, wird das Denotat $[\![\mathcal{A}]\!]_{M,B}$ in Abhängigkeit von den (unter Umständen unendlich vielen) Denotaten der Ausdrücke $\mathcal{A}_1, \ldots, \mathcal{A}_n$ *in all den Basen* $\langle M,B'\rangle$ festgelegt, die man aus $\langle M,B\rangle$ erhält, indem man die Belegung B so abändert, dass man den Variablen $v_1, \ldots, v_n$ beliebige G-Individuen zuordnet. Die Bedeutung der Operatoren richtet sich also nicht (nur) nach den Denotaten der Unterausdrücke in *einer* Basis $\langle M,B\rangle$, sondern nach ihren Denotaten in *allen* Basen $\langle M,B(\mathrm{v}_1 \to g_1, \ldots, v_n \to g_n)\rangle$ mit beliebigen G-Individuen $g_1, \ldots, g_n$. Konkret sieht nun die Festlegung der Denotate $[\![\mathcal{A}]\!]_{M,B}$ so aus:

(1) (direkte Festlegung von $[\![\mathcal{A}]\!]_{M,B}$, falls $\mathcal{A}$ die Länge 0 hat):

Für alle *Variablen* v sei $[\![v]\!]_{M,B} \coloneqq v_B$,

Für alle *nichtlogischen Namen* (0-stelligen Funktoren) f sei $[\![f]\!]_{M,B} \coloneqq f_M$.

Für die *logischen Namen* $\top, \bot, \underline{\bot}$ sei $[\![\top]\!]_{M,B} \coloneqq \mathrm{w}$, $[\![\bot]\!]_{M,B} \coloneqq \mathrm{f}$, $[\![\underline{\bot}]\!]_{M,B} \coloneqq \mathrm{J}$.

(2) (rekursive Festlegung von $[\![\mathcal{A}]\!]_{M,B}$, wenn $\mathcal{A}$ eine Länge > 0 hat):

(2a) Ist die Hauptkonstante von $\mathcal{A}$ ein *n*-stelliger Funktor f, und sind $\mathcal{A}_1 \ldots \mathcal{A}_n$ die Haupt-Unterausdrücke von $\mathcal{A}$, so hat $\mathcal{A}$ die Form $(f \mathcal{A}_1 \ldots \mathcal{A}_n)$ bzw. im zweistelligen Fall zulässigerweise auch die Form $(\mathcal{A}_1 f \mathcal{A}_2)$.

Wenn dann f ein nichtlogischer Funktor ist, definieren wir:

$[\![(f \mathcal{A}_1 \ldots \mathcal{A}_n)]\!]_{M,B} \coloneqq f_M([\![\mathcal{A}_1]\!]_{M,B}, \ldots, [\![\mathcal{A}_n]\!]_{M,B})$, das ist dasjenige *G*-Objekt, das die Operation f_M ausgibt, wenn man $[\![\mathcal{A}_1]\!]_{M,B}, \ldots, [\![\mathcal{A}_n]\!]_{M,B}$ eingibt.

Ist f logischer Funktor, so ist f einer der in der Aussagelogik gebrauchten Junktoren (z.B. $\top$, $\bot$, $\neg$, –, $\top_1$, $\bot_1$, $\wedge$, $\vee$, $\dot{\vee}$, $\uparrow$, $\downarrow$, $\rightarrow$, $\leftarrow$, $\leftrightarrow$, ↛, ↚, ↲, ↳, ↰, ↱, $\top_2$, $\bot_2$) oder das Gleichheits- oder Elementzeichen.

Im ersten Fall wird die Bedeutung von $\mathcal{A}$ wie in der Aussagelogik mit Hilfe einer Wahrheitswertetabelle definiert. Nur lauten die Einträge in den Eingangsspalten der Tabelle jetzt nicht «w» und «f» sondern «w» und «$\not{w}$» (wobei $\not{w}$ für «etwas anderes als w» steht), da für das Denotat der Ausdrücke außer w und f auch alle anderen *G*-Objekte stehen können. Ausdrücke, die keinen Wahrheitswert bezeichnen, werden also hier als «falsch» interpretiert. Als Alternative hierzu verbietet man manchmal einfach, Ausdrücke, die keinen Wahrheitswert bezeichnen, mit einem Formelfunktor zusammenzustellen; aber dies führt letztlich zu einer komplizierteren Syntax und Semantik.

Ist f das Gleichheits- oder Elementzeichen, so hat $\mathcal{A}$ die Form $\mathcal{A}_1 = \mathcal{A}_2$ bzw. $\mathcal{A}_1 \in \mathcal{A}_2$, und wir legen dann die Semantik wie folgt fest:

$[\![\mathcal{A}_1 = \mathcal{A}_2]\!]_{M,B} \coloneqq \mathrm{w}$, falls $[\![\mathcal{A}_1]\!]_{M,B}$ und $[\![\mathcal{A}_2]\!]_{M,B}$ ein und dasselbe *G*-Objekt ist; sonst $[\![\mathcal{A}_1 = \mathcal{A}_2]\!]_{M,B} \coloneqq \mathrm{f}$.

$[\![\mathcal{A}_1 \in \mathcal{A}_2]\!]_{M,B} \coloneqq \mathrm{w}$, falls $[\![\mathcal{A}_2]\!]_{M,B}$ eine Klasse und $[\![\mathcal{A}_1]\!]_{M,B}$ ein Element dieser Klasse ist; sonst $[\![\mathcal{A}_1 \in \mathcal{A}_2]\!]_{M,B} \coloneqq \mathrm{f}$.

(2b) Ist die Hauptkonstante von $\mathcal{A}$ ein *m-n*-stelliger Operator $\mathcal{O}$, und sind $\mathcal{A}_1, \dots, \mathcal{A}_n$ die Haupt-Unterausdrücke von $\mathcal{A}$ und, so gibt es eindeutig bestimmte Variablen $v_1, \dots, v_m$, so dass $\mathcal{A} = (\mathcal{O} v_1 \dots v_m \mathcal{A}_1 \dots \mathcal{A}_n)$.

Ist nun $\mathcal{O}$ ein nichtlogischer Operator, so ist $[\![\mathcal{O} v_1 \dots v_m \mathcal{A}_1 \dots \mathcal{A}_n]\!]_{M,B}$ durch eine Vorschrift festzulegen, bei der auf die Denotate der kürzeren Ausdrücke $\mathcal{A}_1, \dots, \mathcal{A}_n$ zurückgegriffen werden darf, die diese Ausdrücke in beliebigen Basen $\langle M, B(\mathrm{v}_1 \rightarrow g_1, \dots, v_n \rightarrow g_n) \rangle$ haben, die man erhält, wenn man die Belegung B so abändert, dass die Variablen $\mathrm{v}_1, \dots, \mathrm{v}_m$ bestimmten Werten $\mathrm{g}_1, \dots, \mathrm{g}_n$ aus G zugeordnet werden.

Ist aber $\mathcal{O}$ einer der logischen Operatoren $\forall$, $\exists$, $\dot{\exists}$, ε, ι, κ, so hat $\mathcal{A}$ einen einzigen Haupt-Unterausdruck $\mathcal{A}_0$ und es gibt eine Variable v, so dass

$\mathcal{A}$ die Form $\mathcal{O}\, v\, \mathcal{A}_0$ hat. In diesem Fall verleihen wie $\mathcal{A}$ – je nachdem, welcher logische Operator ($\forall$, $\exists$, $\dot{\exists}$, ε, ι, κ) $\mathcal{O}$ ist – das folgende Denotat:

$[\![\forall\, v\, \mathcal{A}_0]\!]_{M,B} \coloneqq$ w, falls $[\![\mathcal{A}_0]\!]_{M,B(v \to g)} =$ w *für alle* G-Individuen g gilt; andernfalls sei $[\![\forall\, v\, \mathcal{A}_0]\!]_{M,B} \coloneqq$ f.

$[\![\exists\, v\, \mathcal{A}_0]\!]_{M,B} \coloneqq$ w, falls $[\![\mathcal{A}_0]\!]_{M,B(v \to g)} =$ w *für mindestens ein G*-Individuum g gilt; andernfalls sei $[\![\exists\, v\, \mathcal{A}_0]\!]_{M,B} \coloneqq$ f.

$[\![\dot{\exists}\, v\, \mathcal{A}_0]\!]_{M,B} \coloneqq$ w, falls $[\![\mathcal{A}_0]\!]_{M,B(v \to g)} =$ w *für genau ein G*-Individuum g gilt; andernfalls sei $[\![\dot{\exists}\quad v\, \mathcal{A}_0]\!]_{M,B} \coloneqq$ f.

$[\![\dot{\exists}\, v\, \mathcal{A}_0]\!]_{M,B} \coloneqq$ w, falls $[\![\mathcal{A}_0]\!]_{M,B(v \to g)} =$ w *für genau ein G*-Individuum g gilt; andernfalls sei $[\![\dot{\exists}\, v\, \mathcal{A}_0]\!]_{M,B} \coloneqq$ f.

$[\![\varepsilon\, v\, \mathcal{A}_0]\!]_{M,B}$ sei im Fall, dass $[\![\exists\, v\, \mathcal{A}_0]\!]_{M,B} =$ f gilt, *der Joker*; und im Fall, dass $[\![\exists\, v\, \mathcal{A}_0]\!]_{M,B} =$ w gilt, was bedeutet, das es mindestens ein G-Individuum g gibt, so dass $[\![\mathcal{A}_0]\!]_{M,B(v \to g)} =$ w gilt, sei $[\![\varepsilon\, v\, \mathcal{A}_0]\!]_{M,B}$ *ein solches g*. Für jede erfüllbare Objektbeschreibung (eine Objektbeschreibung, die derart ist, dass sie auf mindestens ein Objekt zutrifft), kann man ja ein Objekt auswählen, auf das sie zutrifft; und so können und wollen wir voraussetzen, dass für jede nichtleere Objektbeschreibung bereits ein entsprechendes Objekt ein für allemal ausgewählt ist.[124] Dann können wir formal definieren, dass $[\![\varepsilon\, v\, \mathcal{A}_0]\!]_{M,B}$ *das* ausgewählte Objekt sein soll, auf das die Beschreibung zutrifft, dass es sich um ein G-Individuum g handelt, für das $[\![\mathcal{A}_0]\!]_{M,B(v \to g)} =$ w gilt.

---

[124] Diese Auswahl (eine sog. *Selektionsfunktion*), die jeder erfüllbaren Objektbeschreibung ein entsprechendes Objekt zuordnet, muss nicht explizit angegeben werden; es genügt, dass sie möglich ist. Die Voraussetzung, dass eine solche universale Auswahl vorliegt, ersetzt (und überbietet) das *Auswahlaxiom der Mengenlehre* (siehe S. 112). Manchmal fordert man noch, dass die Selektionsfunktion *extensional* sein soll, d.h. sie soll zwei erfüllbaren Objektbeschreibungen, die auf genau dieselben Objekte zutreffen, stets dasselbe Objekt zuordnen.

$[\![\iota\, v\, \mathcal{A}_0]\!]_{M,B}$ sei im Fall, dass $[\![\dot{\exists}\, v\, \mathcal{A}_0]\!]_{M,B} = \text{f}$ gilt, *der Joker*; und im Fall, dass $[\![\dot{\exists}\, v\, \mathcal{A}_0]\!]_{M,B} = \text{w}$ gilt, was bedeutet, das es genau ein *G*-Individuum *g* gibt, so dass $[\![\mathcal{A}_0]\!]_{M,B(v \to g)} = \text{w}$ gilt, *dieses eindeutig bestimmte g*.

$[\![\kappa\, v\, \mathcal{A}_0]\!]_{M,B}$ sei die Klasse, deren Elemente genau diejenigen G-Individuen *g* sind, für die $[\![\mathcal{A}_0]\!]_{M,B(v \to g)} = \text{w}$ gilt. Beachte, dass bei all diesen Operatoren die Variable nur als Individuum interpretiert werden darf.[125]

Die Bedeutung der logischen Operatoren lässt sich metasprachlich wie folgt zusammenfassen:

- $\forall\, v\, \mathcal{A}$ bzw. $\exists\, v\, \mathcal{A}$ bzw. $\dot{\exists}\, v\, \mathcal{A}$ steht für die Aussage, dass für jedes bzw. mindestens ein bzw. genau ein *G*-Individuum der Ausdruck $\mathcal{A}$ in eine wahre Aussage übergeht, sobald man in ihm *v* als Bezeichnung für *g* interpretiert.
- $\varepsilon\, v\, \mathcal{A}$ bezeichnet im Fall, dass es *mindestens* ein *G*-Objekt *g* gibt, für das $\mathcal{A}$ in eine wahre Aussage übergeht, sobald man *v* als Bezeichnung für *g* interpretiert, ein solches *g* – und andernfalls den Joker J.
- $\iota\, v\, \mathcal{A}$ bezeichnet im Fall, dass es *genau* ein *G*-Objekt *g* gibt, für das $\mathcal{A}$ in eine wahre Aussage übergeht, sobald man *v* als Bezeichnung für *g* interpretiert, dieses *g* – und andernfalls den Joker J.
- $\kappa\, v\, \mathcal{A}$ bezeichnet die Klasse aller *G*-Individuen *g*, für die $\mathcal{A}$ in eine wahre Aussage übergeht, sobald man *v* als Bezeichnung für *g* interpretiert. Eine alternative Schreibweise hierfür ist $\{\text{v} \mid \mathcal{A}\}$.

[125] Milon Renatus Brunner hat in seiner Diplomarbeit *Eine neue Variante der Oberschelp'schen Klassenlogik* (Universität Leipzig, zweite Version 2019) eine Logik entwickelt, in der die Variablen – außer beim Klassenoperator – über beliebige Objekte laufen, aber das hat den Nachteil, dass dann eine Sprache zweiter Stufe vorliegt, für die es keinen vollständigen Kalkül gibt (siehe S. 222) bzw. für die man einen vollständigen Kalkül nur erhält, wenn man gewisse Einschränkungen macht.

Bemerkung zur Fusion / Gleichberechtigung von Formeln und Termen. Wie schon in Kap. 1.5.6 erklärt, darf man im Rahmen der auf Frege zurückgehenden Ausdruckslogik jeden Ausdruck sowohl termartig (d.h. als Objektbezeichnung) als auch formelartig (d.h. als Sachverhaltsbeschreibung) benutzen: Beim *termartigen Benutzen einer Formel* $\mathcal{F}$ wird sie als Bezeichnung für ihren Wahrheitswert $[\![\mathcal{F}]\!]$ gelesen;[126] beim *formelartigen Benutzen eines Terms* $\mathcal{T}$ liest man diesen als Beschreibung des Sachverhalts $\mathcal{T} = \top$. Man erkennt am Kontext, ob man einen Ausdruck term- oder formelartig verwendet. Wenn der Kontext nicht das Gegenteil nahe legt, wird eine Formel allerdings immer formelartig und ein Term immer termartig benutzt, und dies gilt immer im Kontext formaler Ableitungen. Man gebraucht hier den Affirmationsjunktor – (den sog. *Fregeschen Waagerechten*), der in der Aussagelogik keine wesentliche Rolle spielt, dazu, einen Term in die zugehörige Formel überzuführen, die zu der Sachverhaltsbeschreibung $\mathcal{A} = \top$ äquivalent ist: Denn die Semantik wird so festgelegt, dass dass $-\mathcal{A} \Leftrightarrow \mathcal{A} = \top$.

Höhere semantische Begriffe. Hat eine Formel $\mathcal{A}$ in einer Basis $\langle M,B\rangle$ als Denotat den Wahrheitswert w, sagen wir, dass sie *in der Basis* $\langle M,B\rangle$ *wahr* ist oder (dort) *gilt* oder (dort) *erfüllt ist* und schreiben

$\langle M,B\rangle \models \mathcal{A}$ [lies: *Basis* $\langle M,B\rangle$ *macht* $\mathcal{A}$ *gültig* oder *erfüllt* $\mathcal{A}$].

Ist M ein Modell mit $\langle M,B\rangle \models \mathcal{A}$ für jede auf dem Grundbereich von M aufbauende Belegung B, sagen wir, dass $\mathcal{A}$ *im Modell M wahr* ist oder (dort) *gilt* oder (dort) *erfüllt ist* und schreiben

$M \models \mathcal{A}$ [lies: *Modell M macht* $\mathcal{A}$ *gültig* oder *erfüllt* $\mathcal{A}$].

Ist schließlich $\mathcal{A}$ derart, dass $M \models \mathcal{A}$ für jedes beliebige Modell M gilt (somit erst recht $\langle M,B\rangle \models \mathcal{A}$ für jede beliebige Basis, mithin jeden

126 Vgl. Frege, Gottlob, *Funktion und Begriff* (siehe Literaturverzeichnis), S. 49f.

beliebigen interpretativen Hintergrund gilt), sagen wir, dass A *allgemeingültig* oder ein *Tautologie* ist und schreiben

$\models \mathcal{A}$ [lies: A ist allgemeingültig].

Ein Beispiel für eine allgemeingültige Formel wäre $Px \vee \neg Px$ (wenn P ein 1-stelliges Prädikat P und x Variable ist).

Eine Formel $\mathcal{A}$ heißt *in einem Modell M unerfüllbar* bzw. *erfüllbar*, wenn es keine bzw. mindestens eine auf M aufbauende Belegung gibt, derart dass $\mathcal{A}$ in der Basis ⟨M,B⟩ gilt. $\mathcal{A}$ heißt (schlechthin) *unerfüllbar* (oder eine *Antilogie* oder *Kontradiktion*) bzw. *erfüllbar*, wenn es kein bzw. mindestens ein Modell gibt, in dem $\mathcal{A}$ gilt, d.h. wenn es schlechthin keine bzw. mindestens eine Basis gibt, in der $\mathcal{A}$ erfüllt ist. Schließlich werden die Beziehungen der logischen Äquivalenz, der Implikation/Subalternarität, Kontradiktion, Kontrarietät und Subkontrarietät wie in der Aussagelogik definiert: Die entsprechenden Forderungen (stets gleicher bzw. verschiedener Wahrheitswert, nie zugleich wahr bzw. falsch etc.) müssen in jedem *Modell* (wie in der Aussagelogik) und damit auch in jeder *Basis* gelten, d.h. bei jeder möglichen Interpretation sowohl der Konstanten wie auch der Variablen. Zusätzlich nennt man Ausdrücke (vor allem Terme) $\mathcal{A}$ und $\mathcal{B}$ *äquinotant* und schreibt $\mathcal{A} \equiv \mathcal{B}$, wenn sie in jedem Modell dasselbe Denotat haben. Formeln sind genau dann äquinotant, wenn sie äquivalent sind. Man kann jedoch alle diese Begriffe auch *relativiert* benutzen: *bezogen auf ein bestimmtes Modell* oder *unter der Voraussetzung, dass bestimmte Formeln wahr sind*.

Das logische Quadrat der Syllogistik (siehe Kap. 4) gilt nur unter der Voraussetzung, dass alle Begriffe nichtleer sind. Dieses Quadrat kann man prädikatenlogisch wie folgt ausdrücken (wobei S bzw. P ein 1-stelliges Prädikat ist: Sx hat die Bedeutung «*x ist ein S*» und Px die Bedeutung «*x ist ein P*», und es wird vorausgesetzt, dass $\exists x\,(Sx)$ gilt:

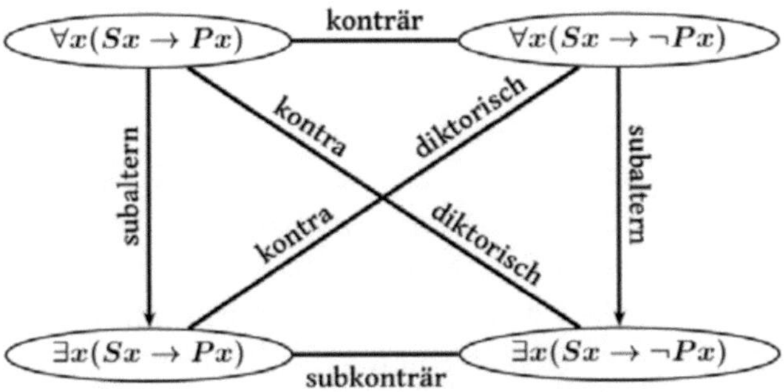

Ein einfacheres logisches Quadrat der Prädikatenlogik ist offenbar das folgende, welches unter der Voraussetzung gilt, dass es mindestens ein *G*-Individuum *x* gibt, also unser Grundbereich *G* nicht leer ist. Dies gilt aber, da *G* mindestens w und f enthält:

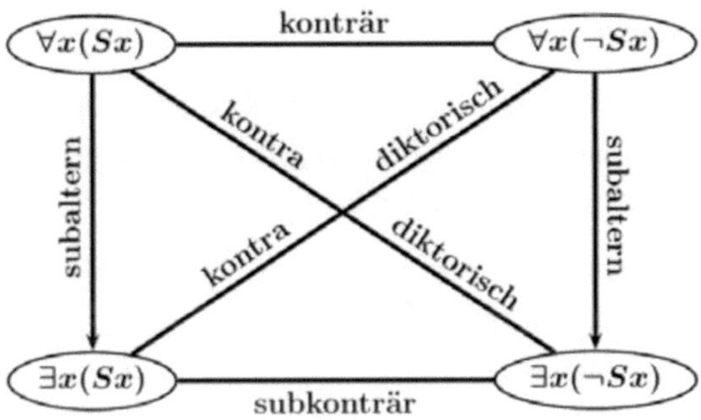

3. *Pragmatik.*

Semantische Analyse vorgelegter Formeln. Nach dem *Unentscheidbarkeitssatz* (Alonso Church, 1936) gibt es für die Prädikatenlogik keine formale Methode für semantische Analysen, die in endlich vielen Schritten zum Ergebnis führt (eine solche Methode gibt es für die Aussagelogik: nämlich, wie wir sahen, die Wahrheitswertetafel-Methode). In der Prädikatenlogik ist man somit auf nicht-formalisierbare semantische Überlegungen angewiesen (obgleich es Verfahren wie die hier nicht besprochenen semantischen Bäume gibt, die, wenn auch nicht immer zielführend, doch hilfreich sein können). Im Folgenden werden zwei Beispiele für konkrete semantische Analysen im Rahmen zweier konkreter Beispiele für Entfaltungen der Prädikatenlogik angeführt (ein mathematisches und ein nicht-mathematisches Beispiel).

A. Mathematisches Beispiel.

A. *Syntaktische Erweiterungen der prädikatenlogischen Sprache* (= Wahl der nichtlogischen Konstanten). Wir nehmen zu den logischen Konstanten die folgenden nichtlogischen Konstanten hinzu:

a) 0-stellige Termkonstanten (= Namen): 0 und 1
b) 2-stellige Formelkonstanten (Prädikate): $<$ und $>$
c) 2-stellige Termkonstanten: $+$ und $-$

B. *Semantische Bestimmungen:*

a) *Grundbereich* G sei die Menge der reellen Zahlen.
b) Festlegung der auf G aufbauenden *semantischen Struktur* σ (und damit des *Modells* M):
0_M bzw. 1_M sei die Zahl Null bzw. Eins, d.h. im Modell M bezeichnen 0 und 1 diese beiden Zahlen.

$<_M$ bzw. $>_M$ sei die 2-stellige Relation, die jedem Paar von *G*-Objekten den Wahrheitswert w zuordnet, falls es sich um ein Paar reeller Zahlen *m,n* handelt und *m* kleiner bzw. größer als *n* ist; und andernfalls f.
$+_M$ bzw. $-_M$ sei die 2-stellige Operation, die jedem Paar reeller Zahlen *m* und n ihre Summe bzw. Differenz zuordnet, und jedem sonstigen Paar von G-Objekten den Joker.

c) *Festlegung der Belegung B*

B ordne der Variablen *x* die Zahl Zehn zu (d.h. x_B sei Zehn), und allen anderen Variablen (*y*, z, *x'*, *y'*, *z'*, *x''*, *y''*, *z''*, ...) die Zahl Eins.

Mit diesen Festlegungen sind z.B. die Formeln[127]

(1) $x + y = x + 1$
(2) $0 < 1$,
(3) $\forall x (x + 1 > x)$,
(4) $\forall x (x + 1 = x + 1)$,
(5) $\forall x((x = y) \to (x + 1 = y + 1))$

in der gewählten semantischen Bewertungsbasis ⟨*M*,*B*⟩ wahr.
Dabei ist die Wahrheit der Aussageform (1) jedoch abhängig von der Belegung: Sie kann bei anderer Belegung als *B* falsch sein. Dagegen sind Aussagen (2) und (3) unabhängig von der Belegung wahr: *x* kommt hier entweder gar nicht oder nur gebunden vor, daher spielt es keine Rolle, mit welchem Wert wir *x* aktuell belegt haben. Beide Aussagen gelten daher *im Modell M*. Sie sind aber abhängig von der semantischen Struktur des Modells *M*; würde man zu einem anderen Modell übergehen, in dem etwa das Zeichen 0 die Zahl Zwei bezeichnet oder in dem

[127] Genau genommen handelt es sich nur um *Namen* für Formeln, da einige Klammern weggelassen wurden. Es ist aber üblich, bei Namen von Ausdrücken trotzdem von Ausdrücken, Formeln und Termen zu reden. Dies wird auch hier im Folgenden regelmäßig geschehen.

die „gewöhnliche" Bedeutung der Konstanten > und < vertauscht ist, dann würde (2) bzw. (3) in eine falsche Aussage übergehen. Aussagen (4) und (5) hingegen sind in jedem beliebigen Modell wahr und daher allgemeingültig. Man vergleiche nun die beiden Formeln

(6) $\forall x \exists y (y > x)$ und $\exists y \forall x (y > x)$.

Die erste gilt in *M*, die zweite nicht: Bei Quantoren *kommt es also auf die Reihenfolge an.* Man betrachte noch die Terme

(7) $x + y$

(8) $\iota y (y < x \wedge ((x-y = 1) \vee (y-x = 1)))$

(9) $\iota x (x = x)$

(10) $\iota x \neg(x = x)$

(11) $\kappa x (x > 0)$

Kennzeichnungsform (7) bezeichnet in Basis ⟨M,B⟩ die Zahl elf, bei anderer Belegung kann sie aber eine andere Zahl bezeichnen. Ebenso ist Kennzeichnungsform (8) in Basis ⟨*M*,*B*⟩ eine Bezeichnung für die Zahl neun. Kennzeichnungen (9) und (10) sind ist in jedem Modell eine Bezeichnung für den Joker J. Kennzeichnung (11) bezeichnet in M die Klasse der positiven reellen Zahlen. Eine in M wahre Formel, in der als Unterausdrücke zwei Kennzeichnungen vorkommen, wäre

(12) $\iota (x < y \wedge ((x - y = 1) \vee (y - x = 1))) \in \kappa x (x > 0)$.

Sie drückt im Modell M auf komplizierte Weise aus, dass die Zahl neun eine positive reelle Zahl ist.

B. *Nichtmathematisches Beispiel.*

A. *Syntaktische Erweiterungen der prädikatenlogischen Sprache* (= Wahl der passenden nichtlogischen Konstanten): Wir nehmen zu den logischen Konstanten die folgenden nichtlogischen Konstanten hinzu:

a) 0-stellige Termkonstanten (= Namen): *a*, *k*, ⚭
b) 1-stellige Formelkonstanten (Prädikate): ♂, ♀
c) 1-stellige Termkonstante: ♔
d) 2-stellige Formelkonstanten (Prädikate): ⚭ und ⚔
e) 2-stellige Termkonstante: 👧

Lesarten: Die Lesart von ♀ $\mathcal{A}$ bzw. ♂ $\mathcal{A}$ sei: «$\mathcal{A}$ *ist weiblich*» bzw. «$\mathcal{A}$ *ist männlich*», und von ♔ $\mathcal{A}$: «*der König von* $\mathcal{A}$». Als Lesart für $\mathcal{A}$ ⚭ $\mathcal{B}$ bzw. $\mathcal{A}$ ⚔ $\mathcal{B}$ legen wir fest: «$\mathcal{A}$ *ist verheiratet mit* $\mathcal{B}$» *bzw.* «$\mathcal{A}$ *schlägt* $\mathcal{B}$», und die Lesart von 👧$\mathcal{A}\mathcal{B}$ sei «*die Tochter von* $\mathcal{A}$ *und* $\mathcal{B}$».

Semantische Bestimmungen:

a) *Grundbereich* G sei die Menge der Personen und Länder.
b) Festlegung der auf G aufbauenden semantischen Struktur σ (und damit des Modells *M*):
a bzw. *k* ordnen wir zwei konkrete Personen namens Anna und Karl zu, die miteinander verheiratet sind.
♀$_M$ bzw. ♂$_M$ sei die 1-stellige Operation, die jedem *G*-Objekt einen Wahrheitswert zuordnet, und zwar w dann und nur dann, wenn es sich um eine männliche bzw. weibliche Person handelt.
♔$_M$ stehe für die 1-stellige Operation, die jedem Land, das einen König hat, diesen zuordnet, und jedem sonstigen *G*-Objekt den Joker J.
⚭$_M$ bzw. ⚔$_M$ stehe für die 2-stellige Operation, die jedem Paar von G-Objekten einen Wahrheitswert zuordnet, und zwar w genau dann, wenn es sich um ein Paar verheirateter Personen verschiedenen Geschlechts handelt bzw. um ein Paar von Personen, bei dem die zuerst genannte (die erste Komponente des Paares) die danach genannte (die zweite Komponente des Paares) «schlägt».
👧$_M$ stehe für die 2-stellige Operation, die jedem Paar, das genau eine Tochter hat, diese zuordnet; und jedem sonstigen Paar den Joker J.

C. *Festlegung der Belegung B*:

B ordnet der Variablen *y* Carla, die einzige Tochter von Anna und Karl, der Variablen *z* England, und allen anderen Variablen Amerika.

Mit diesen Festlegungen gelten in der Basis ⟨*M*,*B*⟩ folgende Formeln:[128]

(1) *a* ⚭ *k*,
(2) *y* = 👧 *a k*,
(3) ∀ *x y* (👧 *x y* = 👧 *y x*),
(4) ∀ *x y* (*x* ⚭ *y* → ((♂ *x* ∧ ♀ *y*) ∨ (♂ *y* ∧ ♀ *x*))),
(5) ∀ *x y* (*x* ⚭ *y* → y ⚭ *x*),
(6) ∀ *x y* (*x* ⚭ *y* → *x* ⚭ *y*).

Formel (2) kann beim Übergang zu einer anderen Variablenbelegung *B'* falsch werden. Die übrigen Formeln gelten im Modell *M* unabhängig von der Variablenbelegung. Nur die letzte Formel (6) ist überdies auch unabhängig vom Modell, d.h. allgemeingültig.

(7) 👧 *a k* ⚔ ♔ *z*

bedeutet in unserer Bewertungsbasis ⟨*M*,*B*⟩, dass die Tochter von Anna und Karl den König von England schlägt. Dagegen bedeutet

(8) ∀ *x* (y ⚔ ♔ *x*)

in Basis ⟨*M*,*B*⟩, dass die Tochter von Anna und Karl *alle* Könige schlägt; und im Modell *M*, dass irgendjemand dies tut. Wenn der König von England die einzige Person ist, die von Carla geschlagen wird, bezeichnet außer ♔ *z* auch

(9) ι *x* (👧 *a k* ⚔ *x*)

---

[128] Genau genommen sind es keine Formeln, sondern *Namen* für Formeln, da einige Klammern fehlen, und da außerdem in (3) bis (6) – wie in der Praxis allgemein üblich – die Wiederholung des Allquantors weggelassen wurde: ∀ *x y* statt ∀ *x* ∀ *y*.

diesen König. Dann wären also die Formeln

(10) $\iota x($👧 $a\,k$ ⚔ $x) =$ ♔ z und
(11) $\dot{\exists} x($👧 $a\,k$ ⚔ $x)$ und erst recht
(12) $\exists x($👧 $a\,k$ ⚔ $x)$ alle wahr.

Schließlich bezeichnet der Term

(13) $\kappa x \exists y (x =$ ♔ $z)$ im Modell M die Klasse aller Könige.

Definitionstätigkeit.

1. *Sprach-erweiternde Definitionen.* Wie in der Aussagelogik kann man durch Definitionen neue Konstanten einführen:

Beispiel: Das Ungleichheitszeichen $\neq$ und das Nichtelementzeichen $\notin$ (2-stellige Prädikate bzw. Formelfunktoren) führt man so ein:

$a \neq b \;:\Leftrightarrow\; \neg a = b.$
$a \notin b \;:\Leftrightarrow\; \neg a \in b.$

Mit Hilfe des logischen Element-Zeichens $\in$ lassen sich für Klassen A, B auch die Zeichen $\subseteq$ und $\subset$ für die Teilmenge bzw. echte Teilmenge als 2-stellige Prädikaten definieren:

$A \subseteq B :\Leftrightarrow\; \forall v (v \in A \rightarrow v \in B)$, wobei v eine Variable sein muss, die in a und b nicht frei vorkommt.

$A \subset B :\Leftrightarrow\; A \subseteq B \wedge A \neq B.$

Die Zeichen $\mathbb{B}$ für die sog. *Boolesche Klasse* (die Menge, deren einzige Elemente die beiden Wahrheitswerte sind), $\emptyset$ für die *leere Menge,* und $\mathbb{D}$ für die *Allklasse* (Klasse aller Dinge, d.h. hier: aller G-Individuen) führt man als 0-stellige Termfunktoren (Namen) ein; zuvor kann man auch die konkrete Identifizierung der Wahrheitswerte und des Jokers durch Definitionen festhalten:

$$\begin{aligned}\emptyset &:= \mathrm{K}x(x \neq x),\ 0 := \emptyset,\ \bot := 0,\ 1 := \mathrm{K}x(x = \emptyset),\ \top := 1,\\ \mathbb{B} &:= \mathrm{K}x(x = \top \vee x = \bot),\\ \mathbb{D} &:= \mathrm{K}x(x = x),\ \underline{\bot} := \mathbb{D}.\end{aligned}$$

Nach dieser Definition ist $\mathbb{D}$ in jedem Modell eine objektsprachliche Bezeichnung für den Grundbereich G des Modells.

Gehört das Kleinerzeichen $<$ bereits zu den ursprünglich eingeführten nichtlogischen Symbolen, so kann man die Zeichen $>$, $\leq$, $\geq$ (das Größerzeichen, Kleinergleichzeichen und Größergleichzeichen) als 2-stellige Prädikate per Definition wie folgt einführen: Für Zahlen a,b sei

$$\begin{aligned}a > b &:\Leftrightarrow a < b\\ a \leq b &:\Leftrightarrow a < b \vee a = b\\ a \geq b &:\Leftrightarrow a > b \vee a = b\end{aligned}$$

$\forall v\, \mathcal{A}$ bedeutet: *für alle v [des Grundbereichs] gilt* $\mathcal{A}$. Statt dessen möchte man oft nur sagen, dass $\mathcal{A}$ für alle *Elemente v einer bestimmten Klasse* gilt. Ebenso möchte man $\exists v\, \mathcal{A}$ bzw. $\dot{\exists} v\, \mathcal{A}$ (*es gibt mindestens* bzw. *genau ein v, so dass* $\mathcal{A}$) relativieren auf: $\mathcal{A}$ gilt für mindestens bzw. genau ein *v aus einer bestimmten Klasse.* Bezeichnet C eine Klasse (von Elementen des Grundbereichs), auf die man relativieren will, schreibt man hierzu

$\forall v \in C\, \mathcal{A}$ oder $\bigwedge v \in C\, \mathcal{A}$ oder $\bigwedge_{x \in C} \mathcal{A}$ [lies: *für alle v aus C gilt* $\mathcal{A}$],

bzw. $\exists v \in C\, \mathcal{A}$ oder $\bigvee v \in C\, \mathcal{A}$ oder $\bigvee_{x \in C} \mathcal{A}$ [lies: *für ein v aus C gilt* $\mathcal{A}$],

bzw. $\dot{\exists} v \in C\, \mathcal{A}$ oder $\dot{\bigvee} v \in C\, \mathcal{A}$ oder $\dot{\bigvee}_{x \in C} \mathcal{A}$ [lies: *für genau ein v aus C gilt* $\mathcal{A}$].

Die formale Definition lautet:

$$\begin{aligned}\forall v \in C\, \mathcal{A} &:= \forall v\ (v \in C \rightarrow \mathcal{A}),\\ \exists v \in C\, \mathcal{A} &:= \exists v\ (v \in C \wedge \mathcal{A}),\\ \dot{\exists} v \in C\, \mathcal{A} &:= \dot{\exists} v\ (v \in C \wedge \mathcal{A}).\end{aligned}$$

Ist Q ein Quantor, und sind $v_1, v_2, \ldots, v_n$ Variablen, setzt man

$$\mathrm{Q}\, v_1, v_2, \ldots, v_n \coloneqq \mathrm{Q}\, v_1\, \mathrm{Q}\, v_2 \ldots \mathrm{Q}\, v_n\, \mathcal{A}.$$

Für Terme mit dem Klassenoperator führt man die gewöhnliche beschreibende Klassenbezeichnung ein:

$$\{v \mid \mathcal{A}\} \coloneqq \kappa\, v\, \mathcal{A}.$$

Mit Hilfe dieser Bezeichnung kann man als weiteren Ausdrucks-Namen die aufzählende Klassenbezeichnung definieren durch

$$\{a, b, c, \ldots\} \coloneqq \{v \mid v = a \vee v = b \vee v = c \vee \ldots\},$$

wobei für v eine Variable zu setzen ist, die in $a, b, c, \ldots$. nicht vorkommt. Ein sehr flexibler, wichtiger Klassenterm wird schließlich für Terme $\mathcal{T}$, Formeln $\mathcal{A}$ und Variablen $v_1, v_2, \ldots, v_n$ wie folgt definiert:

$$\{\mathcal{T} \mid_{v1,\, v2,\, \ldots,\, vn} \mathcal{A}\} \coloneqq \{v \mid \exists\, v_1\, v_2 \ldots v_n ((v = \mathcal{T}) \wedge \mathcal{A}\}.$$

wobei für v eine Variable zu setzen ist, die in $\mathcal{T}$ und $\mathcal{A}$ nicht vorkommt und die von $v_1, v_2, \ldots, v_n$ verschieden ist. Der Term $\{\mathcal{T} \mid_{v1,\, v2,\, \ldots,\, vn} \mathcal{A}\}$ wird gelesen: *Klasse aller* $\mathcal{T}$ (*bei laufenden* $v_1, v_2, \ldots, v_n$), *für die gilt* $\mathcal{A}$. Die sog. Laufvariablen $v_1, v_2, \ldots, v_n$ werden meist weggelassen, man schreibt also gewöhnlich einfach $\{\mathcal{T} \mid \mathcal{A}\}$ und muss dann als Laufvariablen genau diejenigen ergänzen, die in $\mathcal{A}$ frei sind. Beispiel: Für die Klasse der geordneten Paare $\langle v,w \rangle$ mit erster Komponente aus Klasse A und zweiter Komponente aus Klasse B kann man demnach schreiben: $\{\langle v,w \rangle \mid_{v,\, w} v \in A \wedge w \in B\}$ oder kurz $\{\langle v,w \rangle \mid v \in A \wedge w \in B\}$. Für Klassen C führt man noch die relativierten Klassenbeschreibungen

$$\{v \in C \mid \mathcal{A}\} \coloneqq \{v \mid v \in C \wedge \mathcal{A}\} \text{ und } \{\mathcal{T} \in C \mid \mathcal{A}\} \coloneqq \{\mathcal{T} \mid \mathcal{T} \in C \wedge \mathcal{A}\}$$

ein. Mit Hilfe dieser Terme kann man alle in der «absoluten» Mengenlehre (Kap. 3) erklärten Ausdrücke «modell-intern» formal definieren. Die wichtigsten Definitionen der Mengenlehre sind die folgenden:

$\mathcal{A}$ ist Objekt :⇔ $\mathcal{A} = \mathcal{A}$.
$\mathcal{A}$ ist Individuum :⇔ $\mathcal{A} \in \mathbb{D}$.
$\mathcal{A}$ ist Klasse :⇔ $\mathcal{A} = \emptyset \vee \exists y (y \in \mathcal{A})$.
$\mathcal{A}$ ist Menge :⇔ $\mathcal{A}$ ist Klasse $\wedge$ $\mathcal{A}$ ist Individuum.
$\mathcal{A}$ ist Unmenge :⇔ $\mathcal{A}$ ist Klasse $\wedge$ $\neg$($\mathcal{A}$ ist Individuum).
Für Klassen M: $\mathscr{P}(M) := \{v | v \subseteq M\}$
(wobei v nicht frei in M vorkommt).[129]
für Individuen a,b und Unmengen U,V:
$\langle a,b \rangle := \{\{a\}, \{a,b\}\}$, $\langle a,V \rangle := \{\langle a,v \rangle | v \in V\}$, $\langle U,b \rangle := \{\langle u,b \rangle | u \in U\}$,
$\langle U,V \rangle := \{\langle x,y \rangle | x \in U \wedge y \in V\}$.
P ist Paar :⇔ es gibt Objekte A,B, so dass $P = \langle A,B \rangle$.[130]
R *ist Relation* :⇔ *R ist Klasse* $\wedge \forall v \in R$ (*v ist Paar*).
Für Relationen R: $R^{-1} := \{\langle v,w \rangle | \langle w,v \rangle \in R\}$, $v R w :\Leftrightarrow \langle v,w \rangle \in R$,
$\mathrm{Vb}(R) := \{v | \exists w (v R w)\}$, $\mathrm{Nb}(R) := \{w | \exists v (v R w)\}$.
Für Klassen C: $\mathrm{id}_C := \{\langle v,v \rangle | v \in C\}$.
Für Relationen R,S: $R \circ S := \{\langle u,w \rangle | \exists v ((u S v) \wedge (v R w)\}$.
f ist Funktion :⇔ *f ist Relation* $\wedge \forall v \in \mathrm{Vb}(f) \dot{\exists} w (v f w)$.
Für Funktionen f: $\mathrm{Db}(f) := \mathrm{Vb}(f)$, $\mathrm{Wb}(f) := \mathrm{Nb}(f)$.
Für Funktionen f und Elemente a von $\mathrm{Db}(f)$: $f(a) := \iota v (a f v)$.
Für Funktionen f und Teilklassen C von $\mathrm{Db}(f)$: $f[C] := \{f(v) | v \in C\}$.
$f: A \longrightarrow B$:⇔ *f ist Funktion* $\wedge \mathrm{Db}(f) = A \wedge \mathrm{Wb}(f) \subseteq B$.
Für Klassen A, B: $\complement A := \{x | x \notin A\}$,
$A \cup B := \{x | x \in A \vee x \in B\}$, $A \cap B := \{x | x \in A \wedge x \in B\}$,
$A \setminus B := \{x | x \in A \wedge x \notin B\}$, $A \times B := \{\langle x,y \rangle | x \in A \wedge x \in B\}$.

---

[129] Generell sollen die Variablen in den folgenden Definitionen immer solche sein, die nicht frei in den übrigen Ausdrücken vorkommen.

[130] Wir können hierfür nicht schreiben $\exists v w (P = \langle v,w \rangle)$, weil unsere objektsprachlichen Variablen nur über alle Individuen laufen. So ist $\exists v w (P = \langle v,w \rangle)$ das Definiens für das *Individuen-Paar*, nicht für das Paar allgemein. Wir müssen daher hier mit metasprachlichen Variablen A,B arbeiten.

Man sieht hier bei der Definition der Vereinigungs- und Schnittmenge, dass diese mit dem Adjunktor $\vee$ bzw. dem Konjunktor $\wedge$ definiert wird, passend zu der Ähnlichkeit des Vereinigungsmengenzeichens $\cup$ mit $\vee$ bzw. zu der Ähnlichkeit des Schnittklassenzeichens $\cap$ mit $\wedge$.

> Für Klassen C, deren Elemente Mengen sind, definiert man:
> $\bigcup C := \{v \mid \exists\, w \in C\,(v \in w)\}$, $\bigcap C := \{v \mid \forall\, w \in C\,(v \in w)\}$.
> Für Mengen M, deren Elemente Mengen sind:
> $\times\, C := \{f \mid f \text{ ist Funktion} \wedge \mathrm{Db}(f) = C \wedge \forall\, m \in M\,(f(m) \in m)\}$.
> Für Klassen I und Kennzeichnungsformen $\mathcal{A}(i)$ mit einer Variablen i als Parameter, derart dass $\forall\, i \in I\,(\mathcal{A}(i)$ *ist Klasse*) gilt:
> $\bigcup_{i\in I} \mathcal{A}(i) := \{v \mid \exists\, i \in I\,(v \in \mathcal{A}(i))\}$, $\bigcap_{i\in I} \mathcal{A}(i) := \{v \mid \forall\, i \in I\,(v \in \mathcal{A}(i))\}$.
> Ist I eine Menge und C eine Klasse, definiert man außerdem
> $\times_{i\in I} \mathcal{A}(i) := \{f \mid f \text{ ist Funktion} \wedge \mathrm{Db}(f) = I \wedge \forall\, i \in I\,(f(i) \in \mathcal{A}(i))\}$,
> ${}^{I}C := \{f \mid f\colon I \longrightarrow C\}$.

Weitere Definitionen der Mengenlehre (z.B. n-stellige Operationen und Relationen, verallgemeinerte Funktion, funktionale Tupel usw.) wird der Leser nun leicht selbst aufstellen können.

2. Reduzierende Definitionen. Während die bisherigen Definitionen die die Sprache erweitern und es gestatten, komplizierte Sachverhalte möglichst kurz zu beschreiben, kann man auch umgekehrt versuchen, die Sprache (ohne Verlust an Ausdrucksmöglichkeiten) auf möglichst wenige Zeichen zu reduzieren. So kann man als Erstes jede $\dot{\exists}$-Formel durch eine gleichwertige (äquivalente) $\exists$-Formel ersetzen (und damit überflüssig machen). Es gilt nämlich, wenn man für einen Ausdruck $\mathcal{A}$ auch (mit einer beliebigen Variablen v) $\mathcal{A}(v)$ schreibt und dann mit einer beliebigen Variablen w, die in $\mathcal{A}$ nicht vorkommt, mit $\mathcal{A}(w)$ die Formel bezeichnet, die aus $\mathcal{A}(v)$ entsteht, wenn man darin alle Exemplare der Variablen v durch ein Exemplar der Variablen w ersetzt:

$$\dot{\exists}\, v\, \mathcal{A}(v) \Longleftrightarrow \exists\, v\, \mathcal{A}(v) \wedge \forall\, w\, (w \neq v \rightarrow \neg\, \mathcal{A}(w)),$$

Somit ist $\dot{\exists}$ entbehrlich; die obige Äquivalenzformel kann man leicht in eine formale Definition des $\dot{\exists}$-Operators mittels des $\exists$-Operators verwandeln (indem man $\Longleftrightarrow$ durch $:\Leftrightarrow$ ersetzt). Offensichtlich kann man auch jede $\exists$-Formel durch eine äquivalente $\forall$-Formel ersetzen und umgekehrt. Es gilt nämlich:

$$\exists\, v\, \mathcal{A} \Longleftrightarrow \neg\, \forall\, w \neg\, \mathcal{A} \quad \text{und entsprechend} \quad \forall\, v\, \mathcal{A} \Longleftrightarrow \neg\, \exists\, w \neg\, \mathcal{A},$$

wie sich semantisch leicht einsehen lässt und was man als die *Dualität* von $\forall$ und $\exists$ nennt, die der Dualität von $\wedge$ und $\vee$ entspricht.[131] Von den Quantoren braucht man also nur einen einzigen, etwa $\forall$.

3. Metasprachliche Definitionen.

3a. Gebundene Umbenennung: Ist $\mathcal{A}$ ein Ausdruck mit gebundenen Variablen, etwa $\exists\, y\, (y \in x)$, so kann man offenbar ohne Bedeutungsänderung die gebundenen Variablenexemplare (hier die beiden Exemplare von *y*) durch andere Variablen ersetzen, unter der Auflage, dass

(1) an Stellen, wo vor der Ersetzung Exemplare derselben bzw. verschiedener Variablen stehen, dies auch danach der Fall ist, und

(2) jedes Variablenexemplar, das frei bzw. durch ein Operatorexemplar gebunden ist, bei der Ersetzung in ein Variablenexemplar übergeht, das auch frei bzw. durch dasselbe Operatorexemplar gebunden ist.

Eine Ersetzung nach diesen Vorgaben nennt man eine *gebundene Umbenennung*. Beispielsweise geht $\exists\, y\, (y \in x)$ durch eine gebundene Umbenennung, in der alle Exemplare der Variablen *y* durch Exemplare der Variablen *z* ersetzt werden, in $\exists\, z\, (z \in x)$ über. Keine korrekte gebundene Umbenennung wäre es aber, wenn man die Exemplare von y

[131] Siehe oben S. 165.

durch solche von x ersetzt: Dann erhielte man $\exists x\,(x \in x)$, und hier ist das Exemplar von x vor der rechten Klammer vor der Ersetzung ein freies Variablenexemplar, danach aber ein gebundenes.

3b. Substitutionen (Einsetzungen) und Variablenkollision: Sei ein Buchstabe, etwa $\mathcal{A}$, Abkürzung für einen Ausdruck, z.B. für den gerade betrachteten Ausdruck $\exists y\,(y \in x)$ mit der Bedeutung *«es gibt ein y, so dass y Element von x ist»* oder äquivalent (und kürzer): *«x ist eine nichtleere Klasse.»* Dann schreibt man häufig eine Bezeichnung für einen (weiteren) Ausdruck p eingeklammert hinter den Buchstaben, schreibt also für $\mathcal{A}$ auch $\mathcal{A}(p)$; dabei empfiehlt es sich, zu diesem Zweck nicht die gewöhnlichen, zur Gruppierung verwendeten Klammer zu nehmen, sondern eigens gestaltete sog. *Parameter-Klammern*, etwa verdoppelt runde Klammern ⦅,⦆; wir schreiben also statt $\mathcal{A}(p)$ lieber $\mathcal{A}⦅p⦆$. Dieses p heißt ein *Parameterausdruck von* $\mathcal{A}$,[132] wenn p die Bedingung erfüllt, dass kein Exemplar p_0 von p in $\mathcal{A}$ ein Variablenexemplar enthält, das durch ein außerhalb von p_0 in $\mathcal{A}$ stehendes Operatorexemplar gebunden ist. Diese Bedingung verhindert, dass die Exemplare von p in $\mathcal{A}$ bei der semantischen Auswertung von $\mathcal{A}$ durch Bindung an ein außenstehendes Operatorexemplar ihre ursprüngliche Funktion verlieren, das Denotat von p zu bezeichnen. Ist nun also p ein derartiger Operatorausdruck, so soll $\mathcal{A}⦅p⦆$ genau dieselbe Bedeutung wie $\mathcal{A}$ haben: Es ist also $\mathcal{A} = \mathcal{A}⦅p⦆$. Die Lesart für $\mathcal{A}⦅p⦆$ ist «$\mathcal{A}$ von p» oder ausführlicher «$\mathcal{A}$, betrachtet in Abhängigkeit von p», und macht den Sinn dieser Schreibweise klar: Der Leser soll den Ausdruck $\mathcal{A}$ nicht für sich, sondern einer bestimmten Relation zum Ausdruck p betrachten. Und zwar soll $\mathcal{A}$, wenn $\mathcal{A}$ eine Formel ist, als Beschreibung einer Eigenschaft (des Denotats) von p angesehen werden; und wenn $\mathcal{A}$ ein Term ist, als Beschreibung eines von p (bzw. vom Denotat von p) abhängigen Objekts. Hierzu muss p

[132] Das Wort *Parameter* ist abgeleitet von griech. *para* (neben) und *metron* (Maß).

nicht unbedingt in A vorkommen, aber die genannte Betrachtung stellte sich natürlicherweise von selbst ein, wenn dies der Fall ist. Ist z.B. $\mathcal{A}$ die Formel «*p ist ein König*» oder der Term «*der König von p*», so beschreibt $\mathcal{A}$ eine Eigenschaft von *p* bzw. ein von *p* abhängiges Objekt, und so liegt es nahe, für $\mathcal{A}$ auch $\mathcal{A}(p)$ zu schreiben. Und so können wir, wenn $\mathcal{A}$ für $\exists y\,(y \in x)$ steht, als Parameterausdruck *p* die in $\mathcal{A}$ freie Variable *x* nehmen, und für $\mathcal{A}$ auch $\mathcal{A}(x)$ schreiben.

Nachdem nun von $\mathcal{A}(p)$ die Rede war, und *s* irgendein beliebiger Ausdruck ist (den wir das *Substitut* nennen wollen), soll $\mathcal{A}(s)$ nicht ebenfalls denselben Ausdruck wie $\mathcal{A}$ und $\mathcal{A}(p)$ bezeichnen, sondern einen *neuen* Ausdruck, der die Bedeutung haben soll, die der ursprüngliche Ausdruck $\mathcal{A}$ bekäme, wenn *p* dasselbe Denotat hätte wie der neue Ausdruck *s*. In unserem Beispiel, wo wir als *p* die Variable *x* genommen haben bedeutet $\mathcal{A}(p)$ alias $\mathcal{A}(x)$, *dass x eine nichtleere Klasse ist*, also müssen wir für $\mathcal{A}(s)$ ein Ausdruck finden mit der Bedeutung: *s ist eine nichtleere Klasse*.

Man könnte nun denken: Einen solchen Ausdruck erhält man einfach, indem jedes in $\mathcal{A}$ vorkommende Exemplar des Parameterausdrucks durch ein Exemplar des Substituts *s* ersetzt. In unserem Beispiel müssten wir also einfach im Ausdruck $\mathcal{A}(x)$ – d.h. in $\exists y\,(y \in x)$ – den Ausdruck *s* für *x* einsetzen (= *substituieren*). Das liefert uns $\exists y\,(y \in s)$ als neuen Ausdruck $\mathcal{A}(s)$. Und dieser neue Ausdruck drückt in der Tat aus, dass *s* eine nichtleere Klasse ist.

Doch unter Umständen kann dieses naheliegende Vorgehen schief gehen. Denn wenn in dem Substituts-Ausdruck *s* freie Variablenexemplare vorkommen, kann es passieren, dass diese beim Einsetzen *versehentlich gebunden werden* (was man eine *Variablenkollision* nennt), wodurch der neue Ausdruck eine unerwartete und unerwünschte Bedeutung erhalten kann. Die Variablenkollision ist uns bereits bei der

Besprechung der Ersetzregel der Gleichheitslogik begegnet (S. 96). Nehmen wir z.B. als Substitutsausdruck *s* die Variable *y*. Wir wünschen dann, dass $\mathcal{A}(s)$ alias $\mathcal{A}(y)$ die Bedeutung hat: *y ist eine nichtleere Klasse.* Setzen wir aber *y* einfach für *x* in $\exists y\,(y \in x)$ ein, erhalten wir $\exists y\,(y \in y)$, was etwas anderes bedeutet, nämlich: *Es gibt ein Objekt y, das Element von sich selbst ist.* Das eingesetzte *y* wurde hier durch $\exists$ gebunden, es sollte aber frei bleiben. Dergleichen kann nur passieren, wenn mindestens eine der im Substitutsausdruck *s* frei vorkommenden Variablen – hier die Variable *y* – in dem ursprünglichen Ausdruck $\mathcal{A}$ gebunden vorkommt. Was man daher tut, ist folgendes: Bevor man den Substitutsausdruck einsetzt, sorgt man durch *gebundene Umbenennung* dafür, dass die gebundenen Variablen des ursprünglichen Ausdrucks durch solche ersetzt werden, die im Substitutsausdruck *nicht* (zumindest nicht frei) vorkommen. Dann erst setzt man den Substitutsausdruck ein. In unserem Beispiel wird also beispielsweise aus $\exists y\,(y \in x)$ zuerst $\exists z\,(z \in x)$ gemacht, und erst dann wird *y* für *x* eingesetzt, was $\exists z(z \in y)$ ergibt. Diese Formel kann man also als $\mathcal{A}(y)$ nehmen, denn sie hat die Bedeutung: *y ist eine nichtleere Klasse.* Nun gibt es verschiedene gebundene Umbenennungen: Statt von $\exists y\,(y \in x)$ zu $\exists z\,(z \in x)$ überzugehen, können wir auch zu $\exists z'\,(z' \in x)$ übergehen, dann erhalten wir als $\mathcal{A}(y)$ den Ausdruck $\exists z'\,(z' \in y)$. Also kann $\mathcal{A}(y)$ alias $\mathcal{A}(s)$ *für mehrere verschiedene Ausdrücke* stehen, die sich in den gebundenen Variablen unterscheiden. Das schadet aber nicht, da alle diese Ausdrücke dieselbe Bedeutung haben (und auf die kommt es ja nur an).

Beweistätigkeit bzw. formale Ableitung (Deduktion).

Beweiskalküle und Kalküle des natürlichen Schließens können auf die Prädikatenlogik erweitert werden. Nur muss der Begriff der Korrektheit eines Kalküls hier noch differenziert werden:

Eine prädikatenlogische Kalkül-Regel heißt *korrekt* (im gewöhnlichen Sinn), wenn *in jedem Modell*, in dem die Prämissen gelten, auch die Schlussfolgerung gilt. Sie heißt *strikt wahrheitserhaltend*, wenn sogar *in jeder Basis*, in der die Prämissen gelten, auch die Schlussfolgerung gilt. Ein Kalkül heißt korrekt bzw. strikt wahrheitserhaltend, wenn dies für all seine Regeln gilt und seine Axiome Tautologien sind.

Jede strikt wahrheitserhaltende Regel ist auch im gewöhnlichen Sinn korrekt, aber das Umgekehrte muss nicht der Fall sein (wie wir anhand der folgenden ∀E-Regel sowie der FreiU-Regel sehen werden).

Prädikatenlogische Kalküle verwenden außer den Regeln der aussagelogischen Kalküle (die alle strikt wahrheitserhaltend sind!) oft die folgenden vier berühmten Schlussregeln; hier und im Folgenden bezeichnen $\mathcal{A}$, $\mathcal{B}$, $\mathcal{C}$, beliebige Ausdrücke, *v*, *w* beliebige Variablen, *a*, *b* beliebige *Individuenterme*, also Terme, die ein Individuum bezeichnen:

∀B (∀-Beseitigung)	**GebU** (gebundene Umbenennung)
$\dfrac{\forall v\, \mathcal{A}(v)}{\mathcal{A}(a)}$	$\dfrac{\mathcal{A}}{\mathcal{A}^*}$ wobei $\mathcal{A}^*$ aus $\mathcal{A}$ durch gebundene Umbenennung entsteht

Gemäß Regel ∀B darf man z.B. von $\forall x\,(x = x)$ auf $0 = 0$ schließen, ebenso auf $x + 1 = x + 1$ usw. Regel ∀B heißt auch *Instantiierung* oder *Exemplifizierung*. In der scholastischen Syllogistik entspricht sie dem *dictum de omni et nullo* (siehe oben S. 134).

Gemäß Regel GebU darf man von $\forall x\,(x = x)$ auf $\forall y\,(y = y)$ schließen. Beide Regeln sind strikt wahrheitserhaltend. Die beiden folgenden sind dagegen nicht strikt wahrheitserhaltend, sondern „nur" korrekt:

∀E (∀-Einführung)	**FreiU** (Freie Umbenennung)
$\dfrac{\mathcal{A}}{\forall v \mathcal{A}}$	$\dfrac{\mathcal{A}}{\mathcal{A}^*}$ wobei $\mathcal{A}^*$ aus $\mathcal{A}$ durch gebundene Umbenennung entsteht

Laut ∀E darf man von x > 2 auf $\forall x (x > 2)$ schließen. Das ist nicht strikt wahrheitserhaltend, denn wenn eine Behauptung über *x* (wie *x* > 2) für eine bestimmte Interpretation von *x in einer bestimmten Basis* gilt, muss sie (dort) nicht für alle *x* gelten. Trotzdem ist die Regel im gewöhnlichen Sinn korrekt. Wenn nämlich eine Formel *in einem Modell* M gilt (wie z.B. $x + y = y + x$ im Modell unseres oben beschriebenen mathematischen Beispiels), so heißt dies, dass sie gemäß den semantischen Bestimmungen des Modells *für jede beliebige Variablenbelegung B* wahr ist. Daher sind in diesem Modell etwa auch $\forall x (x + y = y + x)$ und $\forall y (x + y = y + x)$ gültige Formeln. Sofern man mit den Kalkülen nur die allgemeingültigen Formeln ermitteln will, stört es also nicht, wenn sie *nicht strikt* wahrheitserhaltend sind.

Gemäß FreiU wird A durch sog. *freie Umbenennung* in A* überführt: D.h. hier werden freie Variablen in A durch andere ersetzt, und zwar unter denselben Auflagen wie bei der gebundenen Umbenennung (siehe oben S. 216), dass Verschiedenheit und Bindungsstrukturen der Variablen erhalten bleiben. Auch diese Regel ist nicht strikt wahrheitserhaltend (denn was für das Denotat *einer* Variablen gilt, muss nicht auch für das Denotat einer *anderen* gelten), wohl aber ist sie im gewöhnlichen Sinne korrekt: Denn wenn eine Formel *in einem Modell* gültig ist, ist sie dort *für alle* Belegungen der Variablen wahr. So darf man etwa ohne weiteres aus der Gleichung $x + y = y + x$ die Gleichung $x' + y' = y' + x'$

oder $x+z=z+x$ machen. – Ein korrekter und vollständiger axiomatischer Kalkül für die Prädikatenlogik der Gödel'schen Art ist der folgende. Er enthält:

I. die schon in der Aussagelogik genannten drei Axiome (siehe S. 173):

(A1) $((\mathcal{A} \vee \mathcal{A}) \rightarrow \mathcal{A})$ (Tautologieprinzip),
(A2) $(\mathcal{A} \rightarrow (\mathcal{A} \vee \mathcal{B}))$ (Additionsprinzip),
(A3) $((\mathcal{A} \rightarrow \mathcal{B}) \rightarrow ((\mathcal{C} \vee \mathcal{A}) \rightarrow (\mathcal{B} \vee \mathcal{C})))$ (Summationsprinzip),

II. die beiden Axiome der Gleichheitslogik (siehe Kap. 2):

(A4) $v = v$ (Reflexivität),
(A5) $v = w \rightarrow \mathcal{A}(v) = \mathcal{A}(w)$ (Ersetzbarkeitsregel),

III. als aussagelogische Regel MP (Modus Ponens, siehe S. 173), und zusätzlich als prädikatenlogischen Regeln ∀E, ∀B, GebU und FreiU,

IV. und schließlich definitorische Regeln (Ur-Zeichen sind $=$, $\neg$, $\vee$, $\forall$; die übrigen wie $\in$ sind primitive oder definierte nichtlogische Zeichen), insbesondere definiert Gödel:

(D1) $(\mathcal{A} \wedge \mathcal{B}) \;:\Leftrightarrow\; (\neg((\neg \mathcal{A}) \vee (\neg \mathcal{B})))$,
(D2) $(\mathcal{A} \leftrightarrow \mathcal{B}) \;:\Leftrightarrow\; ((\mathcal{A} \rightarrow \mathcal{B}) \wedge (\mathcal{B} \rightarrow \mathcal{A}))$,
(D3) $(\mathcal{A} \rightarrow \mathcal{B}) \;:\Leftrightarrow\; ((\neg \mathcal{A}) \vee \mathcal{B})$,
(D3) $(\exists v \mathcal{A}) \;:\Leftrightarrow\; (\neg(\forall v (\neg \mathcal{A})))$.

Gödels 1929 bewiesener *Vollständigkeitssatz* besagt, dass mit diesem Kalkül alle Tautologien und allgemeingültigen Implikationen aus vorgelegten Axiomen, die in einer prädikatenlogischen Sprache erster Stufe (siehe S. 195) formulierbar sind, formal herleitbar sind.

Berühmter noch als dieser Vollständigkeitssatz sind aber Gödels *Unvollständigkeitssätze* (1931). Sie besagen:

(1) Es gibt für eine Prädikatenlogik *höherer Stufen* keine derartigen vollständigen Kalküle.

(2) Es gibt auch im Rahmen einer Prädikatenlogik *erster Stufe* keinen korrekten Kalkül, der *in einem bestimmten Modell* alle Implikationen aus einem „hinreichend komplexen“ konsistenten Axiomensystem formal herzuleiten gestattet. Hierbei bedeutet „hinreichend komplex“ für das Axiomensystem, dass es stark genug ist, um damit die üblichen Grundgesetze der Arithmetik der natürlichen Zahlen abzuleiten. Demnach muss es also für natürliche Zahlen geltende *Wahrheiten* geben, *die nicht beweisbar sind.* Man beachte, dass dies nicht im Widerspruch zum Vollständigkeitssatz steht, da mit einem vollständigen Kalkül der Prädikatenlogik nur diejenigen Wahrheiten hergeleitet werden können, die simultan *in jedem Modell* gelten; nicht herleiten kann man damit aber die gültigen Sätze eines Modells, die *nur dort* gelten. Und einen Kalkül, der auch dies könnte, kann es nach Gödels Resultat nicht geben.

(3) Zu den nicht aus dem in (2) betrachteten Axiomensystem herleitbaren Wahrheiten gehört die Widerspruchsfreiheit seiner Axiome.

Prädikatenlogische Kalküle des natürlichen Schließens enthalten zusätzlich zu den oben genannten Regeln (∀E, ∀B, GebU und FreiU) und allen Regeln der Aussagelogik (siehe Kap. 5) vor allem die folgenden:

<table>
<tr><th colspan="2">∃B (∃-Beseitigung)</th><th>∃E (∃-Einführung)</th></tr>
<tr><td>$\dfrac{\exists v\, \mathcal{A}(v)}{\mathcal{A}(n)}$</td><td>$\dfrac{\exists v\, \mathcal{A}}{\varepsilon v \mathcal{A} \neq \bot \wedge \mathcal{A}(\varepsilon v \mathcal{A})}$</td><td rowspan="2">$\dfrac{\mathcal{A}(a)}{\exists v\, \mathcal{A}(v)}$</td></tr>
<tr><td colspan="2">wobei *n* ein neuer Name für ein Individuum *v* mit $\mathcal{A}(v)$ ist</td></tr>
</table>

Zur ∃-Beseitigung ist anzumerken: *n* steht für einen *neuen nicht-logischen Namen* (also einen 0-stelligen Termfunktor), der nur für den Beweiszweck vorübergehend eingeführt wird, um ein Individuum zu bezeichnen, das die Eigenschaft hat, dass $\mathcal{A}(v)$ wahr wird, sobald man als Denotat für v dieses Individuum n nimmt. Dass es ein solches Individuum gibt, besagt ja die Voraussetzung $\dot\exists\, v\, \mathcal{A}(v)$. Insbesondere ist dann aber $\varepsilon\, v\, \mathcal{A}(v)$ ein solches Individuum: Das besagt die zweite Variante der $\dot\exists$-Beseitigung. Man könnte also festlegen: $n \coloneqq \varepsilon\, v\, \mathcal{A}(v)$.

$\dot\exists$E ($\dot\exists$-Beseitigung)	**$\dot\exists$E** ($\dot\exists$-Einführung)
$\dfrac{\dot\exists\, v\, \mathcal{A}(v)}{\mathcal{A}(n)}$ $\dfrac{\dot\exists\, v\, \mathcal{A}(v)}{\iota\, v\, \mathcal{A} \neq \perp \wedge \mathcal{A}(\iota\, v\, \mathcal{A})}$ wobei n *ein* neuer Name für das Individuum v mit $\mathcal{A}(v)$ ist.	$\dfrac{\mathcal{A}(a) \qquad \forall\, v\, (\mathcal{A}(v) \rightarrow v = a)}{\dot\exists\, v\, \mathcal{A}(v)}$ wobei v für eine Variable steht, die in in $\mathcal{A}(a)$ nicht frei vorkommt

$\dot\exists$R ($\dot\exists$-Standardregeln)	**ιR** (ι-Standardregeln)
$\dfrac{\dot\exists\, v\, \mathcal{A}(v)}{\exists\, v\, \mathcal{A}(v)}$ $\dfrac{\dot\exists\, v\, \mathcal{A}(v) \qquad \mathcal{A}(a) \wedge \mathcal{A}(b)}{a = b}$	$\dfrac{\dot\exists\, v\, \mathcal{A}(v) \qquad \mathcal{A}(a)}{a = \iota\, v\, \mathcal{A}(v)}$ $\dfrac{\neg\, \dot\exists\, v\, \mathcal{A}(v)}{\iota\, v\, \mathcal{A}(v) = \perp}$

εR (ε-Standardregeln)
$\dfrac{\mathcal{A}(a)}{\mathcal{A}(\varepsilon\, v\, \mathcal{A})}$ $\dfrac{\dot\exists\, v\, \mathcal{A}(v)}{\varepsilon\, v\, \mathcal{A}(v) = \iota\, v\, \mathcal{A}(v)}$ $\dfrac{\neg\, \exists\, v\, \mathcal{A}(v)}{\varepsilon\, v\, \mathcal{A}(v) = \perp}$

Die folgende Gruppe von Regeln mit der Bezeichnung LR bringt grundlegende logische Verhältnisse unseres Aufbaus zum Ausdruck: dass Elemente von Klassen Individuen (Elemente von $\mathbb{D}$) sind, dass

Variablen immer Individuen bezeichnen und dass im Gegensatz zum Ersatzobjekt auch die Wahrheitswerte Individuen sind:

<table>
<tr><th colspan="5">LR (logischer Rahmen)</th><th>KP (Kontradiktionsprinzip)</th></tr>
<tr><td>$\mathcal{A} \in \mathsf{K}\, w\, \mathcal{B}$</td><td></td><td></td><td></td><td></td><td></td></tr>
<tr><td>$\mathcal{A} \in \mathbb{D}$</td><td>$v \in \mathbb{D}$</td><td>$\top \in \mathbb{D}$</td><td>$\bot \in \mathbb{D}$</td><td>$\neg(\underline{\bot} \in \mathbb{D})$</td><td>$\mathcal{A} = \top \mathbin{\dot\vee} \mathcal{A} = \bot$
sofern $\mathcal{A}$ eine Formel ist</td></tr>
</table>

Dazu kommen noch folgende klassische Regeln über die Gleichheit, die in Kap. 2 besprochen wurden (die fehlende Symmetrie-Regel wird als Äquivalenzregel nachgeschoben):

<table>
<tr><th>Refl
(Reflexivität)</th><th>Trans
(Transitivität)</th><th>Komp
(Komparativität)</th><th colspan="2">Ers
(Ersetzregeln)</th></tr>
<tr><td></td><td>$\mathcal{A} = \mathcal{B}$
$\mathcal{B} = \mathcal{C}$</td><td>$\mathcal{A} = \mathcal{C}$
$\mathcal{B} = \mathcal{C}$</td><td>$\mathcal{A}(a)$
$a = b$</td><td>$a = b$</td></tr>
<tr><td>$\mathcal{A} = \mathcal{B}$</td><td>$\mathcal{A} = \mathcal{C}$</td><td>$\mathcal{A} = \mathcal{B}$</td><td>$\mathcal{A}(b)$</td><td>$\mathcal{A}(a) = \mathcal{A}(b)$</td></tr>
</table>

Außerdem gilt die ***generelle Äquivalenz- und Äquinotanzregel:*** Man darf immer, wenn man eine Äquivalenz $\mathcal{A}_1 \Longleftrightarrow \mathcal{A}_2$ für Formeln $\mathcal{A}_1$ und $\mathcal{A}_2$ oder eine Äquinotanz $\mathcal{A}_1 \equiv \mathcal{A}_2$ für Terme $\mathcal{A}_1$ und $\mathcal{A}_2$ etabliert hat (sei es durch Definition oder Beweis), jedes Exemplar von $\mathcal{A}_1$ bzw. $\mathcal{A}_2$ durch ein solches von $\mathcal{A}_2$ bzw. $\mathcal{A}_1$ ersetzen. D.h. man darf von einer Formel $\mathcal{A}$ auf eine Formel $\mathcal{B}$ schließen, die aus $\mathcal{A}$ hervorgeht, indem man ein in $\mathcal{A}$ befindliches Exemplar eines Teilausdrucks von $\mathcal{A}$ (der auch ganz $\mathcal{A}$ sein kann) durch ein Exemplar einer dazu äquivalenten Formel bzw. eines dazu äquinotanten Terms ersetzt. Einige wichtige Äquivalenzen und Äquinotanzen, die auf in diesem Buch bereits vorgestellte Definitionen zurückgehen und/oder leicht unmittelbar einsichtig sind, und die zu den in der Aussagelogik zusammengestellten Äquivalenzen hinzukommen (siehe S. 177) sind die folgenden. Für Ausdrücke $\mathcal{A}$, $\mathcal{B}$, $\mathcal{C}$, $\mathcal{D}$, $\mathcal{E}$ und Variablen u, v gilt:

1 **AF** (Ausdruck als Formel)[133]	$-\mathcal{A} \Leftrightarrow \mathcal{A} = \top$ und $\neg \mathcal{A} \Leftrightarrow \mathcal{A} = \bot$,
2. **Sym=** (Symmetrie von $=$)	$\mathcal{A} = \mathcal{B} \Leftrightarrow \mathcal{B} = \mathcal{A}$,
3. **N=** (Def. der Negation von $=$)	$\mathcal{A} \neq \mathcal{B} \Leftrightarrow \neg(\mathcal{A} = \mathcal{B})$,
4. **N∈** (Def. der Negation von $\in$)	$\mathcal{A} \notin \mathcal{B} \Leftrightarrow \neg \mathcal{A} \in \mathcal{B}$,
5. **Sub** (Def. von $\subseteq$ und $\subset$)	$\mathcal{A} \subseteq \mathcal{B} \Leftrightarrow \forall v (v \in \mathcal{A} \rightarrow v \in \mathcal{B})$
	(wobei v nicht frei in $\mathcal{A}$, $\mathcal{B}$ ist),
	$\mathcal{A} \subset \mathcal{B} \Leftrightarrow \mathcal{A} \subseteq \mathcal{B} \wedge \mathcal{A} \neq \mathcal{B}$,
6. **KlassD** (Klassendefinitionen)	$\mathbb{B} \equiv \kappa x (x = \top \vee x = \bot)$,
	$\emptyset \equiv \kappa x (x \neq x)$,
	$\mathbb{D} \equiv \kappa x (x = x)$,
7. **KlassB** (Klassenbeschreibung)	$\{v \mid \mathcal{A}\} \equiv \kappa v \mathcal{A}$,
	$\{\mathcal{A}, \mathcal{B}, ...\} \equiv \{v \mid v = \mathcal{A} \vee v = \mathcal{B}, \vee ...\}$
	(wobei v nicht frei in $\mathcal{A}$, $\mathcal{B}$, ... ist),
8. **KlassC** (Klassencharakteristik)	$\mathcal{E} \in \{v \mid \mathcal{A}(v)\} \Leftrightarrow \mathcal{E} \in \mathbb{D} \wedge \mathcal{A}(\mathcal{E})$,
9. **Ext** (Extensionalitätsprinzip)	$(\{v \mid \mathcal{A}\} \subseteq \{w \mid \mathcal{B}\}) \wedge (\{w \mid \mathcal{B}\} \subseteq \{v \mid \mathcal{A}\})$
	$\Leftrightarrow \{v \mid \mathcal{A}\} = \{w \mid \mathcal{B}\}$,
10. **Paar** (Gleichheitssatz für Paare)	$\langle \mathcal{A}, \mathcal{B} \rangle = \langle \mathcal{C}, \mathcal{D} \rangle \Leftrightarrow \mathcal{A} = \mathcal{C} \wedge \mathcal{B} = \mathcal{D}$
11. **Ex!** (Def von $\dot\exists$)	$\dot\exists v \mathcal{A} \Leftrightarrow \exists v (\mathcal{A}(v) \wedge \forall u \neq v \rightarrow \neg \mathcal{A}(u))$
12. **Rel∀** (Relativierung von $\forall$)	$\forall v \in \mathcal{C} \mathcal{A} \Leftrightarrow \forall v (v \in \mathcal{C} \rightarrow \mathcal{A})$,
13. **Rel∃** (Relativierung von $\exists$)	$\exists v \in \mathcal{C} \mathcal{A} \Leftrightarrow \exists v (v \in \mathcal{C} \wedge \mathcal{A})$,
14. **Rel$\dot\exists$** (Relativierung von $\dot\exists$)	$\dot\exists v \in \mathcal{C} \mathcal{A} \Leftrightarrow \dot\exists v (v \in \mathcal{C} \wedge \mathcal{A})$,

[133] Regel AF beschreibt zusammen mit Regel Aff auf S. 178 die Bedeutung des Affirmators bzw. Frageschen Waagerechten in der Ausdruckslogik (siehe S. 203). Beachte, dass Regel Aff nur *für Formeln,* AF aber für *beliebige Ausdrücke* $\mathcal{A}$ gilt.

15. **Dual∀∃** (Dualität ∀ und ∃)	$\forall v \mathcal{A} \Leftrightarrow \neg \exists v \neg \mathcal{A}$,
	$\exists v \mathcal{A} \Leftrightarrow \neg \forall v \neg \mathcal{A}$,
16. **J** (Rolle des Jokers)	$\neg \exists v \mathcal{A} \Leftrightarrow \varepsilon v \mathcal{A} = \perp$,
	$\neg \dot{\exists} v \mathcal{A} \Leftrightarrow \iota v \mathcal{A} = \perp$,
	$\varepsilon v \mathcal{A} \neq \perp \Leftrightarrow \varepsilon v \mathcal{A} \in \mathbb{D}$,
	$\iota v \mathcal{A} \neq \perp \Leftrightarrow \iota v \mathcal{A} \in \mathbb{D}$,
17. **εQ** (ε-Ersatz für Quantoren)[134]	$\exists v \mathcal{A}(v) \Leftrightarrow \varepsilon v \mathcal{A} \neq \perp \wedge \mathcal{A}(\varepsilon v \mathcal{A})$,
	$\forall v \mathcal{A}(v) \Leftrightarrow \varepsilon v \neg \mathcal{A} \neq \perp \rightarrow \mathcal{A}(\varepsilon v \neg \mathcal{A})$,
18. **ι$\dot{\exists}$** (ι-Ersatz für $\dot{\exists}$)	$\dot{\exists} v \mathcal{A}(v) \Leftrightarrow \iota v \mathcal{A} \neq \perp \wedge \mathcal{A}(\iota v \mathcal{A})$.

Zur Illustration der Anwendung dieses Kalküls, der korrekt und offenbar auch vollständig ist,[135] vgl. die folgende Ableitung:

[134] Mit diesen Äquivalenzen kann man den All- und Existenzquantor durch den Selektor ersetzen. Die erste leuchtet unmittelbar sein: Genau dann, wenn $\exists v \mathcal{A}(v)$, – d.h. wenn es ein Individuum v gibt mit der Eigenschaft A(v) – ist $\varepsilon v \mathcal{A}$ nicht der Joker, also bezeichnet $\varepsilon v \mathcal{A}$ ein Individuum mit dieser Eigenschaft, so dass $\mathcal{A}(\varepsilon v \mathcal{A})$ gilt. Die zweite Äquivalenz macht man sich wie folgt klar: Gilt $\forall v \mathcal{A}(v)$, so gilt $\mathcal{A}(v)$ für *jedes* Individuum v; wenn daher $\varepsilon v \neg \mathcal{A}$ nicht der Joker (und daher ein Individuum ist) muss auch $\mathcal{A}(\varepsilon v \neg \mathcal{A})$ gelten. Wird umgekehrt $\varepsilon v \neg \mathcal{A} \neq \perp \rightarrow \mathcal{A}(\varepsilon v \neg \mathcal{A})$ vorausgesetzt, muss die Voraussetzung $\varepsilon v \neg \mathcal{A} \neq \perp$ falsch sein (andernfalls müsste auch $\mathcal{A}(\varepsilon v \neg \mathcal{A})$ wahr sein, aber $\varepsilon v \neg \mathcal{A}$ ist dann ein Individuum i, für das $\neg \mathcal{A}$(i) gilt, für das also $\mathcal{A}$(i) alias $\mathcal{A}(\varepsilon v \neg \mathcal{A})$ *nicht* gilt). Somit ist $\varepsilon v \neg \mathcal{A}$ der Joker, was bedeutet, dass es *kein* Individuum v gibt, so dass $\neg \mathcal{A}(v)$ gilt. Folglich gilt für alle Individuen v, dass $\mathcal{A}(v)$, d.h. es gilt $\forall v \mathcal{A}(v)$.

[135] Der hier dargestellte Kalkül stimmt im Wesentlichen mit dem von Glubrecht, Oberschelp und Todt aufgestellten minimalen Regelsystem der Ausdruckslogik überein, dessen Vollständigkeit die Autoren in ihrem Standardwerk *Klassenlogik* (Mannheim; Wien; Zürich: Biographisches Institut, 1983) bewiesen haben (zum System siehe dort S. 362–363; zum Vollständigkeitsbeweis S. 378–381). Nur der Epsilon-Operator geht über jenes System hinaus. Dadurch dürfte aber die Vollständigkeit nicht verloren gehen (vgl. die Beweise für die Vollständigkeit von Systemen mit Epsilon-Operator im Skript von Zach; siehe Literaturverzeichnis).

(1)	$\exists x \mathcal{A}(x)$	Prämisse
(2)	$\forall x (\mathcal{A}(x) \rightarrow \mathcal{B}(x))$	Prämisse, $\therefore \exists x \mathcal{B}(x)$
(3)	$\mathcal{A}(n)$	(1) **∃B**, *n* neuer Name
(4)	$\mathcal{A}(n) \rightarrow \mathcal{B}(n)$	(2) **∀B**
(5)	$\mathcal{B}(n)$	(4,3) **MP**
(6)	$\exists x \mathcal{B}(x)$	(5) **∃E**, q.e.d.

Wie man hier sieht, kann man so vorgehen, dass man zunächst durch die Regeln für die „Beseitigung“ der Quantoren die Prämissen in Ausdrücke ohne Quantoren umformt (siehe Zeilen (3) und (4)). Bei der Beseitigung des Existenzquantors empfiehlt sich die Variante, dass man einen neuen Namen n einführt; man vermerkt dann am Rande «**∃B**, *n* neuer Name» (siehe Zeile (3)).[136] Auf die quantorfreien Ausdrücke kann man dann die Regeln der Aussagelogik anwenden (wie hier den Modus Ponens, siehe Zeile (5)). Falls der Ausdruck, den man ableiten will, ein Quantorausdruck ist, führt man am Ende mit der entsprechenden Quantor-Einführungsregel den entsprechenden Quantor ein (Zeile (6)).

[136] Das ist ja in der Tat die natürliche Vorgehensweise auch in nicht-formalen Beweisen: Ist man zu der Erkenntnis genommen, dass es ein *x* gibt, so dass $\mathcal{A}(x)$ gilt, so fährt man fort: „Sei *n* ein solches *x*, dann gilt also $\mathcal{A}(n)$.“ Dem entspricht hier die Existenzquantor-Beseitigung mit Einführung eines neuen Namens *n*.

7. Anhänge

7.1 Literaturverzeichnis

ARISTOTELES, *Metaphysik* (4. Jh. v. Chr.). Bekker, Immanuel [Hg.] *Aristotelis Opera*, Berlin: Reimer 1831, Band 2, 980–1093.

BAKUNIN, Michail, *Gott und der Staat*, 1871. Neuausgabe Berlin: Karin Kramer, 2007.

BRUNNER, Milon Renatus, *Eine neue Variante der Oberschelp'schen Klassenlogik* (Diplomarbeit, Universität Leipzig, 2. Version 2019, https://www.uibk.ac.at/mathematik/algebra/media/teaching/diplomarbeit_klassenlogik_milon_brunner.pdf.

CHURCH, Alonso, *A note on the Entscheidungsproblem*. In: The Journal of Symbolic Logic 1 (1936), 40–41 und 101–102.

CICERO, *Tusculanae Disputationes* (45 v. Chr.). Giusta, Michaelangelus [Hg.], *M. Tullii Ciceronis Tusculanae Disputationes*, Turin: Paravia, 1984.

DIOGENES LAERTIUS, *Leben und Meinungen berühmter Philosophen* (3. Jh. n. Chr.), übersetzt von Otto Apelt. Hamburg: Meiner, 3. Auflage 1990.

ESSLER, Wilhelm & MARTÍNEZ CRUZADO, Rosa & LABUDE, Joachim, *Grundzüge der Logik* I. *Das logische Schließen*, Frankfurt am Main: Vittorio Klostermann, 5. Auflage 2001.

FICHTE, Johann Gottlieb, *Einige Vorlesungen über die Bestimmung des Gelehrten* (1794). In: Fichte, Immanuel Hermann [Hg.], *Johann Gottlieb Fichte's sämtliche Werke*, Berlin: Veit & Comp, 1845, Band 6 (Dritte Abteilung Band 1), S. 291–346.

FREGE, Gottlob, *Funktion und Begriff.* In: Patzig, Günter [Hg], *Funktion, Begriff, Bedeutung: fünf logische Studien*, Göttingen: Vandenhoeck & Ruprecht, 2008.

FREGE, Gottlob, *Grundgesetze der Arithmetik* (Jena, 2 Bände, 1883/1903), reprographischer Nachdruck Hildesheim: Olms, 1962.

HILBERT, David, *Über das Unendliche*. In: *Mathematische Annalen* 95(1926), 161–190.

GÖDEL, Kurt, *Über die Vollständigkeit des Logikkalküls* (Dissertation, Universität Wien, 1929). In: Feferman, Solomon [Hg.] *Kurt Gödel Collected Works*, Vol. 1 1986, 60–101.

GÖDEL, Kurt, *Über formal unentscheidbare Sätze der Principia mathematica und verwandter Systeme I.* In: *Monatshefte für Mathematik und Physik* 38 (1931), 173–198.
In: Feferman, Solomon [Hg.] *Kurt Gödel Collected Works*, Vol. 1 1986, 144–194.

HASKER, William, *A philosophical perspective*, In: Clark Pinnock et al., *The Openness of God*, Downers Grove Ill, 1994.

GLUBRECHT, Jürgen-Michael & OBERSCHELP, Arnold & TODT, Günter, *Klassenlogik*, Mannheim/Wien/Zürich: B.I.-Wissenschaftsverlag, 1983.

LIGHTSTONE, Albert Harold, *Mathematical Logic*. An introduction to model theory. London/New York: Plenum, 1978.

LÖFFLER, Winfried, *Einführung in die Logik*, Stuttgart: Kohlhammer, 2008.

LYONS, John, *Einführung in die moderne Linguistik*, München: Beck, 8. Auflage 1995.

NEIDHART, Ludwig, *Gott und Zeit*, Münster: Aschendorff, 2017.

NEIDHART, Ludwig, *Unendlichkeit im Schnittpunkt von Mathematik und Theologie*, Göttingen: Cuvillier, 2. Auflage 2007.

NIETZSCHE, Friedrich, *Also sprach Zarathustra* (1892). Colli, Giorgio & Montinari, Mazzino [Hgg.], *Kritische Gesamtausgabe*. Abt. 6 Bd. 1 Berlin: De Gruyter, 1968.

OBERSCHELP, Arnold, *Logik für Philosophen*, Stuttgart: J.B. Metzler, 2. Auflage 1997.

OBERSCHELP, Arnold, *Allgemeine Mengenlehre*, Mannheim; Leipzig; Wien; Zürich: B.I. – Wissenschaftsverlag, 1994.

PLATON, Euthydemos (um 385 v. Chr.). Editio Stephana Band 1, 271–307; dt. Ausgabe: Apelt, Otto [Hg.], *Platons Dialog Euthydemos*, Leipzig: Meiner, 2. Auflage 1922.

RUSSELL, Bertrand, *Mathematics and the Metaphysicians*, in: *Mysticism and Logic and other essays*, London: Allan & Unwin, 2. Auflage 1917, 8th Impression 1949.

RUSSELL, Bertrand, *On Denoting*, in: Mind 14/4 (1905), 479–493.

TUGENDHAT, Ernst & WOLF, Ursula, *Logisch-semantische Propädeutik*, Stuttgart: Reclam 1983.

WITTGENSTEIN, Ludwig, *Tractatus logico-philosophicus* (1921), Frankfurt am Main: Suhrkamp, 1969.

ZACH, Richard, *Lectures on the Epsilon Calculus*, 13.11.2015, https://arxiv.org/pdf/1411.3629.pdf.

ZOGLAUER, Thomas, *Einführung in die formale Logik für Philosophen*, Göttingen: Vandenhoeck & Ruprecht, 4. Auflage 2008.

7.2 Index

7.3 Symbolverzeichnis

An den angegebenen Stellen erscheint das jeweilige Symbol mit einer Erklärung seines Gebrauchs.